U0184260

现代水声技术与应用丛书
杨德森 主编

多波束测深声呐技术原理与应用

周 天 徐 超 李海森 著

科学出版社
龍門書局
北 京

内 容 简 介

本书回顾多波束测深声呐技术发展历程，展望发展趋势，剖析影响多波束测深声呐主要技术指标的因素及实现各指标、功能的技术手段，包括多波束海底地形高精度探测技术、多波束海底地形高分辨力探测技术及多波束海底地形高效率探测技术，介绍多波束测深声呐水下环境探测的新能力，重点列举了近年来多波束海底分类技术、海底地形辅助导航及多波束测深声呐在水中气泡群探测方面的应用。书中给出翔实的技术原理分析与实际科研案例，向读者展示了多波束测深声呐从水底地形地貌到底质分类再到目标成像的多角度、全方位的技术内容。

本书可作为从声呐基本知识学习向声呐专业技术进阶的参考书，可供水声工程、海洋遥感相关专业高年级本科生、研究生及从事声呐设计的技术人员阅读。

图书在版编目（CIP）数据

多波束测深声呐技术原理与应用 / 周天，徐超，李海森著. —北京：龙门书局，2023.11

（现代水声技术与应用丛书/杨德森主编）

国家出版基金项目

ISBN 978-7-5088-6317-7

Ⅰ. ①多… Ⅱ. ①周… ②徐… ③李… Ⅲ. ①多波束雷达-水下测深-声呐-研究 Ⅳ. ①P641.71

中国国家版本馆 CIP 数据核字（2023）第 080064 号

责任编辑：王喜军　霍明亮　张　震 / 责任校对：崔向琳
责任印制：徐晓晨 / 封面设计：无极书装

科学出版社
龍門書局 出版

北京东黄城根北街 16 号
邮政编码：100717
http://www.sciencep.com

三河市春园印刷有限公司印刷

科学出版社发行　各地新华书店经销

*

2023 年 11 月第 一 版　开本：720 × 1000　1/16
2023 年 11 月第一次印刷　印张：15 3/4　插页：6
字数：327 000

定价：148.00 元

（如有印装质量问题，我社负责调换）

“现代水声技术与应用丛书”
编　委　会

丛 书 序

海洋面积约占地球表面积的三分之二，但人类已探索的海洋面积仅占海洋总面积的百分之五左右。由于缺乏水下获取信息的手段，海洋深处对我们来说几乎是黑暗、深邃和未知的。

新时代实施海洋强国战略、提高海洋资源开发能力、保护海洋生态环境、发展海洋科学技术、维护国家海洋权益，都离不开水声科学技术。同时，我国海岸线漫长，沿海大型城市和军事要地众多，这都对水声科学技术及其应用的快速发展提出了更高要求。

海洋强国，必兴水声。声波是迄今水下远程无线传递信息唯一有效的载体。水声技术利用声波实现水下探测、通信、定位等功能，相当于水下装备的眼睛、耳朵、嘴巴，是海洋资源勘探开发、海军舰船探测定位、水下兵器跟踪导引的必备技术，是关心海洋、认知海洋、经略海洋无可替代的手段，在各国海洋经济、军事发展中占有战略地位。

从 1953 年中国人民解放军军事工程学院（即“哈军工”）创建全国首个声呐专业开始，经过数十年的发展，我国已建成了由一大批高校、科研院所和企业构成的水声教学、科研和生产体系。然而，我国的水声基础研究、技术研发、水声装备等与海洋科技发达的国家相比还存在较大差距，需要国家持续投入更多的资源，需要更多的有志青年投入水声事业当中，实现水声技术从跟跑到并跑再到领跑，不断为海洋强国发展注入新动力。

水声之兴，关键在人。水声科学技术是融合了多学科的声机电信息一体化的高科技领域。目前，我国水声专业人才只有万余人，现有人员规模和培养规模远不能满足行业需求，水声专业人才严重短缺。

人才培养，著书为纲。书是人类进步的阶梯。推进水声领域高层次人才培养从而支撑学科的高质量发展是本丛书编撰的目的之一。本丛书由哈尔滨工程大学水声工程学院发起，与国内相关水声技术优势单位合作，汇聚教学科研方面的精英力量，共同撰写。丛书内容全面、叙述精准、深入浅出、图文并茂，基本涵盖了现代水声科学技术与应用的知识框架、技术体系、最新科研成果及未来发展方向，包括矢量声学、水声信号处理、目标识别、侦察、探测、通信、水下对抗、传感器及声系统、计量与测试技术、海洋水声环境、海洋噪声和混响、海洋生物声学、极地声学等。本丛书的出版可谓应运而生、恰逢其时，相信会对推动我国水声事业的发展发挥重要作用，为海洋强国战略的实施做出新的贡献。

在此，向 60 多年来为我国水声事业奋斗、耕耘的教育科研工作者表示深深的敬意！向参与本丛书编撰、出版的组织者和作者表示由衷的感谢！

中国工程院院士　杨德森

2018 年 11 月

序

多波束测深技术作为海底大规模测量最基础的高精度探测方法，已在海洋探测、海洋开发和海洋保护各领域中得到广泛的应用。中国多波束测量技术的应用发展，从早期的设备引进、大规模勘测应用到后期的自主研制，走出了一条自主创新的发展道路，形成了系列化声呐装备，实现了国产化替代。

目前，国内已有一批总结多波束勘测技术与方法方面的专著，但大多是由从事测量的专家撰写完成的。而周天等撰写的《多波束测深声呐技术原理与应用》是由从事技术研发的专家完成的。因此，该书给出了新的视角和新的内容。

2021 年启动的联合国海洋科学促进可持续发展十年（2021—2030 年）实施计划的旗舰项目——海底测量 2030（Seabed Mapping 2030）计划，希望在 2030 年之前，对全球海底进行系统的测量。虽然这是一个工作量巨大而又困难的任务，需要全球合作也可能难以在短时间内完成，但也说明海底精密测量是人类开发利用海洋、促进海洋可持续发展的最基本的保障要素。因此，开展多波束测深声呐技术的自主研发和应用意义重大。

周天科研团队自 20 世纪 90 年代起，坚持多波束测深声呐技术的自主研制，长期开展多波束测深声呐基础理论、关键技术、设备开发及行业应用全链条研究，得到了国家高技术研究发展计划（863 计划）、国家重点研发计划、国家科技重大专项等 10 余项项目和课题及国家自然科学基金委员会 20 余项课题的大力支持，在国内研制出了多型具有完全自主知识产权的多波束测深声呐，是国内多波束测深声呐技术的重要研究力量。

该书详细介绍了多波束测深声呐技术原理与系统组成，分析了技术性能影响因素及关键技术，列举了多波束测深声呐典型应用，得到国家出版基金的资助。该书的特点在于：从技术的角度深入浅出地剖析了多波束测深声呐技术的指标与实现原理；给出了丰富的多波束测深声呐应用案例，并通过试验数据来支撑理论方法的实效性；结合多年自主研发多波束测深声呐的体会，提出了我国多波束测深声呐技术自主特色发展的新思路。

希望该书能使海洋工程开发、海洋科学研究、海洋军事应用等领域的研究者和工程技术人员获得裨益，推动产生更多原创理论与核心技术，开发指标更先进、功能更丰富的多波束测深声呐，突破相关行业瓶颈和解决需求难题，共同为“海洋强国”做出更大贡献。

中国工程院院士 李启虎

2022 年 11 月 2 日

自　序

多波束测深声呐能够高效地获取水下三维地形地貌信息，在当代海洋工程、海洋科学、江河湖泊开发等活动中发挥着重要作用。中国一直是多波束测深声呐的大用户，广泛的应用需求有效地推动了多波束测深声呐的国产化工作。近年来以哈尔滨工程大学等为代表的高校、科研院所和民营企业自主研制了多型国产化多波束测深声呐产品，但是相比于国际高端同类产品，还存在技术指标偏低、功能不够丰富等不足，其根源是在多波束测深声呐技术提升与创新方面的基础比较薄弱。作者围绕当代国际主流多波束测深声呐的技术功能指标特点，剖析相关技术原理与理论基础，展望技术发展方向，以期为国内的多波束测深声呐自主研制与特色发展提供启发。

本书围绕“高精度、高分辨、高效率、新能力”等多波束测深声呐用户需求，从多波束测深声呐设计角度，建立指标和相关技术的对应关系，并通过对技术原理的剖析与理论分析，启发相关技术人员共同探索多波束测深声呐技术指标提升的新理论、新方法及声呐系统的新应用。

本书共 8 章。第 1 章为绪论，介绍多波束测深声呐技术原理、多波束测深声呐系统组成与影响多波束测深声呐技术性能的主要因素及多波束测深声呐技术发展；第 2 章介绍多波束海底地形高精度探测技术；第 3 章介绍多波束海底地形高分辨力探测技术；第 4 章介绍多波束海底地形高效率探测技术；第 5 章介绍多波束测深声呐水下环境探测新能力；第 6～8 章介绍多波束海底分类技术、海底地形辅助导航和水中气泡群探测。

本书是作者科研团队多年来在多波束测深声呐技术原理、方法与系统应用方面的成果总结。在本书出版之际，感谢团队成员陈宝伟、杜伟东等，也感谢在团队工作和学习过的么彬、魏玉阔、陆丹、李珊、鲁东、魏波、黄杰、彭东东、沈嘉俊、张万远等博士研究生，他们的研究工作为本书提供了丰富的素材。本书成稿后，李家彪院士在百忙之中仔细审阅了书稿，并提出了很多宝贵的意见和建议，在此致以诚挚的谢意。本书研究工作得到了国家重点研发计划项目（编号：2021YC3101200、2018YFF01013400）和国家高技术研究发展计划（863 计划）项目（编号：2007AA09Z124）、国家自然科学基金项目（编号：U1709203、41976176、42176192）等的资助，在此一并表示感谢。

限于作者水平，书中难免存在不足之处，敬请广大读者批评指正。

作　者

2023 年 2 月

目　　录

第1章　绪　　论

多波束测深声呐（multi-beam bathymetric sonar），又称为条带测深声呐（swath bathymetric sonar）或多波束回声测深仪（multi-beam echo sounder）等。多波束测深声呐概念的提出源于1956年夏季在美国伍兹霍尔（Woods Hole）海洋研究所召开的一次学术研讨会，在这次学术研讨会上首次出现了多波束测深声呐的构想，与单波束测深技术相比实现了质的飞跃。随着多波束测深技术的逐渐成熟与进步，其在海洋科学研究、资源开发、工程建设及海洋军事应用等事项中的表现更加出色、作用更加重要。本章将简要介绍多波束测深声呐技术原理与系统组成，并重点分析影响多波束测深声呐技术性能的主要因素及技术发展概述。

1.1　多波束测深声呐技术原理

多波束测深声呐的核心特点是发射与接收换能器基阵（本书分别简称为发射阵与接收阵）以垂直方式排列，其又称为米尔斯交叉（Mills cross）阵，该命名源于澳大利亚新南威尔士州建造的开创性射电天文仪器。发射阵沿航迹向布置，可在垂直于航迹向形成宽的波束扇面，而在航迹向波束角度较小，即在海底的照射区域呈条带形状（图1-1）；接收阵垂直于航迹向排列，通过多波束形成技术在

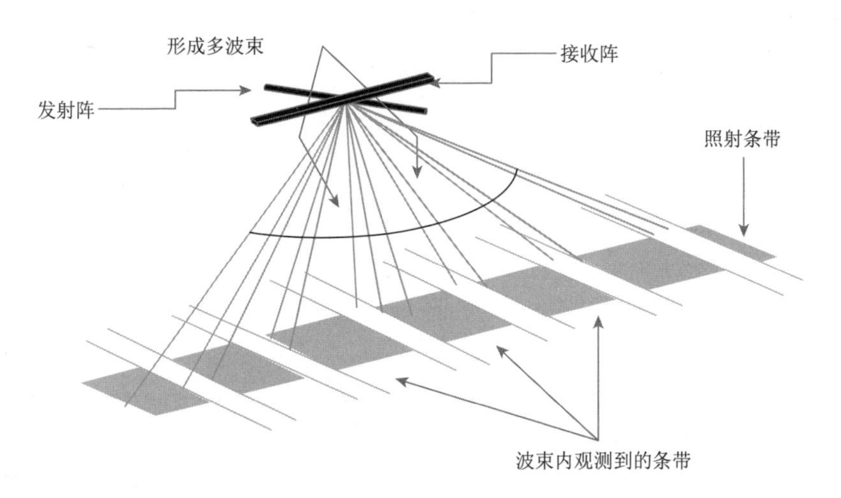

图1-1　多波束测深声呐技术原理图

航迹向形成多个近似平行的观测条带，接收阵收到的海底回波主要来自两个条带的重叠区域，这些重叠区域可以看作一系列区域小块，又称为波束足印。在实际的测量中，发射、接收波束在海底与船行方向垂直的条带区域内相交，可以形成数以百计甚至千计的波束足印，每个波束足印内的反向散射信号是估计回波到达时间 t 和到达角度 θ 的信息源头。

假设水下声速剖面为常数，声波到海底的路径为直线，即斜距 $R = ct/2$，其中，c 为水中声速，t 为双程传播时间。令声呐位置为坐标原点，θ 为波束角度，则波束足印对应的坐标位置 (x,z) 可以简化为

$$\begin{cases} x = R\sin\theta = \dfrac{ct}{2}\sin\theta \\ z = R\cos\theta = \dfrac{ct}{2}\cos\theta \end{cases} \tag{1-1}$$

由于实际中声速随深度变化，所以需要采用声线跟踪技术对声波传播路径进行重新估计，进而得到更加准确的波束足印位置与深度值。由此估计的位置是相对于声呐为原点的坐标系，还需要将该坐标转换到地理信息坐标系中进行表示。此外，声呐搭载平台的横摇、纵摇及艏向等姿态变化影响也需要考虑进去。最终，当多波束测深声呐沿指定测线连续测量并将多条测线测量结果合理拼接后便可得到一定区域的数字水深值/图，也就是海底地形图。

1.2　多波束测深声呐系统组成

多波束测深声呐自身是一个相对复杂的系统，主要包括声学部分、电子部分、采集控制与存储部分和后处理软件等，且还必须与运动姿态传感器、罗经、全球导航卫星系统（global navigation satellite system，GNSS）、表层声速计、声速剖面仪等外部传感器进行信息集成。多波束测深声呐按载体通常分为船载式和潜用式，按照测量水深范围可以分为浅水型、中水型和深水型，按照工作频率可以分为单频、多频和宽带，按覆盖宽度范围可以分为宽覆盖和超宽覆盖，按照完成功能丰富程度可以分为单功能型和多功能型，按照应用形态可以分为测深型和测深辅助型（根据测深对象的特殊需求，可延伸为独立仪器，如海底管线仪、海底桩基形位仪）等。虽然多波束测深声呐的类型多样，但其主要组成及对外部传感器的需求基本一致。

《声呐电子系统设计导论》已对多波束测深声呐电子部分中各硬件模块的设计和实现等方面进行了详细的介绍[1]，本书中不再赘述。本节主要从多波束测深声呐核心处理算法、软件及信息交互的角度对多波束测深声呐系统组成进行分析。如图 1-2 所示，多波束测深声呐的声学部分主要包括呈 Mills 交叉配置的发射阵与

接收阵。电子部分中的发射模块生成连续波（continuous waveform，CW）、线性调频（linear frequency modulation，LFM）等多种形式的电脉冲信号，并通过发射阵向水下辐射声波，而保障多波束测深声呐测绘效率的纵摇稳定/艏向稳定/横摇稳定技术也是通过发射模块的相控手段来实现的；当接收阵接收海底或水中目标的反向散射回波后，接收模块首先进行多通道模拟信号滤波、模数转换等处理得到多通道数字信号；在此基础上，进行波束形成及波束信号检波处理，最终得到多波束测深声呐结果数据——回波到达角度（direction of arrival，DOA）与回波到达时间（time of arrival，TOA），即 1.1 节中的(t,θ)值。特别地，接收模块中的横摇稳定是参与到波束形成算法之中来实现的，而非独立结构。

多波束测深声呐自身产生的数据结果、工作参数、外部传感器数据都将通过采集软件以自定义格式或通用格式（如 extended triton format，XTF）的形式存储，并被后处理软件利用。通过后处理软件处理，我们通常可以得到海底的数字水深值/图、海底反向散射声学图像（也称为海底地貌图像或海底图像）及水体图像。

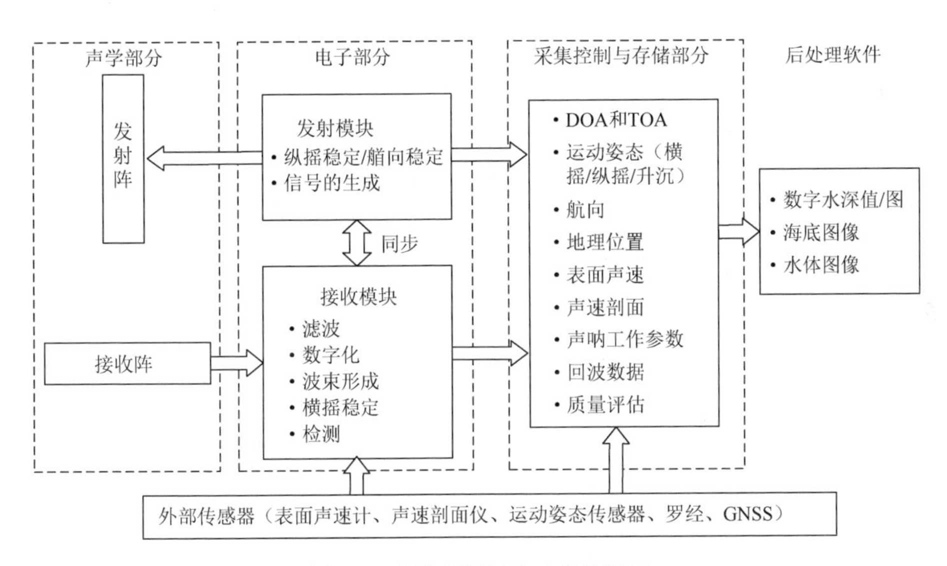

图 1-2 多波束测深声呐系统概要

1.3 影响多波束测深声呐技术性能的主要因素

评价多波束测深声呐性能的根本是看其输出产品（数字水深值/图、海底图像、水体图像等）的质量。例如，国际海道测量组织（International Hydrographic Organization，IHO）发布的第 6 版《IHO 海道测量标准（S-44）》对多波束测深声呐在海底水深结果、地物检测能力方面有着详细的分级评价标准，具体来说是评价多波束测深声呐的海底地形测量精度及目标分辨能力。从海洋测绘、水下目标检测等需求角度来说，多波束测深声呐需要获得更准确的海底地形（高精度），获得更清晰的海底或水中目标的形位/图像（高分辨），并且考虑到费效比，多波束测深声呐还须具有更为高效的测量能力。

1. 测量精度

无论是单波束测深声呐、多波束测深声呐还是侧扫测深声呐，测量精度都是其核心考核指标，因此各声呐厂商、科研机构与应用单位在声呐设计、软/硬件实现及考核方法等方面的创新性研究中许多都以提升测量精度为目的。影响测量精度的因素很多，主要包括声呐本身及外部传感器等设备因素，此外，测量精度也与载体平台、水文等外部条件息息相关。从多波束测深声呐自身角度来看，除了硬件模拟/数字电路技术，测量精度主要还与图 1-3 中所列的关键技术有关，主要包括声呐基阵设计、基阵校正技术、发射信号设计、声线跟踪算法、质量控制算法、数据滤波算法及信号检测算法等。在第 2 章中，我们将重点对部分关键技术的原理及其性能进行讨论。

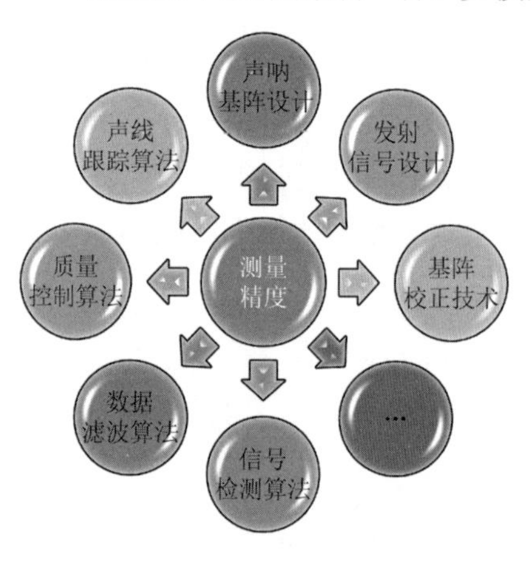

图 1-3　影响测量精度的多波束测深声呐关键技术

2. 测量分辨力

分辨力是衡量多波束测深声呐技术水平的另外一个重要指标，它决定了水下两个相邻目标的分辨能力。在航迹向，分辨力受限于发射阵航迹向波束宽度、水深等因素；在垂直于航迹向，分辨力与波束宽度、信号带宽等有关。具体来说，分辨力可以通过有效声照射区的尺度来判断，当有效声照射区较小时，分辨力较高，反之亦然。分辨力的概念容易与分辨率的概念混淆，后者通常被用于衡量声呐系统对空间目标及海底地形的精细探测程度[1]。在航迹向，分辨率与船速、测量周期频率（也称为 Ping 率）有关；在距离向，分辨率与信号采样间隔有关；在垂直于航迹向，分辨率与波束密度有关。

有效声照射面积由波束足印面积与声脉冲瞬时照射面积共同作用，其中，每个波束对海底的照射区域也称为波束足印，是指到达海底的波束宽度范围内能量所照射的面积（图 1-4）。波束足印面积在航迹向由发射阵垂直波束宽度 Θ_T 与波束

到海底的斜距 R 确定，在垂直航迹向上与波束入射角 θ 、接收阵水平波束宽度 $\varTheta_R$ 及 R 有关。所以，波束足印面积可以近似计算为

$$A_{\text{fpa}} = \frac{R^2\varTheta_T \sin\varTheta_R}{\cos\theta} \tag{1-2}$$

声脉冲照射面积与垂直航迹向上发射声信号照射到海底的有效范围有关，在航迹向上仍可由发射阵垂直波束宽度 $\varTheta_T$ 与波束到海底的斜距 R 近似确定，通常的近似式可以表示为

$$A_{\text{insonif}} = \frac{R\varTheta_T c\tau}{2\sin\theta} \tag{1-3}$$

式中，τ 为发射声信号的脉冲宽度； c 为水中声速。

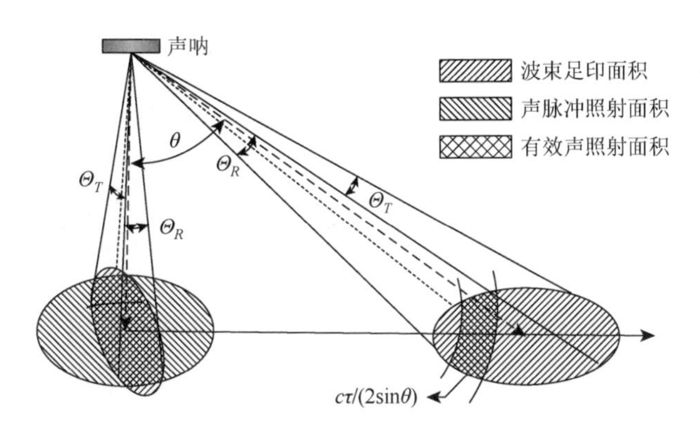

图 1-4 有效声照射面积几何示意图

有效声照射面积取决于波束足印面积与声脉冲照射面积，这两者的面积随入射角度的变化也表现出不同。例如，假设水深为 50m，声脉冲宽度为 1ms，发射阵垂直波束宽度 $\varTheta_T = 1.5°$ ，接收阵水平波束宽度为 $1.5°$（对于直线接收阵来说，实际的波束宽度会随入射角的增大而增大），图 1-5 为波束足印面积与声脉冲照射面积随入射角的变化关系曲线，结合图 1-4 可以看出，在小入射角区域附近，A_{insonif} 要大于 A_{fpa} ，但是随着入射角的增加，最终 A_{fpa} 会超过 A_{insonif} ，所以有效声照射面积应该取它们的交集，即

$$A = A_{\text{insonif}} \cap A_{\text{fpa}} \tag{1-4}$$

而从数学计算上也可以直接表示为

$$A = R\varTheta_T \cdot \min\left\{\frac{c\tau}{2\sin\theta}, \frac{R\sin\varTheta_R}{\cos\theta}\right\} \tag{1-5}$$

此外，在实际应用中，由于水中声线弯曲现象的存在，水深、水平位移及传播距离三者之间只能近似构成三角形关系，从而计算的 A 会存在一定的误差。

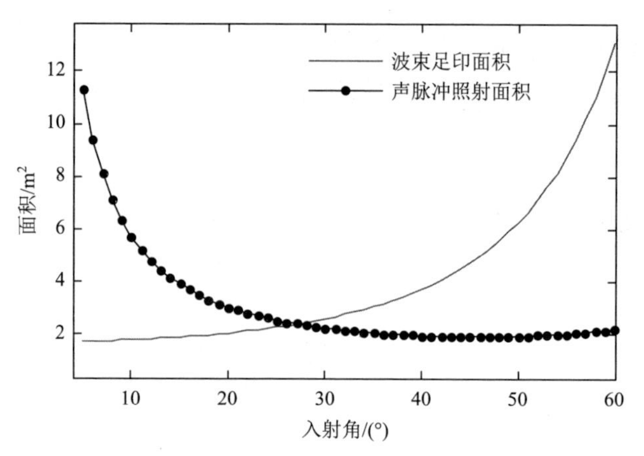

图 1-5　波束足印面积与声脉冲照射面积随入射角的变化关系曲线

总体来说，如图 1-6 所示，测量分辨力与多波束测深声呐的发射信号设计、波束形成技术、信号检测算法及海底成像算法等有关，具体细节将在第 3 章中进行阐述。

3. 测量效率

多波束测深声呐最基本的任务就是海底地形测绘，与单波束测深声呐相比最根本的优势就是测绘效率高，因此测绘效率也是近年来多波束测深技术不断发展的方向之一。例如，测量船行进过程存在“左摇右摆”，导致测绘的条带参差不齐，测绘条带的有效宽度变窄，降低了测绘效率，而经过横摇实时补偿处理后，就能得到不受载体横摇影响的测绘条带分布，明显地提高了测绘效率；此外，测绘条带会随着测量船的“前俯后仰”，在航行方向上呈“深一脚、浅一脚”的不均匀分布，这就需要对纵摇进行实时补偿，使得测绘条带在航行方向上的分布更均匀。第 4 章中，我们将对影响测量效率的关键技术（声呐类型、横摇补偿技术、纵摇补偿技术、艏向补偿技术、声呐基阵设计、宽覆盖扫测技术等）进行详细说明（图 1-7）。

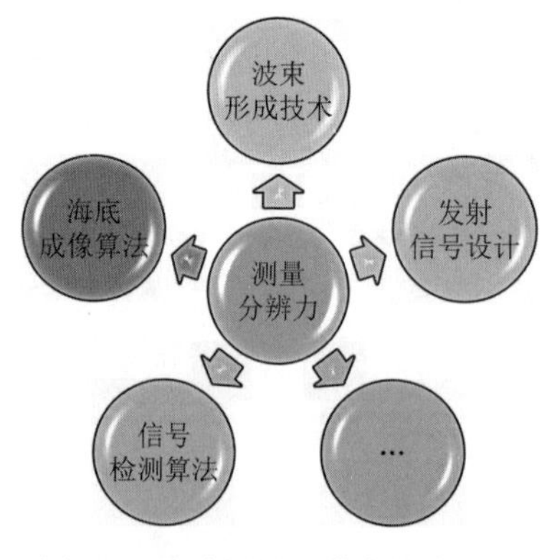

图 1-6　影响测量分辨力的多波束测深声呐关键技术

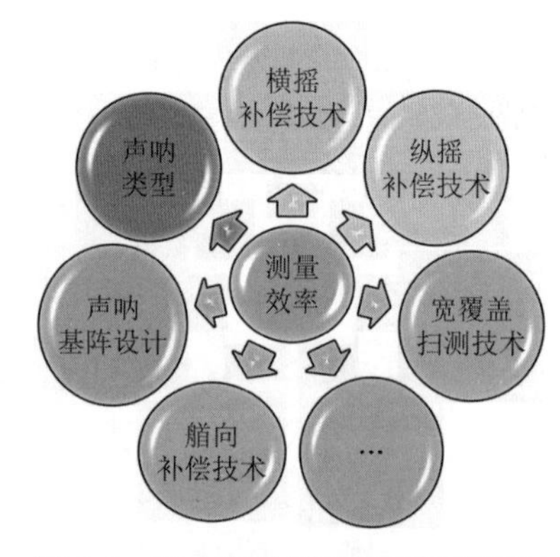

图 1-7　影响测量效率的多波束测深声呐关键技术

1.4 多波束测深声呐技术发展概述

多波束测深声呐概念诞生后，立即在科学界产生了反响，并引起了军方的注意。1960 年美国海军研究局（Office of Naval Research，ONR）开始制定这一构想的实施计划，至今其技术发展大致经历了以下几个主要阶段。

第一阶段从 20 世纪 60 年代初至 70 年代末，主要是多波束海底地形测量的基本理论取得进展，但技术上还十分粗糙，设备性能比较差。美国 GIC 公司在 1964 年推出的声呐阵测深系统（sonar array sounding system，SASS）是这一阶段产品的典型代表，但它只有 16 个测深波束，测量覆盖宽度也只有水深的 70%，水平覆盖角（发射扇面开角）为 42.6°，采用预成波束技术，依靠能量中心检测算法来解算海底深度。

第二阶段从 20 世纪 80 年代开始，多波束测深技术进展较快，发展了 V 形 Mills 交叉阵技术和数字相移波束形成技术，对边缘波束具有声线补偿功能，增加了测量覆盖宽度，这些技术经过十几年的发展日趋完善。至 20 世纪 80 年代末 90 年代初，已经有多家跨国公司推出满足不同水深探测需求的多种型号产品，较典型的产品有德国 Atlas 公司的 MD-2、美国 Seabeam 公司的 Seabeam2000 等，测深波束通常为几十个至近百个，测量覆盖宽度为水深的 4～7 倍。与此同时，人们也认识到，要进一步增加测量覆盖宽度，提高边缘波束探测精度，必须在小掠射角海底反向散射信号到达时间与到达方位的高精度估计技术方面继续取得突破。

第三阶段从 20 世纪 90 年代初期开始，发展了分裂波束相位检测方法和高精度的 TOA、DOA 联合估计技术，提高了边缘波束海底反向散射信号到达时间与到达方位估计的精度，同时还采用数字信号处理器（digital signal processor，DSP）并行处理技术提高了数字波束形成的实时运算能力，支持运算量庞大的参数估计算法，实现了新的技术跨越，使测量覆盖宽度大幅度增加，达到水深的 7 倍以上，测深波束超过一百个甚至达到几百个，具有很高的测绘效率，如美国 Seabeam 2100 系列、Simrad EM3000D 等，就是应用这些技术推出的产品。同时期，哈尔滨工程大学与天津海洋测绘研究所等单位联合攻关，相继完成了国产首台中水多波束测深声呐（H/HCS-017 型条带测深仪）工程试验样机与正式产品的研制。

第四阶段从 20 世纪 90 年代中后期开始，随着新材料声学基阵、高性能处理计算机、高集成度电路系统及新的信号处理方法逐渐被采用，多波束测深声呐技术指标突飞猛进。先进的浅水多波束测深声呐设备的主要进展包括：波束数已经超过 1000，波束宽度可以达到 0.45°×0.45°[2]，测深精度可以达到 IHO 特级标准，声呐工作参数可自主调整等。而随着测量精度与分辨能力的不断提升，多波束测深声呐对海底小目标的探测能力也逐渐成为系统性能的评价要素之一[3]，2015 年的国际浅海测量会议（Shallow Survey 2015）上[4]，由第三方组织了针对多波束测深声呐测深精度、目标检测能力等方面的海上比测，EdgeTech、Kongsberg、Teledyne Reson、WASSP 等多家公司共 9 型多波束测深声呐产品参与海上比测，加深了用户对多波束测深声呐性能的直观认知，并为各研发机构与厂商的技术发展思路明确了方向。相信在未来，这种“比武”仍会继续，并可有力地促进多波束测深声呐技术的快速发展。在该阶段，国内在多波束测深声呐技术理论研究与产品研制方面也发展迅速，例如，李家彪[5]、赵建虎和刘经南[6]、吴自银[7, 8]先后出版了专著《多波束勘测原理技术与方法》《多波束测深及图像数据处理》《高分辨率海底地形地貌——探测处理理论与技术》《高分辨率海底地形地貌——可视计算与科学应用》，多波束测深声呐产品的研制已形成系列化发展模式[9, 10]。同时期，因海洋信息、海洋工程、物理海洋等多学科在海洋环境目标科学观测、工程调查等方面的迫切需求，多波束测深声呐被进一步广泛应用，观测对象从海底地形地貌延伸到海面的冰形冰貌[11]、舰船尾流[12]、水中的悬浮沉积物[13]、生物[14]、内波[15]、海底泄漏/渗漏的气泡群[16]、海底底质类型[17]等。由此可见，“测深”两字已越来越不能全面地表示该声呐技术的内涵，在文献[18]～[20]中，“多波束测深声呐”一词已经被更为广义的“多波束声呐”所取代。

近年来，新一代多波束测深声呐正逐渐步入应用阶段，其技术特征主要体现在两方面。一方面，更加注重追求测量质量，主要体现为高精度、高分辨、高效率、自动化等技术的发展；另一方面，在研究测深技术的同时，又探索其在海洋环境目标探测方面的新能力，例如，挖掘多波束测深声呐在地貌成像、海底底质分类、水中目标探测等方面的能力，从而实现海底地形测量、地貌测量、底质分类及水中目标检测与识别的多功能一体化探测。具体阐述如下所示。

1. 多波束海底地形高精度探测技术

获得更加真实的测量结果是多波束测深声呐技术研究的核心任务之一，重点围绕稳健、高精度的海底探测技术路线发展。如测深算法从单一“能量中心”算法发展到加权时间平均（weight mean time，WMT）结合相位差检测算法，即镜像区域采用 WMT，而在非镜像区域采用相位差检测法。目前，进一步降低各种噪声对声呐接收信号的影响进而提高测深算法的估计精度是实现高精度测量的本质与关键。但是由于海底真实深度的未知性和不可视性，无论采用哪种测深算法，都只能获得某种条件（准则）下对海底真实深度的估计，因此，对测深结果精度或可信性的评估是不可回避的问题，近年来人们开始尝试分别从声呐系统数据源头及数据后处理两端入手研究提高探测精度的算法。在数据源头方面，研究声基阵校正技术来减小声呐基阵制作中所引入的误差[21-23]；在数据后处理过程中，从不确定度的角度间接地评估测深结果的可信性，并将诸多不确定度因素导致的联合不确定度概念引入多波束测深结果的评估中[24, 25]。此外，还会遇到一些异常测深值是上述各种高精度海底回波检测算法所无法解决的，并且会在海底等深线图或三维地形图产生一定的测深假象，从而给海底成图带来许多不利的影响，严重者能出现错误的海底地形与目标特征。其中，最典型的测深假象就是声线的“折射效应”[26]。

2. 多波束海底地形高分辨探测技术

多波束测深声呐的分辨能力是水下地形地貌精细化探测及小目标探测能力的直接保障，从空间上来说，包括水平向、航迹向及距离向三个维度。对于水平向来说，主要是通过改进波束形成技术来达到减小波束宽度、降低旁瓣的目的，如Fansweep Coastal 系统中采用了Beam-MUSIC，Benthos 系统中采用了计算到达角瞬态成像（computed angle-of-arrival-transient imaging，CAATI）技术等[10]，解卷积波束形成是声呐阵列处理方向近年来关注较多的波束形成器之一，具有运算量小、性能优良的优势，有望实时实现；距离向方面，相干处理的引入解决了多波束测深声呐分辨能力受波束数目限制的问题，且因算法结构简单使多波束测深声呐在不增加波束形成数目和基本硬件成本的情况下，就能获得高分辨率，因此被越来越多的科研单位及多波束测深声呐生产厂商所重视；对于航迹向来说，随着探测距离的增加，多波束测深声呐的航迹向波束足印展宽，分辨能力降低。而为了提高航迹向分辨能力，引入合成孔径原理，在航迹向对孔径进行虚拟合成形成大孔径，是目前国际上先进的技术理念之一[27, 28]，具有代表性的产品是 Kongsberg 公司的 HISAS 2040 等。当然，单纯从声呐系统设计角度上来看，提高 Ping 率和波束密度等指标也可以提升海底地形探测分辨率。例如，当多波束测深声呐的 Ping 率可达 60Hz 时，假设测量船航速为 4kn，则其航迹向分辨率可以达到约 3cm；当声呐采样率为 60kHz 时，其距离向分辨率可以达到 1.25cm；当声呐接收波束数为1024 个、4 倍覆盖、水深为 20m 时，其垂直于航迹向的分辨率约为 8cm。

3. 多波束海底地形高效率探测技术

近年来，多波束测深声呐在海底高效率测绘方面有了质的提升，主要体现在以下三方面。

（1）海底地形宽覆盖扫测技术研究的深入。垂直航迹向扫测范围大小本质上与海底回波信号的信噪比有关，主要影响因素来源于海洋环境、声呐系统等。目前国际上的解决思路主要有两个：一个是从信号处理角度入手，涵盖发射到接收处理过程的波形设计、波束形成、回波检测算法等，用以提升声呐的回波检测能力；另一个则多从换能器基阵设计的角度来考虑，这是因为换能器基阵的辐射扇面开角是保证多波束测深声呐覆盖能力的重要前提，国际上许多产品[29-34]通过设计特殊的基阵形式来实现宽覆盖甚至是超宽覆盖能力。

（2）运动姿态信息实时补偿技术的工程实现。当利用多波束测深声呐进行海底地形测绘或目标检测任务时，我们希望在规划航线下实现对测量区域海底的100%覆盖。而事实上，由于风、海浪、载体平台等因素影响，多波束测深声呐在行进过程中的运动姿态存在横摇、纵摇、偏航等情况，这样会导致测深条带的覆盖区左右偏移及纵向条带间距与数据密度不均匀等非理想情况的发生，难以满足连续稳定、无遗漏的覆盖需求。而横摇稳定、纵摇稳定及艏向稳定技术的相继应用使上述问题得以较好地解决。

（3）从“线-面”向“面-面”高密度、大范围测量技术的突破。多波束测深声呐概念的提出实现了传统海底测绘由“点-线”测量向“线-面”测量的飞跃发展，而随着三维前视测深声呐技术的逐渐成熟，声呐系统有望在单测量周期内就实现面地形测量，进而形成“面-面”测量的新模式，加密输出海底地形的检测点，在单帧探测覆盖面积上实现一维到二维的跨越式提升。

4. 多波束海底地形自动化检测技术

水面无人船与水下自主航行器等海洋机器人是近年来国际上重点关注也是未来具有广泛应用前景的声呐搭载平台。无人自主化测绘所带来的好处显而易见，但同时对多波束测深声呐海底地形的自动化检测能力提出了更高的要求，主要包括两个方面：①自决策。通常来说，利用声呐执行海底测绘任务时，需要专业人员在现场进行操控，根据当前水深、检测结果等现场情况来调整声功率、增益、门限、信号类型等声呐工作参数。而自决策的上述操作都由声呐自身根据实际工况优化来完成。②自评估。自评估的作用主要有两点，一是用于实时在线评估当前检测结果的数据质量，为自决策提供参考，二是在数据后处理过程中评估结果可作为水深地形数据异常值滤波算法选择与门限设定的依据。

5. 多波束测深声呐水下环境探测新应用

在功能拓展方面，新一代多波束测深声呐在实时处理和后处理两方面都有所突破。

在实时处理方面，海底反向散射成像、水体成像、水平向加密检测（如管道检测和跟踪）及距离向加密检测（多回波检测）在许多多波束测深声呐产品的显控软件或采集软件中都已实现，由多波束测深声呐直接获取的信息明显增加，可以满足海底地貌地物探测、水中目标形位探测、海底目标加密探测等特殊需求。虽然上述新颖的功能不是海底地形常规测绘任务所必需的，但确实能够生动形象地使测绘人员实时感受海底地形的变化及声呐检测的效果。

在后处理方面，多波束测深声呐采集的海底地形检测数据、海底反向散射图像及水体图像是海底地形辅助导航、声学海底底质分类、水中目标探测（如水中气体探测）等应用的数据基础。随着多波束测深声呐获取的海洋环境信息更加准确，将更加有力地推动上述应用技术的快速发展。

上述种种技术的进步与功能的拓展已经为多波束测深声呐赋予了全新的特征，在后续的章节中，本书将对新一代多波束测深声呐技术一些重要的发展理念与实际应用进行阐述。

参考文献

[1] 周天，徐超，陈宝伟. 声呐电子系统设计导论[M]. 北京：科学出版社，2021.

[2] R2SONIC Inc. Products Sonic 2026 Multibeam Echosounder[EB/OL]. [2022-07-01]. https://www.r2sonic.com/products/sonic-2026.

[3] International Hydrographic Organization. International Hydrographic Organization Standards for Hydrographic Surveys：S-44[S]. 6th ed. Monaco：International Hydrographic Organization，2020.

[4] Talbot A. Shallow Survey 2015 Common Data Set A Target Detection Comparison[R]. Plymouth：United Kingdom Hydrographic Office，2015.

[5] 李家彪. 多波束勘测原理技术与方法[M]. 北京：海洋出版社，1999.

[6] 赵建虎，刘经南. 多波束测深及图像数据处理[M]. 武汉：武汉大学出版社，2008.

[7] 吴自银. 高分辨率海底地形地貌——探测处理理论与技术[M]. 北京：科学出版社，2018.

[8] 吴自银. 高分辨率海底地形地貌——可视计算与科学应用[M]. 北京：科学出版社，2017.

[9] 李海森，周天，徐超. 多波束测深声呐技术研究新进展[J]. 声学技术，2013，32（2）：73-80.

[10] 周天，欧阳永忠，李海森. 浅水多波束测深声呐关键技术剖析[J]. 海洋测绘，2016，36（3）：1-6.

[11] Wadhams P. The use of autonomous underwater vehicles to map the variability of under-ice topography[J]. Ocean Dynamics，2012，62（3）：439-447.

[12] Weber T C，Lyons A P，Bradley D L. An estimate of the gas transfer rate from oceanic bubbles derived from multibeam sonar observations of a ship wake[J]. Journal of Geophysical Research-Oceans，2005，110（C4）：C04005.

[13] Fromant G，Dantec N L，Perrot Y，et al. Suspended sediment concentration field quantified from a calibrated multibeam echosounder[J]. Applied Acoustics，2021，180：108107.

[14] Cotter E，Polagye B. Automatic classification of biological targets in a tidal channel using a multibeam sonar[J]. Journal of Atmospheric and Oceanic Technology，2020，37（8）：1437-1455.

[15] Zwolak K，Marchel Ł，Bohan A，et al. Automatic identification of internal wave characteristics affecting bathymetric measurement based on multibeam echosounder water column data analysis[J]. Energies，2021，14（16）：4774.

[16] Chen Y L，Ding J S，Zhang H Q，et al. Multibeam water column data research in the Taixinan Basin：Implications for the potential occurrence of natural gas hydrate[J]. ACTA Oceanologica SINICA，2019，5（38）：129-133.

[17] Brown C J，Todd B J，Kostylev V E，et al. Image-based classification of multibeam sonar backscatter data for objective surficial sediment mapping of Georges Bank，Canada[J]. Continental Shelf Research，2011，31（2）：S110-S119.

[18] Tang Q H，Zhou X H，Liu Z C，et al. Processing multibeam backscatter data[J]. Marine Geodesy，2005，28（3）：251-258.

[19] Schimel A C G，Beaudoin J，Parnum I M，et al. Multibeam sonar backscatter data processing[J]. Marine

Geophysical Research，2018，39（1/2）：121-137.

[20] Foote K G，Chu D Z，Hammar T R，et al. Protocols for calibrating multibeam sonar[J]. Journal of the Acoustical Society of America，2005，117（4）：2013-2027.

[21] 魏波，周天，李超，等. 多波束声呐基阵一体化自校准方法[J]. 哈尔滨工程大学学报，2019，40（4）：792-798.

[22] Li H S，Wei B，Zhu J J，et al. Calibration of multibeam echo sounder transducer array based on focused beamforming[J]. IEEE Sensors Journal，2018，18（24）：10199-10207.

[23] Yuan W J，Zhou T，Shen J J，et al. Correction method for magnitude and phase variations in acoustic arrays based on focused beamforming[J]. IEEE Transactions on Instrumentation and Measurement，2020，69（9）：6058-6069.

[24] 陆丹. 基于联合不确定度的多波束测深估计及海底地形成图技术[D]. 哈尔滨：哈尔滨工程大学，2012：11-68.

[25] Mohammadloo T H，Snellen M，Simons D G. Assessing the performance of the multi-beam echo-sounder bathymetric uncertainty prediction model[J]. Applied Sciences，2020，10（13）：1-18.

[26] 魏玉阔. 多波束测深假象消除与动态空间归位技术[D]. 哈尔滨：哈尔滨工程大学，2011.

[27] 李海森，魏波，杜伟东. 多波束合成孔径声呐技术研究进展[J]. 测绘学报，2017，46（10）：1760-1769.

[28] 魏波. 多波束合成孔径声呐探测技术研究[D]. 哈尔滨：哈尔滨工程大学，2021：48-74.

[29] Lurton X. An Introduction to Underwater Acoustics：Principles and Applications[M]. 2nd ed. Chichester：Springer，2010.

[30] 周天，李海森，么彬，等. 具有超宽覆盖指向性的多线阵组合声基阵：CN101149434[P]. 2008-03-26.

[31] L-3 ELAC Nautik. SeaBeam 1180/1185 Shallow Water Multibeam Systems[EB/OL]. [2022-07-05]. https://data.ngdc.noaa.gov/instruments/remote-sensing/active/profilers-sounders/acoustic-sounders/L3_ELAC_Nautik_SeaBeam_1180_1185.pdf.

[32] ATLAS HYDROGRAPHIC GmbH. ATLAS Fansweep 20 Shallow Water Multibeam Echosounder[EB/OL]. [2022-07-05]. https://209.240.133.120/media/pdf/product_resources170.pdf.

[33] Könnecke S. The new ATLAS fansweep 30 coastal：A tool for efficient and reliable hydrographic survey[C]. Proceedings of 25th International Conference on Offshore Mechanics and Arctic Engineering，Hamburg，2006：257-261.

[34] Kongsberg Maritime. EM710 multibeam echo sounder product description[EB/OL]. [2022-07-05]. https://data.ngdc.noaa.gov/instruments/remote-sensing/active/profilers-sounders/acoustic-sounders/kongsberg_em710_data_sheet.pdf.

第 2 章　多波束海底地形高精度探测技术

目前，多波束测深技术的研究重点之一是提高所探测地形的精度，更加注重测绘质量。影响探测精度的因素有很多，本章从声呐自身角度出发，以声基阵校正、回波信号估计、质量评估、数据滤波、声线修正等这样一条多波束测深技术主线为驱动，探讨提升多波束测深声呐探测精度的算法。

2.1　声基阵校正

声基阵在加工过程中会受到加工精度、材料、元器件参数不一致等因素影响，从而导致各个接收通道性能不一致，使得基阵性能与理论值存在偏差，有必要对不一致性进行校正。虽然理论上发射阵和接收阵都需要校正，但多波束测深声呐工作原理决定了接收阵通道不一致性对探测精度的影响明显大于发射阵，因而更受关注。下面重点围绕接收阵校正进行讨论。

2.1.1　幅相一致性校正技术

接收阵通道间的不一致性会通过阵列幅相误差体现出来，最终体现为阵列增益下降、旁瓣电平抬高、指向精度变差等，进而导致 DOA 估计性能下降。本节从幅相误差估计的角度给出一种基于近场信号模型的接收阵通道一致性校正技术[1]。

1. 阵列幅相误差分析

1）近场聚焦波束形成模型

近场聚焦波束形成的基本原理是根据声源到达各个阵元曲率半径的不同，按球面波规律对基阵接收数据进行相位补偿，根据基阵与声源的空间位置重建测量平面，得到重建测量平面上目标声源的空间位置分布和强度分布，实现目标定位。

在近场信号模型中，信号源至阵列间的距离 r 需满足：

$$r < \frac{2D^2}{\lambda} \tag{2-1}$$

式中，D 为阵列尺度；λ 为声波波长[2]。

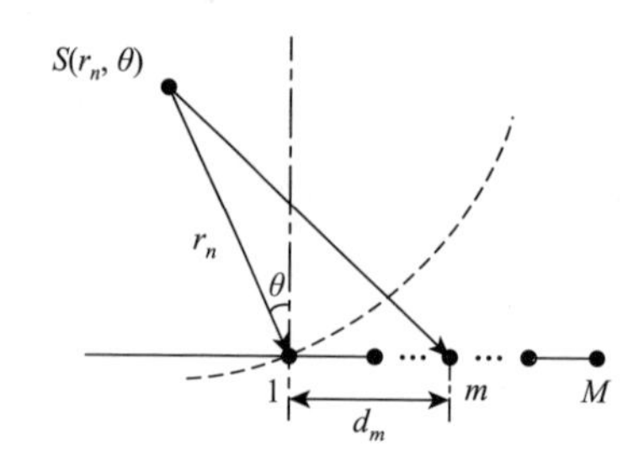

图 2-1　均匀直线阵近场聚焦波束形成模型

假设一个窄带脉冲信号源 $S(r_n,\theta)$ 从某个方向以近场条件入射到 M 元阵列上（图 2-1），阵元间距为半波长，利用菲涅耳近似来修正均匀直线阵的方向矢量。第 m 个阵元与第 1 个阵元间的回波在 n 时刻的相位差可以表示为[3]

$$\Delta\varphi_{mn} \approx -2\pi d_m \sin\frac{\theta}{\lambda} + \pi d_m^2 \cos^2\frac{\theta}{\lambda r_n} \tag{2-2}$$

式中，r_n 为聚焦距离；θ 为预成波束角；d_m 为第 m 个阵元到第 1 个阵元的间距。与远场波束形成不同的是，近场波束形成需要考虑聚焦距离。对于每个样本时刻，实时聚焦波束形成结果为

$$V(\theta) = \sum_{m=0}^{M-1} x_m(\cos(\Delta\varphi_{mn}) - \mathrm{j}\sin(\Delta\varphi_{mn})) \tag{2-3}$$

式中，x_m 为第 m 个阵元的接收信号。在近场波束形成中需要根据不同的快拍数来调整聚焦距离。

为了评估阵列的 DOA 估计精度，根据克拉默-拉奥下界（Cramer-Rao lower bound，CRLB）理论[4]，窄带信号及均匀直线阵列条件下，聚焦波束形成理论上能够达到的 DOA 估计精度可以用式（2-4）来表述[5]：

$$\mathrm{CRLB} = \frac{3c^2 \cdot (1 + M \cdot \mathrm{SNR})}{2NM(M^2-1)\pi^2 d^2 \cos^2\theta \cdot (Mf^2\mathrm{SNR}^2)} \tag{2-4}$$

2）幅相误差模型

通道间幅度和相位的不一致性是相对的，各通道一致性越高则测向结果越准确。假设存在各向同性的通道间幅度误差和相位误差，幅度误差向量用 $\varGamma$ 来表示，$\varGamma = \mathrm{diag}[\rho_1, \rho_2, \cdots, \rho_M]$，相位误差向量用 $\varPhi$ 来表示，$\varPhi = \mathrm{diag}[\mathrm{e}^{-\mathrm{j}\phi_1}, \mathrm{e}^{-\mathrm{j}\phi_2}, \cdots, \mathrm{e}^{-\mathrm{j}\phi_M}]$，选取第一个阵元的幅度和相位作为参考量。存在幅相误差的情况下，接收阵输出信号变为

$$X(t) = \varGamma\varPhi(AS(t) + N(t)) \tag{2-5}$$

式中，$X(t) = [x_1(t), x_2(t), \cdots, x_M(t)]^{\mathrm{T}}$ 为各通道接收信号向量；$S(t) = [s_1(t), s_2(t), \cdots, s_M(t)]^{\mathrm{T}}\,(s_1(t) = s_2(t) = \cdots = s_M(t))$ 为发射信号；$N(t) = [n_1(t), n_2(t), \cdots, n_M(t)]^{\mathrm{T}}$ 为各分量相互独立的白噪声矢量；A 为以接收阵导向矢量为主对角元素组成的对角阵，表示为

$$A = \mathrm{diag}[\mathrm{e}^{\mathrm{j}k2\pi f_0\Delta\varphi_{1n}}, \mathrm{e}^{\mathrm{j}k2\pi f_0\Delta\varphi_{2n}}, \cdots, \mathrm{e}^{\mathrm{j}k2\pi f_0\Delta\varphi_{Mn}}] \tag{2-6}$$

3）幅相误差 DOA 性能影响仿真分析

为了进一步分析幅相误差对近场条件下方位估计的影响，本节开展计算机仿真研究，涉及参数如表 2-1 所示。

表 2-1　参数表

参数	数值	参数	数值
信号频率	200kHz	脉冲宽度	0.1ms
采样率	85.356kHz	阵元数	100 个
接收距离	10m	阵元间距	3.75mm

假设阵元间幅度和相位服从高斯分布，阵列中每个阵元的幅度起伏满足 $\rho \sim N(1,0.3^2)$，相位起伏满足 $\phi \sim N(1,0.5^2)$，幅度在这里进行归一化表示，标准值为 1。图 2-2 为一组基于近场球面波理论的波束形成输出结果，各子图中，左上角为–80°～80°范围内的 DOA 估计结果，为了清晰展示，下方图对其进行了局部放大显示。此外，为了进一步看清下方图中方框内幅相起伏引起的角度估计差异，右上角对方框内区域进行了放大显示。通过改变幅度与相位误差大小可以看出，阵元之间相位响应的变化严重影响静态方向图特性，降低了 DOA 估计精度。阵元之间幅度响应的变化与 DOA 估计准确度无关，但它们会导致波束形成响应的降低。此外，阵元之间的幅度和相位变化会导致旁瓣电平升高。

为了进一步分析阵元间幅值和相位变化对 DOA 估计的影响，对前面选择的每个角度在不同信噪比（signal-noise ratio，SNR）下进行 100 次蒙特卡罗试验，得到 DOA 估计误差，如图 2-3 所示，可见，估计结果总是与真实值有一定的偏差，并且随着入射角的增大而增大。

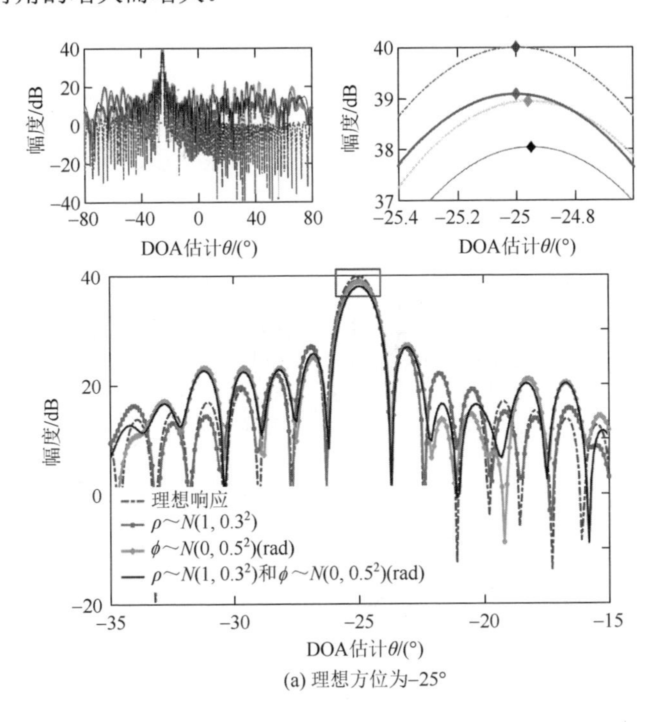

(a) 理想方位为–25°

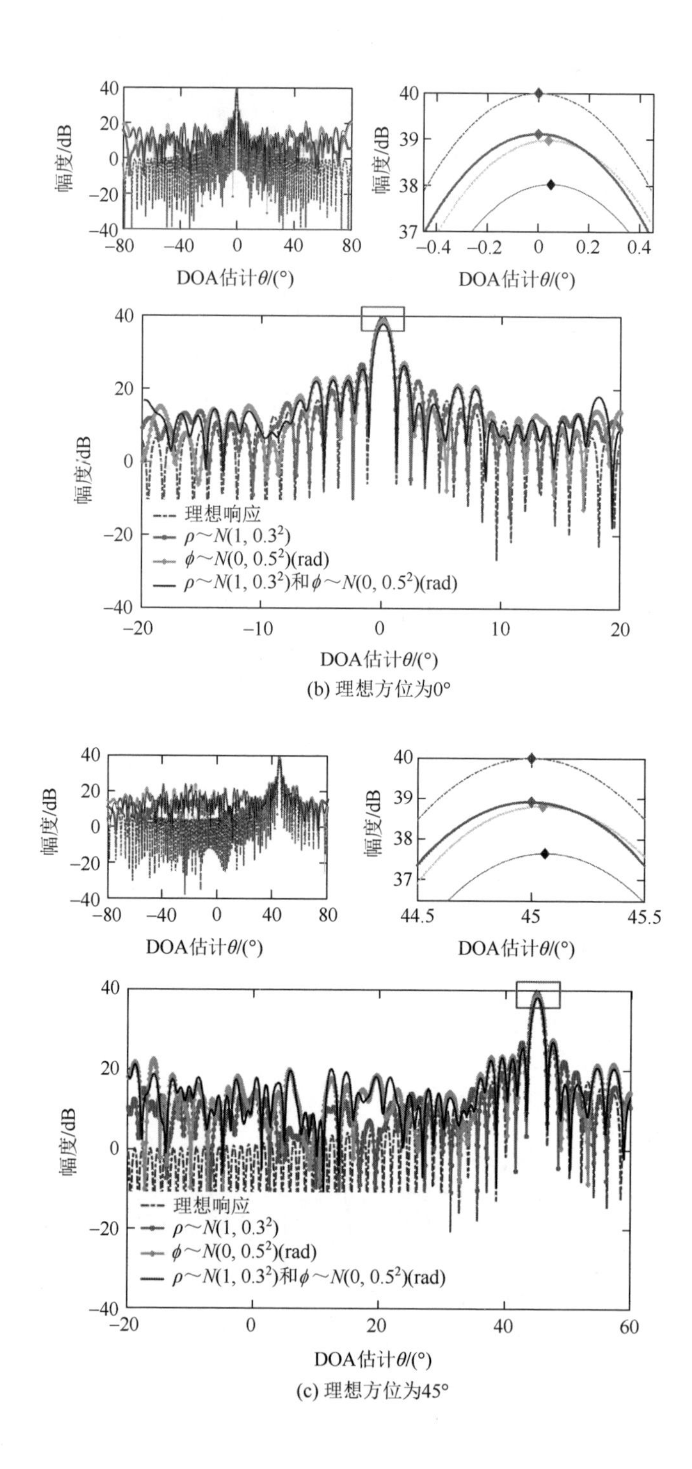

(b) 理想方位为0°

(c) 理想方位为45°

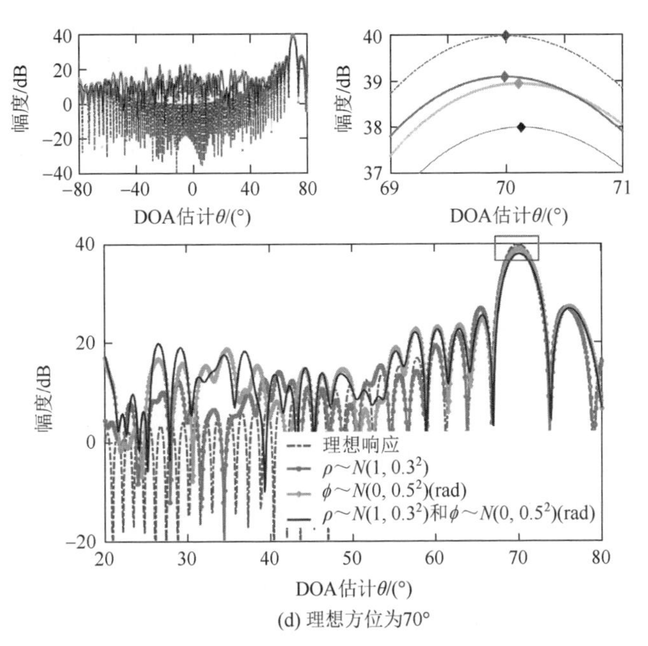

(d) 理想方位为70°

图 2-2　一组基于近场球面波理论的波束形成输出结果（彩图附书后）

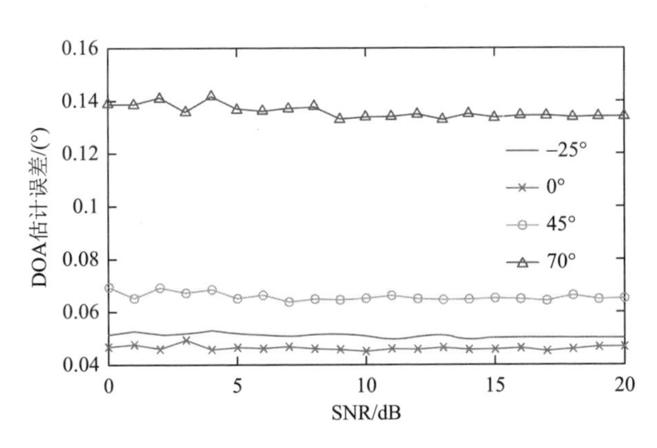

图 2-3　幅相误差引起的 DOA 估计误差

2. 近场条件下幅相一致性校正技术

1）数据处理流程

阵列通道间的幅相误差使各阵元的接收信号经加权移相处理得到的波束形成结果存在指向性变差、DOA 估计精度降低等问题，为了消除这种通道间偏差所带来的影响，可以从各通道间接收信号幅相一致性入手。幅相误差校正是一个相对概念，接收信号协方差矩阵能有效地反映多阵元阵列相对幅度和相位信息，若选取第一个阵元为参考阵元，利用接收信号协方差矩阵计算其他阵元与参考阵元的幅度相位差值，再通过声传播模型抵消传播过程引入的幅相变化即可得到各阵元相对于参考阵元的幅相误差。

信号协方差矩阵通常在时域构建，利用接收信号估计每个快拍中协方差矩阵的平均值，这涉及复杂的矩阵运算，需要对解调信号进行低通滤波。然而，如果在频域中执行，则可以通过快速傅里叶变换（fast Fourier transform，FFT）从每个通道的零频中提取最接近的峰值来构造协方差矩阵 R_X，其中包含信号的幅度和相位等必要的信息。

对接收信号矩阵中每个通道信号进行傅里叶变换 $X(t)=[x_1(t),x_2(t),\cdots,x_M(t)]^{\mathrm{T}}$，并在频域中获得频谱信号矩阵 $X_{\mathrm{fre}}(f)=[x_1(f),x_2(f),\cdots,x_M(f)]^{\mathrm{T}}$。正交解调是捕获各通道信号相位信息的必要步骤，经过解调后，最接近零频的低频峰值包含了我们需要的信息。因此，在频域中可以很容易地提取每个通道的低频峰值，进而得到复数向量 $X_P=[P_1,P_2,\cdots,P_M]^{\mathrm{T}}$。可以得到接收信号的协方差矩阵的估计如下：

$$\hat{R}_X = X_P^{\mathrm{T}} X_P \tag{2-7}$$

具体表示为

$$\hat{R}_X = \varOmega \odot (AR_S A^{\mathrm{H}} + \sigma^2 I) \tag{2-8}$$

式中，$\odot$ 表示阿达马积（Hadamard product）；H 表示共轭转置；R_S 为发射信号的相关矩阵；I 为单位矩阵；$\varOmega$ 为 $M\times M$ 矩阵，各元素表示如下：

$$\varOmega_{k,l} = \rho_k \rho_l \exp[-\mathrm{j}(\varphi_k - \varphi_l)]k,\quad l=1,2,\cdots,M \tag{2-9}$$

若能求得 $\varOmega$，就可以对接收阵的幅度误差和相位误差进行估计。若已知信源的波达方向 θ_s，则可以计算出理想相关矩阵 R_I，可以表示为

$$R_I = A_0 R_S A_0^{\mathrm{H}} \tag{2-10}$$

求解误差矩阵 $\varOmega$ 可以转化为以下优化问题：

$$\varOmega = \arg(\min \| \hat{R}_X - \varOmega \odot R_I \|_{\mathrm{F}}) \tag{2-11}$$

式中，F 表示弗罗贝尼乌斯（Frobenius）范数式。式（2-11）的最小二乘解为 $\varOmega = \hat{R}_X \odot R_I^*$，$R_I^*$ 表示 R_I 的共轭。

求得 $\varOmega$ 后，可以估计各通道间的幅度和相位误差，其中：

$$\rho_m = \rho_m / \rho_1 = \mathrm{Re}\left(\sqrt{\varOmega_{m,m}} \Big/ \sqrt{\varOmega_{1,1}}\right) \tag{2-12}$$

$$\phi_m = \phi_m - \phi_1 = \arctan[\mathrm{Im}(\varOmega_{m,m}) / \mathrm{Re}(\varOmega_{1,1})] \tag{2-13}$$

式中，幅度估计 ρ_m 表示第 m 个阵元与第 1 个阵元的相对幅度，其中第 1 个阵元幅度设为 1；相位误差估计 ϕ_m 表示第 m 个阵元与第 1 个阵元的相对相位误差，其中第 1 个阵元相位设为 0。

为计算理想相关矩阵 R_I，需要已知 θ_s 的信息，因此首先需要对理想入射角度 θ_s 进行估计。结合上文关于 DOA 误差分析的理论，根据 DOA 的粗略估计结果并考虑噪声影响可以确定 θ_s 所在区间，继而对此区间遍历，可以构造一组相对应的

理想回波信号的协方差矩阵估计 $\hat{R}_I$，根据式（2-11）～式（2-13）得到相对应的幅相误差估计 $\hat{\Omega}$，将每组幅相误差估计结果补偿后分别对具有相同回转角度的数据进行波束形成，考察对应于不同理想信号源入射角的 DOA 估计结果。其中，理想信号源入射角 θ_s 及幅度和相位的估计算法可以参考文献[1]。

2）仿真分析

为了评估近场条件下幅相一致性校正算法对阵列通道间幅相误差的有效性，进行了如下仿真，相关参数如表 2-2 所示。

表 2-2　参数表

参数	数值	参数	数值
信号频率	200kHz	脉冲宽度	0.1ms
采样率	85.356kHz	阵元数	100 个
接收距离	10m	阵元间距	3.75mm
SNR	20dB	声速	1500m/s
理想 DOA 值	0.8°		

确定理想信源入射方向后，通过上述分析计算幅相误差并对阵列进行补偿，将补偿后的阵列再次进行波束形成，仿真选取–25°、0°、45°和 70°共 4 个角度进行近场聚焦波束形成，并针对仅相位补偿和幅度相位同时补偿两种情况进行仿真，仿真结果的幅值进行了归一化处理，结果如图 2-4 所示，在仅补偿通道间相位误

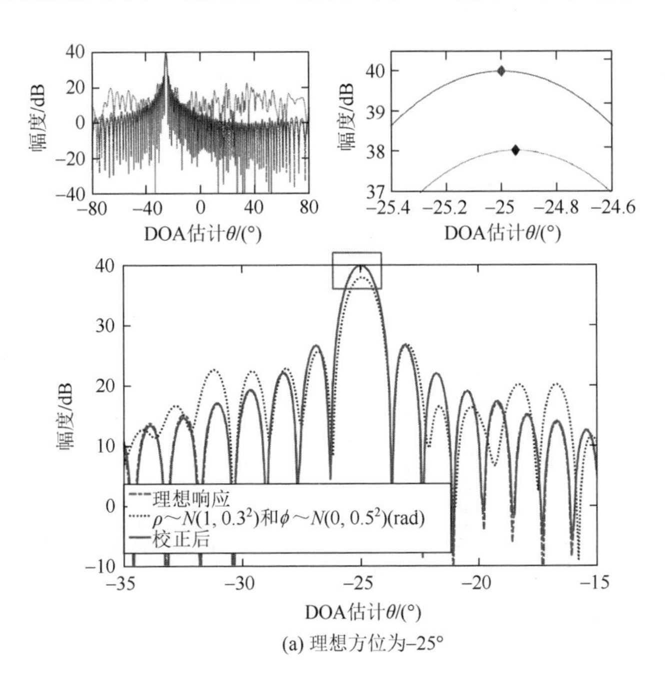

(a) 理想方位为–25°

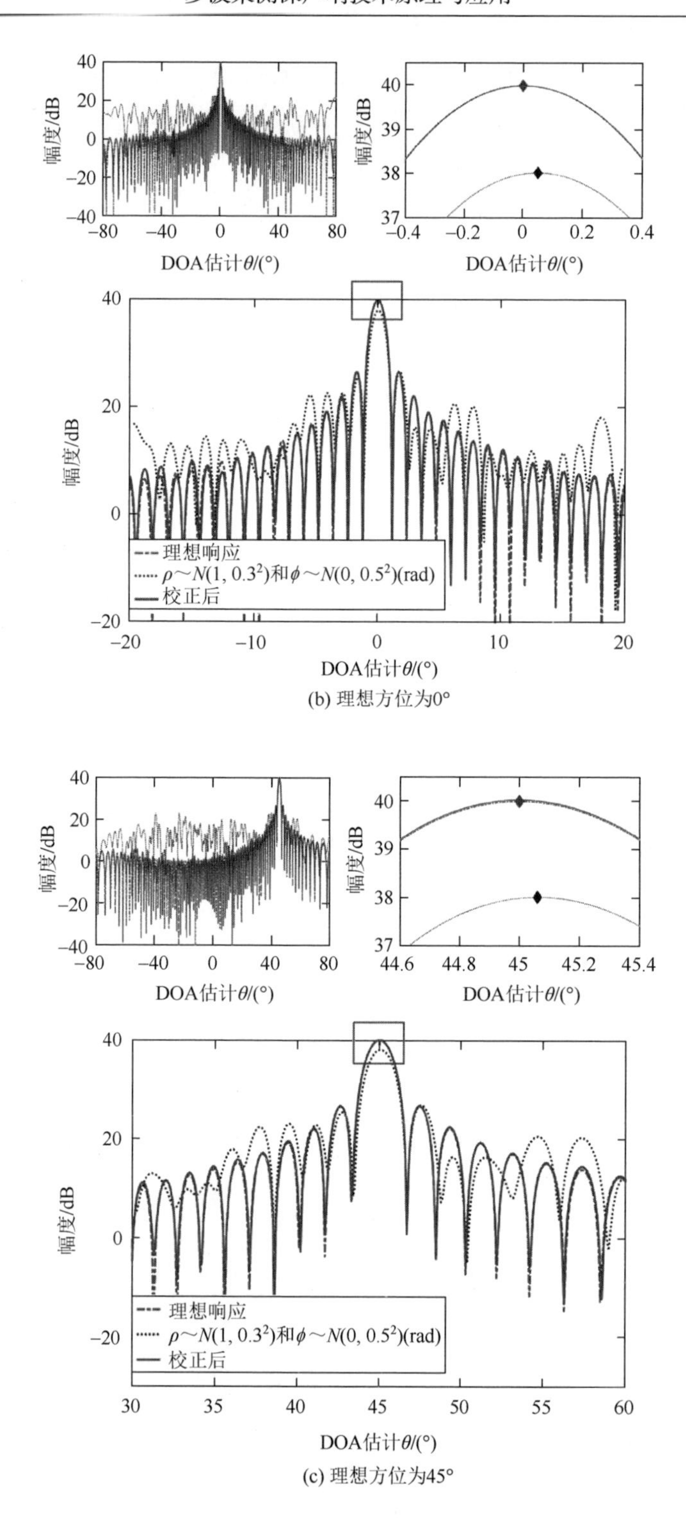

(b) 理想方位为0°

(c) 理想方位为45°

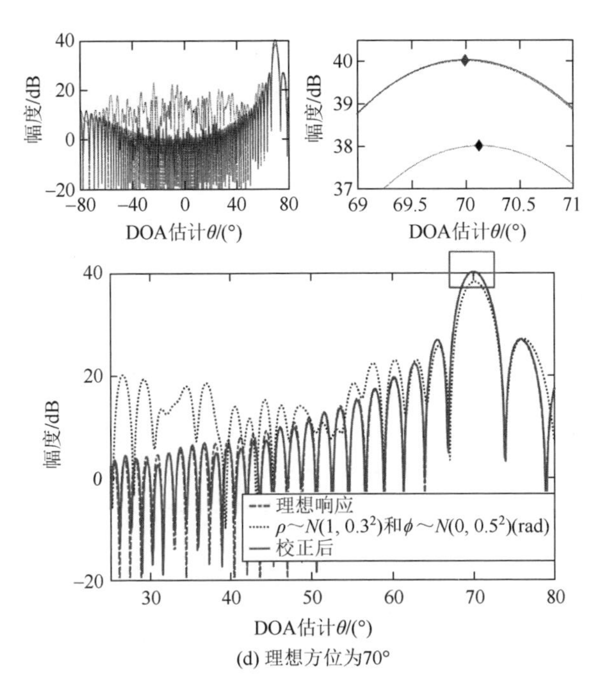

(d) 理想方位为70°

图 2-4　校正前后仿真结果（彩图附书后）

差的情况下能够观察到阵列的指向性有所改善，对阵列的幅值和相位同时补偿后，旁瓣降低约 5dB，阵列的指向性效果提升明显。

另外，为了检验校正算法对 DOA 估计的作用，与上面 DOA 误差分析部分相对应，选取了–25°、0°、45°、70°四个角度进行了 100 次仿真试验，并引入了 CRLB 作为参考。图 2-5 为校正后的阵列 DOA 估计误差分析结果，图中虚框内曲线为实

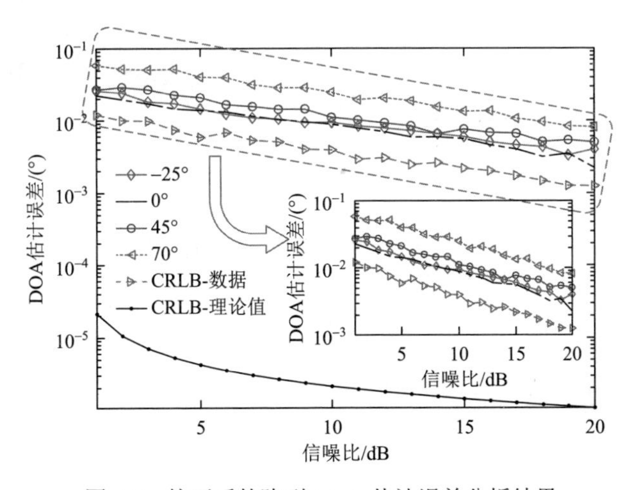

图 2-5　校正后的阵列 DOA 估计误差分析结果

框内曲线的局部放大显示，可以看出，阵列校正后，估计精度得到了明显改善，各角度的估计误差均随着信噪比的增加而减小，当信噪比为 20dB 时，整体 DOA 估计误差可以控制在 0.01°内。从以上仿真结果可以说明所提的算法能够有效地对阵列的幅相误差进行校正。

3. 试验数据处理与分析

为检验算法的实用性，结合自研多波束测深声呐开展试验研究，试验在消声水池进行，水池试验示意图如图 2-6 所示，待校正设备为多波束测深声呐的接收阵，接收阵与发射声源距离为 10m，满足近场条件。操作过程中，回转台开始旋转的时刻接收阵开始接收回波信号，通过控制系统能够准确地记录每 Ping 的接收信号，初始角度为 0°，虽然初始角度可能存在误差，但由于数据按照旋转角度依次进行编号，因此根据编号间隔及旋转速度可以精确地获得回转角度，水池试验涉及的参数表如表 2-3 所示。

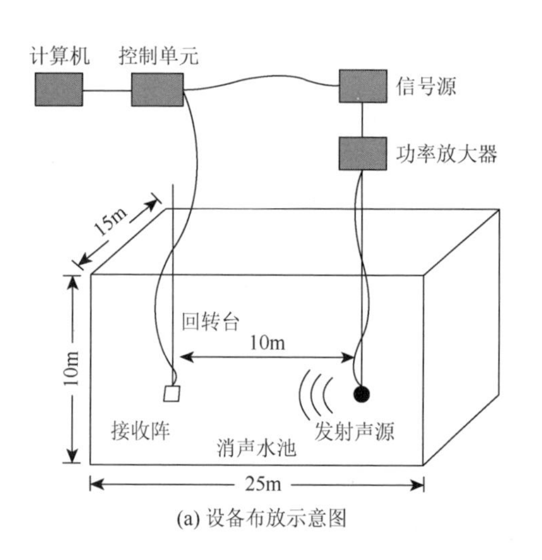

(a) 设备布放示意图

(b) 待校正的多波束测深声呐接收阵

图 2-6　水池试验示意图

表 2-3　水池试验涉及的参数表

参数	数值	参数	数值
信号频率	200kHz	脉冲宽度	0.1ms
采样率	85.356kHz	阵元数	100 个
接收距离	10m	阵元间距	3.75mm
旋转速度	0.6(°)/s	声速	1480m/s

为了构造理想信号协方差矩阵，需要采集各个方向入射的接收信号以对 DOA 进行估计，接收阵安装在回转台上，使得接收阵的阵列中心与回转轴位于同一垂线上，此外发射声源与接收阵等效声中心布放于水下同一深度。在测量过程中，回转台连续转动的同时，通过控制电路保持数据采样与声源发射的同步性。

试验数据采集主要分为以下步骤。

步骤 1：在消声水池按照近场原则布放待校正的接收阵和发射声源，接收阵安装在回转台上，测量并记录消声水池的声速。

步骤 2：设定回转台的角度范围和旋转速度，本节中根据 DOA 估计精度和校正精度设定回转台角度为–90°～90°，旋转速度为 0.6(°)/s。

步骤 3：启动回转台，在其匀速旋转的同时信源发射脉冲信号，接收阵通过控制软件自动获取回波信息并依次存储对应数据，数据按照接收到的信号次序进行编号，由于回转台速度一定，通过数据的编号间隔即可确定回转台旋转角度。

截取有效回波信息后进行近场聚焦波束形成，扫描精度为 0.1°，选取较小入射角的数据进行分析。考虑噪声影响，以理想角度为中心对周围角度遍历，角度间隔为 0.01°，通过上述理论计算对应于各遍历角度下的幅相误差，经校正后分别对各角度进行估计，由于回转台旋转速度为 0.6(°)/s，Ping 率为 1Hz，对上述数据以 0.01°的间隔进行近场聚焦波束形成。校正前后试验数据处理结果如图 2-7 所示。可以看出，校正后阵列的波束方向图得到改善，旁瓣降低。

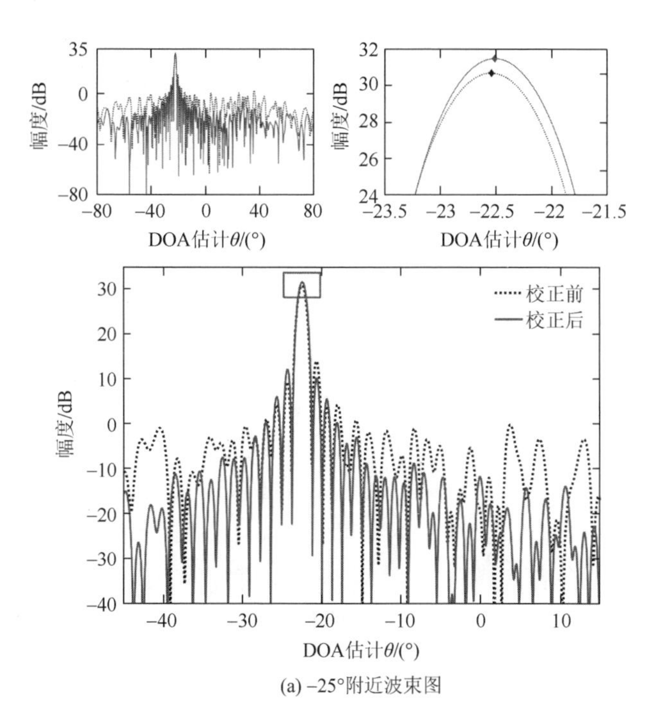

(a) –25°附近波束图

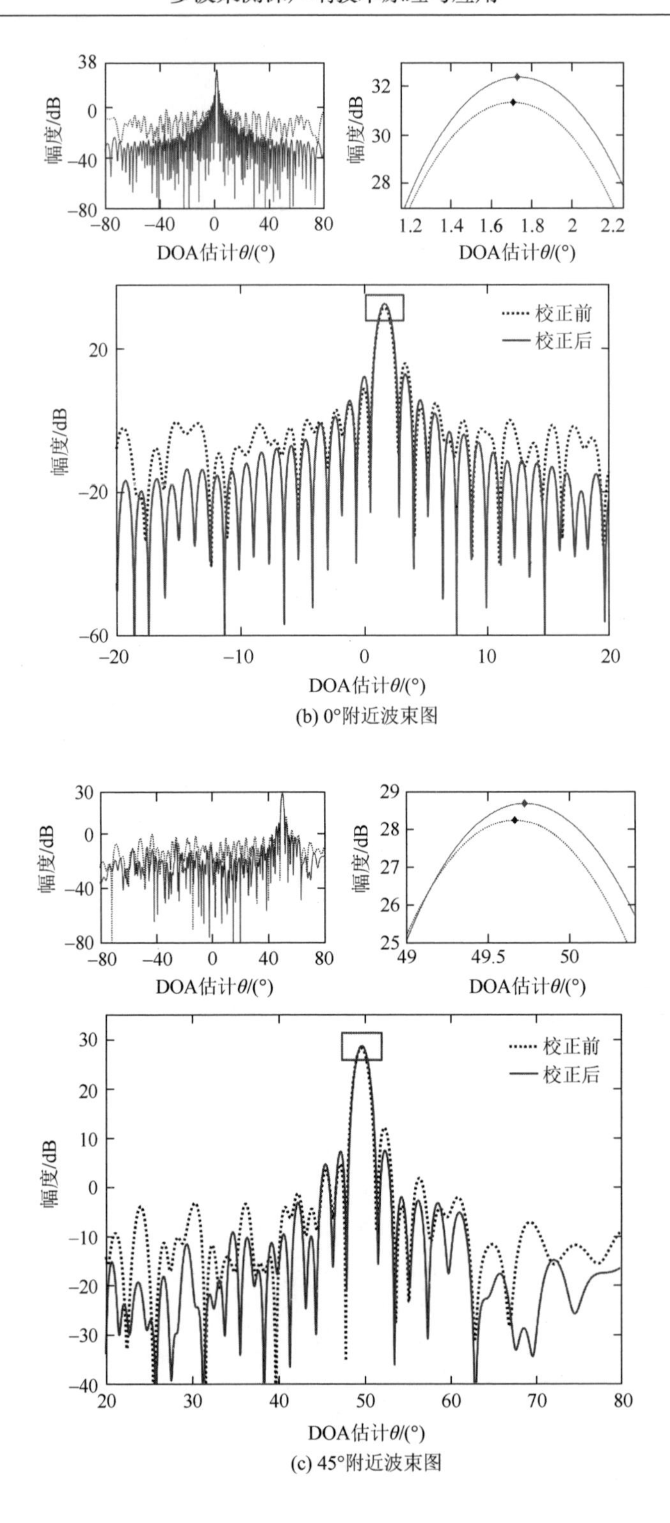

(b) 0°附近波束图

(c) 45°附近波束图

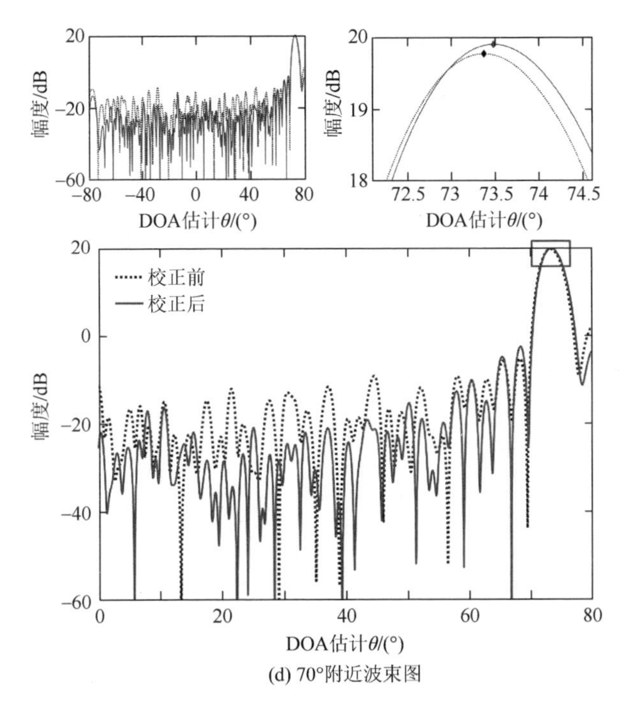

(d) 70°附近波束图

图 2-7　校正前后试验数据处理结果

2.1.2　阵元间距校正技术

多波束测深声呐基阵通常具有数十至上百个接收阵元，阵元间距会对波束形成算法效果产生较大的影响，对于 WMT 算法主要影响其波束聚焦效果，对于相位检测算法主要影响其相位差过零位置。声呐基阵的制造主要依赖于高精度自动数控机床，通常情况下其加工精度能达到亚毫米级。以工作频率为 200kHz 的多波束测深声呐基阵为例，半波长布阵情况下的设计阵元间距 $d = 3.75\text{mm}$ 。通过加工精度对比可知，数控机床的加工精度与设计阵元间距相当，尤其是对于窄间距、小孔径、多阵元系统，加工精度误差对声呐基阵的影响更为严重，加工误差会随着机床进刀逐步累积，其间距难以保证与设计值完全相同[6]。对于已加工完成基阵的阵元间距很难直接测量得到，因此需要通过信号处理的手段对声呐基阵加工误差进行估计以在后续信号处理过程中进行补偿。

1. 声呐基阵阵元间距误差分析

首先分析阵元间距误差对于探测效果产生的影响，根据基阵波束形成理论，在均匀直线阵的指向性函数中插入相移 β ，就可以得到所需扫描波束角 θ 的主极大输出，记为

$$\sin\theta = \frac{\beta\lambda}{2\pi d} \tag{2-14}$$

当均匀直线阵平均阵元间距存在误差 Δd 时，预设波束主轴角度发生偏移：

$$\sin\theta' = \frac{\beta\lambda}{2\pi(d+\Delta d)} \tag{2-15}$$

同样，对基于相位信息的海底检测法，阵元间距误差会使回波到达方位估计值存在偏差，进而使空间位置及深度的估计值存在偏差，具体数学表达式参见文献[6]～[8]。

首先，观察阵元间距误差对于回波到达方位和回波到达时间估计的影响，如图 2-8（a）所示。其次，在不同预设目标方位条件下，遍历阵元间距误差。基于近场聚焦波束形成模型估计回波到达方位，可以观察到随着阵元间距误差的增加，DOA 估计误差逐渐增加，并且对于外侧波束的估计误差较大，在 $\theta = 70°$ 的情况下 DOA 估计误差超过 1.2°。回波到达方位估计误差呈非对称、非线性变化，因此需要对不同回波到达方位条件下的阵元间距误差进行估计。对于基于相位差检测的算法，平均阵元间距主要影响相位差曲线过零位置 Pz，因此对于换能器平均阵元间距的校正十分必要。

DOA 估计的误差会导致目标深度估计误差，这种误差会随着波束角度的变化和实际深度的变化而变化。如图 2-8（b）所示，在相同波束角度下实际深度越深则深度估计的误差越大，并且误差曲线呈非对称趋势。在相同深度情况下，深度估计误差随着波束角度的增加而增大，呈非对称趋势。随着 DOA 估计误差的逐渐增大，深度估计值误差也逐渐增大，外侧波束的探测精度也明显降低，如图 2-8（b）所示，因此对于基阵误差的校正是保证测量精度的重要条件[9]。

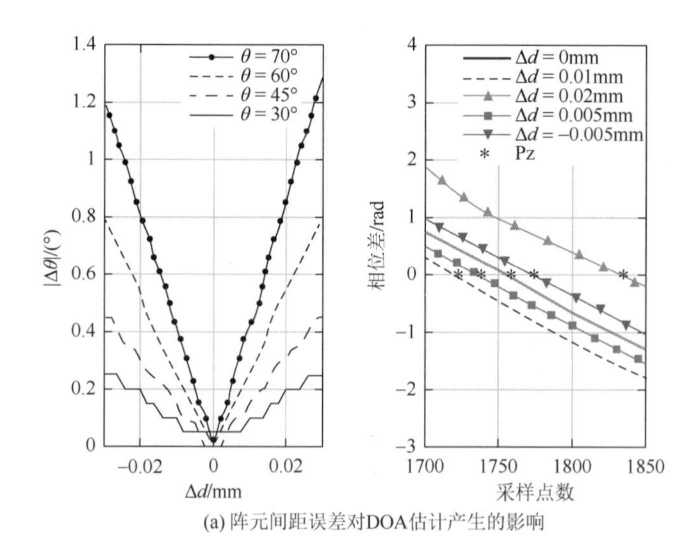

(a) 阵元间距误差对DOA估计产生的影响

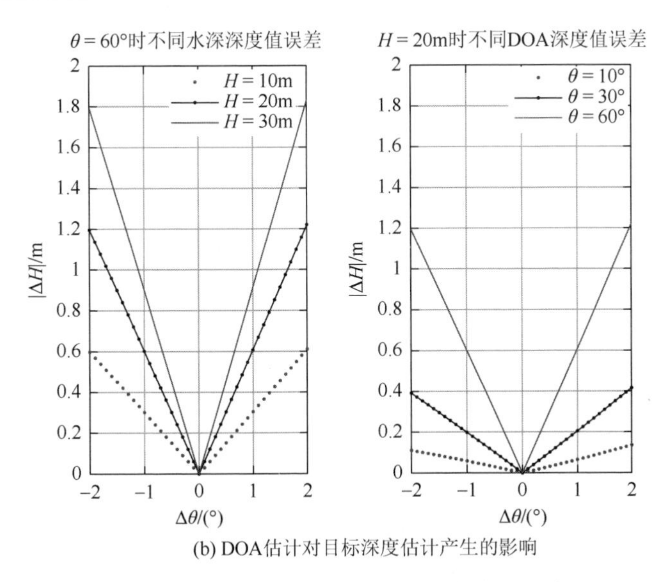

(b) DOA估计对目标深度估计产生的影响

图 2-8　阵元间距误差对测量结果产生的影响

2. 一体化基阵校正技术

如 2.1.1 节所述，换能器的接收通道一致性会影响测量精度。由于受到这种接收电路和接收基元一致性的共同影响，信号相位会发生偏移，从而导致回波相干累加得不充分，波束有效覆盖宽度降低，限制了多波束测深声呐的探测性能[10, 11]。此外，由上面分析可知，阵元间距误差也严重影响了目标位置的检测精度，并且对于大深度、外侧波束的影响尤为严重。下面给出一种基于最小残差准则的接收阵平均阵元间距校正算法[7]，该算法分为现场信号采集和数据后处理两个部分。现场信号采集主要依靠高精度自动旋转螺杆，测量过程中以固定角速度单向旋转声呐基阵。首先将与待测换能器同频的发射声源放置于接收阵正前方一定距离处，入水深度与基阵等效声中心平面保持一致。测量过程中严格保持收发换能器的信号同步，保证目标所处方位与采样时刻相对应，并综合考虑电路系统与阵元间的耦合产生的相位偏移，评估目标的波束方位响应。基阵旋转示意图如图 2-9 所示，在每一个测量位置朝向声源所在的方位角度都能够形成一个幅值最强的输出波束。数据后处理部分可以参考文献[2]～[4]，本书中不再赘述。

3. 一体化基阵校正技术的试验验证

为了验证上面介绍的校正技术的有效性，本节进行声呐基阵校正水池试验。待测基阵中心频率为 200kHz，阵元数目为 100 个，计算得到的远场距离不小于 18.75m。为了保证测量的准确性，避免池壁回波和混响干扰，试验中将发射声源与待测基阵之间的距离设定为 8m，处于近场区域范围，水池试验参数如表 2-4 所示。

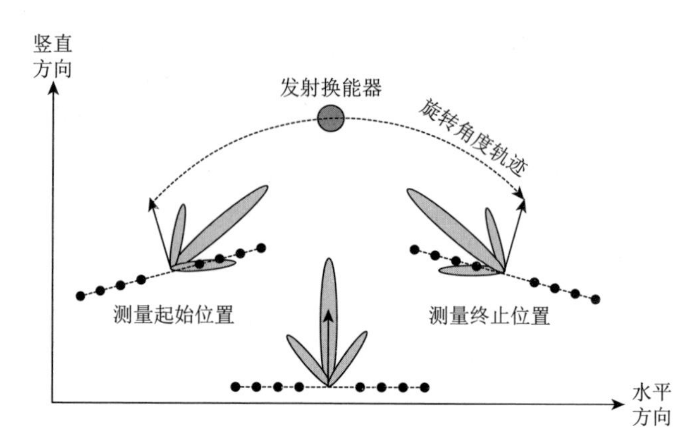

图 2-9　基阵旋转示意图

表 2-4　水池试验参数

参数	数值	参数	数值
中心频率	200kHz	阵元数目	100 个
螺杆转速	0.2(°)/s	扫描范围	−90°～90°
螺杆转动精度	0.1°	采样间隔	1s
扫描阵元间距范围	±0.02mm	文件数目	900 个
扫描步进	0.001mm	发射脉宽	0.1ms

水池试验现场布置如图 2-6 所示，只是试验中发射声源与待测基阵之间的距离变更为 8m。试验现场使用高精度自动旋转螺杆，发射与采集系统严格同步对时，自动记录采集到的回波数据，确保声源所处方位与试验设计相吻合。选取有效回波范围，经数据压缩拼接后的数据能量输出较为集中，能够明显地观察到波束到达方向曲线，如图 2-10 所示。经过压缩后的数据，进行基于最小残差准则的平均阵元间距估计，平均阵元间距误差为 3.73～3.77mm，扫描步进为 0.001mm，平均阵元间距误差估计曲线如图 2-11（a）所示。平均阵元间距误差估计曲线较为平滑，在 $d = 3.743\text{m}$ 处出现了极值，记为估计得到的平均阵元间距 $\hat{d}$ 。将得到的阵元间距估计值再次代入近场聚焦波束形成算法中，重新计算回波到达方位与真实声源位置之间的方位偏差，如图 2-11（b）所示。

在进行平均阵元间距校正前，DOA 估计偏差最大达到了 0.4°，呈斜线趋势且对于外侧波束偏差更为明显。经阵元间距校正后的角度偏差较为平均且稳定，最大值控制在 0.1°左右。针对所有的预设波束角度，利用图 2-11（b）得到的角度残差进行方位修正后，即可得到真实的波束方位响应角。图 2-11（b）中的实线是针对均匀变化的波束角度校正的结果，在实际工程应用中可以通过对该曲线进行插值，获得等角或等距模式下预设波束主轴方向的修正值。

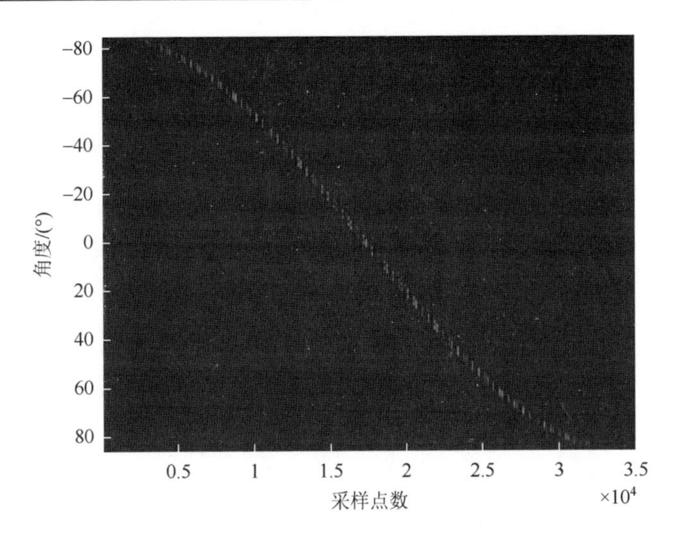

图 2-10　回波数据采集压缩结果

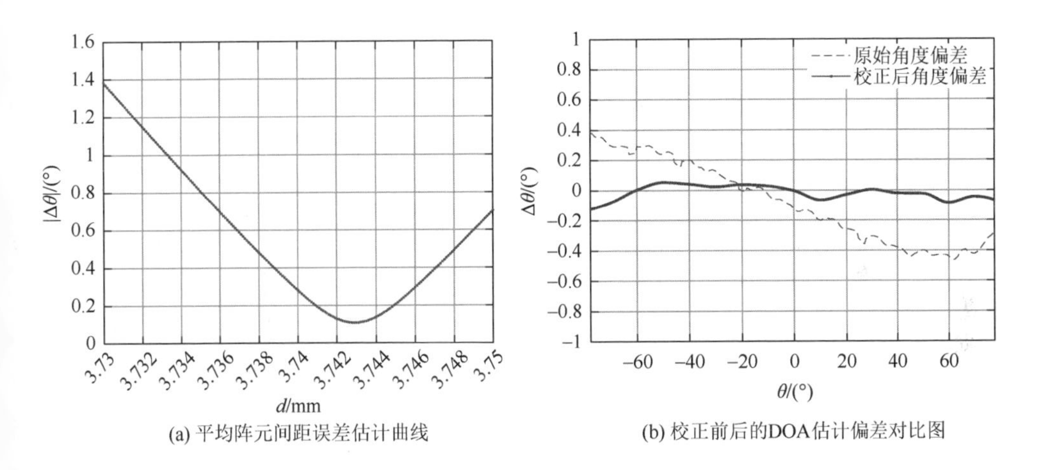

(a) 平均阵元间距误差估计曲线　　(b) 校正前后的DOA估计偏差对比图

图 2-11　平均阵元间距误差估计曲线及方位偏差

2.2　海底回波信号高精度检测算法

在对多波束测深声呐接收阵的方向图进行校正后，即可对接收到的多通道海底回波信号进行多波束形成及相位差估计等运算，进而得到各方向下回波幅度与相位差随时间变化的曲线。如图 2-12 所示，海底回波信号检测即是利用这些幅度与相位差曲线进行 TOA 和 DOA 估计的。

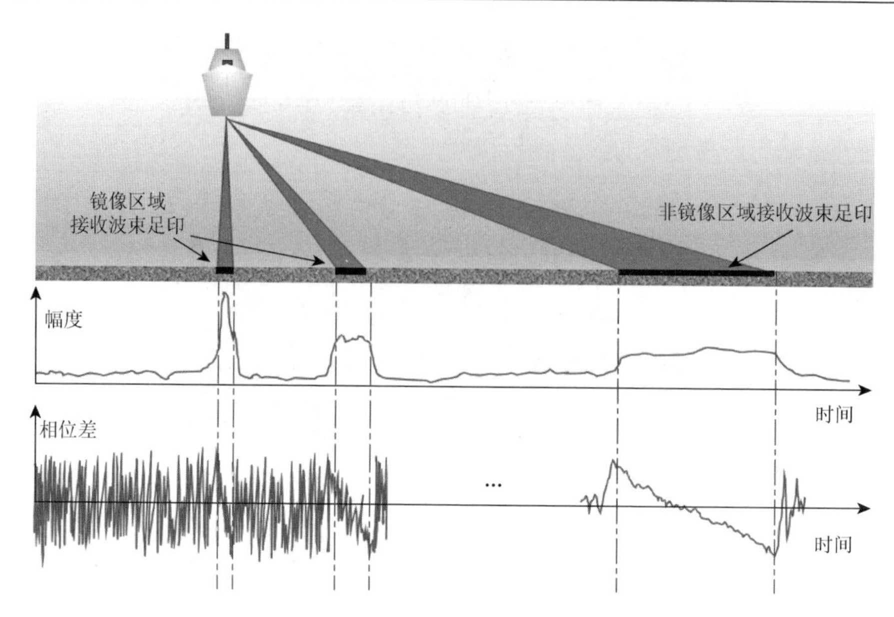

图 2-12　镜像区域及非镜像区域的回波特点

2.2.1　海底回波信号检测基本原理

根据接收波束方向的不同，可将海底声照射区域分为镜像区域和非镜像区域[12]。镜像区域指的是声波近垂直照射海底的区域，而因为声波近垂直照射且接收波束在海底的接收波束足印很小，在波束范围内，照射声波几乎同时触及海底，所以产生了十分短暂的回波信号，又因为镜像区域的声波走过最短的声程，传播损失最小，且海底反向散射贡献大，它们的幅度也相对更强。非镜像区域指的是声波以小掠射角照射的海底区域。接收阵在倾斜方位的有效孔径减小导致了接收波束足印增大，接收的回波信号会有较长的持续时间，又因为非镜像区域的回波传播的声程较长，传播损失大，且海底反向散射贡献相对较弱，导致了回波信号的幅度很小。

对于镜像区域，接收波束覆盖的区域中，所有角度的回波相隔时间很短，且相位差起伏较大，因此获取波束内信号的精确相位（差）比较困难。然而因为回波持续时间较短，使用幅度检测法能够得到精度更高的检测结果。在非镜像区域，一个波束内来自不同角度的回波在时间上是扩散的，回波持续时间长，幅度波形变化比较平缓，幅度检测法难以高精度地估计波束主轴方向上的回波到达时刻。而对于相位检测法，波束内长的回波时间对应了长的相位差曲线，且相位差随时间变化较为平缓，通过曲线拟合，能够较好地找到相位差曲线的过零点，从而确定相应波束主轴方向上的回波到达时间。

当获得波束域回波幅度与相位差后，需要进一步对其进行检测，估计获得各海底检测点的 TOA 和 DOA 值。已经有很多算法被用来估计回波信号的 DOA 和 TOA，可以将其归为两类：①预先固定 DOA，然后估计对应于该方位回波的 TOA；②估计每一个时间样本中回波包含的所有 DOA。

第一类算法通常和预成波束形成器联系在一起。回波 DOA 可以通过预成波束间的内插来进行修正，但必须假定这个到达角是已知的，然后，对已知方位的回波进行 TOA 估计。从回波幅度序列中挑选超过一定的噪声或者旁瓣门限的样本，然后对挑选出的样本计算时间采样指数加权平均，而所用的权值一般为样本幅度，称为 WMT 算法。WMT 算法基于回波幅度时间序列进行估计，统称为幅度检测法。此外，还有一种基于回波相位差时间序列进行估计的算法，称为相位检测法。相位检测法以分裂孔径为基础，一般将基阵分裂为两个子阵，中心间隔若干个阵元间隔（最小为一个阵元间隔）。对每个子阵预先生成若干个波束，通过波束形成运算将接收到的信号转换为波束域的相位复矢量，通过共轭相乘运算得到相位差估计序列，然后通过寻找相位差序列的过零点来估计那个波束轴方位对应的 TOA，称为相位差过零检测法。

第二类算法针对每个时间片样本估计回波 DOA。多波束形成器的输出是按照复回波到达方位展开的一系列空间频率网格。若海底是平坦的，每个时间片最多有两个回波，垂直两侧各一个。然而，在粗糙海底地形的情况下，会有几个方位的海底回波同时到达。对于每个样本，通过选取功率超过一定噪声或者旁瓣门限的网格可以对回波数目进行初步推测。在此基础上，利用二阶多项式（即抛物线）对可能存在回波的一簇网格的功率谱密度进行拟合来获取回波的 DOA 估计值。一簇中需要拟合的点数或者网格数取决于那个方位的有效孔径。为了获取精确的估计，在波束最大响应轴的两侧都应有足够的衰减（下降 6dB）。在拟合曲线指向的网格或者网格区间内，回波 DOA 估计可以通过直接变换或者通过相邻网格角度间的内插获取[13]。这种算法涉及了时间指数平均，其在特定空间频率网格跟踪窗中检测回波，称为方向方位指示器（bearing direction indicator，BDI）[14]，它也是一种幅度检测法。此外，在分裂孔径技术的基础上，基于相干测深原理可对波束内相位差序列每个时刻都进行 DOA 估计，从而实现海底地形的高分辨检测，同样该算法也属于相位检测法。

下面将对幅度检测法和相位检测法的技术基础——加权时间平均技术与分裂孔径相关技术原理进行简要介绍，并以多子阵对幅度-相位联合检测法为例介绍海底回波信号高精度检测过程。

2.2.2　加权时间平均技术

加权时间平均技术是在大地坐标系中预成一系列波束角度，然后估计这些角度回波的 TOA，其处理过程如下。

基于波束中含有海底回波、噪声及二次回波等的假设，将波束序列用对数坐标表示，这种归一化处理可以使观察者观察到相对干净的回波序列，可以为每一个预成波束设定一个时间窗，并由窗内样本估计动态门限。动态门限可以通过对各波束内样本序列的幅度平均得到。保留下来的仅仅是时间窗内幅度在门限之上的那些时间片的样本序列。可由式（2-16）估计每个波束内回波的 TOA。

$$\mathrm{TOA}_{\mathrm{est}}=\frac{\sum_{t=t_{\min}}^{t_{\max}} A_t t}{\sum_{t=t_{\min}}^{t_{\max}} A_t} \tag{2-16}$$

式中，$t_{\min}$、$t_{\max}$ 分别是时间窗的前后沿；A_t 是时间窗内超过动态门限的样本幅度，也可以使用样本功率替代幅度作为权值。加权时间平均处理过程示意图如图 2-13 所示。

从图 2-12 可以看出，幅度检测法适合应用在镜像区域，而在非镜像区域通常选择使用相位检测法，2.2.3 节将以分裂孔径相关技术为例，简要介绍相位检测法的原理。

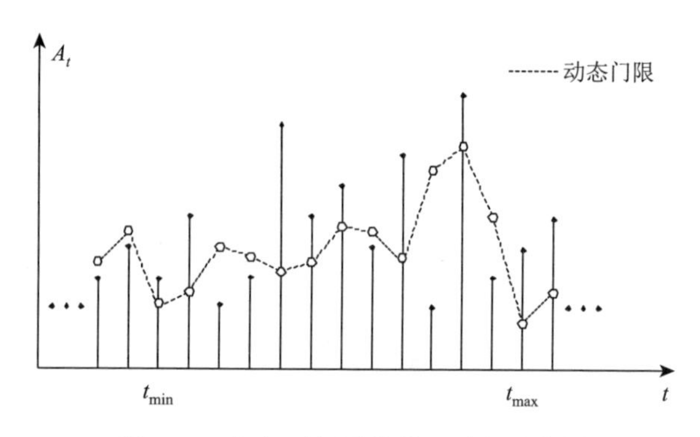

图 2-13　加权时间平均处理过程示意图

2.2.3　分裂孔径相关技术

与基于幅度信息的检测法相比，相位检测法的优点在于非镜像区域内的 DOA 估计精度比较高，特别是它并不受到预成波束角大小的限制。在干扰存在的情况下，波束幅度会有突然的跳变，而相位信息从某种意义上来说反映的是时间的延迟，相对而言不会有太大的突变。这对判断大角度回波的到达时刻尤其有利，因而声呐系统中常常采用分裂孔径相关技术来精确测定目标方位。

相位检测法的特点是：只要两路接收阵元就可以工作。因为从两路阵元上接收到的信号之间的相位差已经充分地提供了目标方位角的信息，因此原则上没有必要采用更多的阵元。另外，其 DOA 估计精度取决于阵元间距和波长的比值，与阵元本身有无方位性及形状、大小无关。

分裂孔径相关技术是一种典型的相位检测法，其实现原理图如图 2-14 所示。

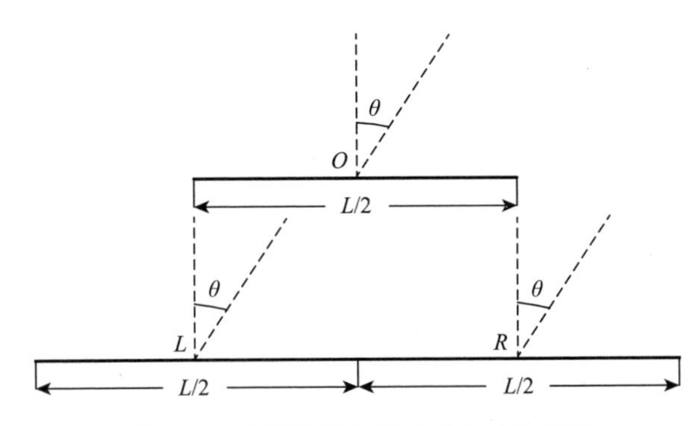

图 2-14　分裂孔径相关技术实现原理图

图 2-14 中给出了一个长度为 $L/2$、声中心位于原点的连续直线阵，设远场条件下，波长为 λ 的单频信号对应的指向性函数为 $G(\theta)$。分别将其左移、右移 $L/4$，移动后的指向性函数分别为

$$
\begin{aligned}
G_{\mathrm{L}}(\theta) &= G(\theta)\exp\left(-\mathrm{j}\frac{\pi L\sin\theta}{2\lambda}\right) \\
G_{\mathrm{R}}(\theta) &= G(\theta)\exp\left(+\mathrm{j}\frac{\pi L\sin\theta}{2\lambda}\right)
\end{aligned} \tag{2-17}
$$

则两个基阵对幅度为 A 的远场单频平面波复信号 $\exp(\mathrm{j}\omega t)$ 的响应分别为

$$
\begin{aligned}
S_{\mathrm{L}}(t,\theta) &= AG(\theta)\exp\left(\mathrm{j}\left(\omega t-\frac{\pi L\sin\theta}{2\lambda}\right)\right) \\
S_{\mathrm{R}}(t,\theta) &= AG(\theta)\exp\left(\mathrm{j}\left(\omega t+\frac{\pi L\sin\theta}{2\lambda}\right)\right)
\end{aligned} \tag{2-18}
$$

将左、右基阵的响应共轭相乘，得到

$$
S_{\mathrm{LR}}(t,\theta) = S_{\mathrm{L}}(t,\theta)S_{\mathrm{R}}^{*}(t,\theta) = A^2\,|\,G(\theta)\,|^2\exp\left(-\mathrm{j}\frac{\pi L\sin\theta}{\lambda}\right) \tag{2-19}
$$

可见，由式（2-19）可以获得信号方位角

$$
\theta(t) = -\arcsin\left(\frac{\arg(S_{\mathrm{LR}}(t,\theta))\lambda}{\pi L}\right) \tag{2-20}
$$

分裂孔径相关处理利用了两个孔径输出的噪声相互独立的特性，当不存在目标时，系统输出均值为零，这对检测非平稳噪声背景下的信号是有好处的。

2.2.4　多子阵对幅度-相位联合检测法

上述传统的估计算法没有充分地利用回波信息，只是分别利用了回波的幅度和相位信息。并且，提出判断多种检测算法孰优孰劣的准则也比较困难，由于海底地形的未知性，一旦选择错误的检测算法可能导致较大的主观误差，并且多种检测算法都要实时运算，这也增加了硬件的开销。

为了提高海底回波信号检测精度，多子阵对幅度-相位联合检测法[12]同时利用了回波信号的幅度和相位信息，实现了幅度和相位联合检测，这使得该算法不仅能够适用于大角度倾斜入射波束，而且对于镜像区域的波束也能够适用。

1. 分裂子阵检测法

分裂子阵检测法是分裂孔径相关技术在多波束测深声呐中的一种应用实现形式。对于直线阵或与其类似的基阵来说，分裂子阵检测法的定向精度接近 CRLB[15]。本节基于回波信号为远场平面波的前提，以倾斜放置的直线阵为例，介绍分裂子阵检测法的原理，讨论相位差序列的获取算法，最后通过曲线拟合找到相位差曲线的过零点，确定对应波束内回波的 TOA 估计。

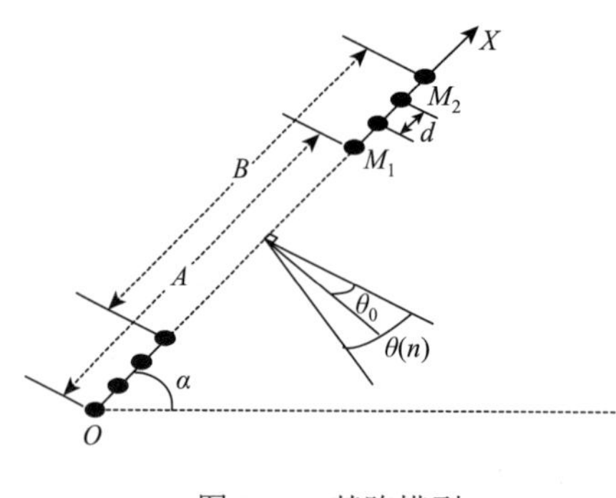

图 2-15　基阵模型

1）分裂子阵检测法原理

基阵模型如图 2-15 所示，基阵与水平方位夹角为 α。

设 θ_0 为波束控制角，$\theta(n)$ 为时刻 n 的回波到达角，d 为阵元间距，子阵声中心间距为 $M = M_2 - M_1$ 个阵元。由基阵理论可知两个子阵在 θ_0 方位的相位差表达式为

$$\Delta\phi_{AB}(\theta(n), j) = \frac{2\pi}{\lambda} Md\sin(\theta(n) - \alpha) - \frac{2\pi Mj}{N} \tag{2-21}$$

为了保证子阵间同号波束内回波信号的相位差变化在 $[-\pi, \pi]$ 内，必须满足：

$$H \geqslant 2M \tag{2-22}$$

式中，H 为每个子阵的长度。

根据式（2-21）可以解算出相应的回波信号的 DOA：

$$\theta(n) = \arcsin\left(\frac{c\left(\Delta\phi_{AB}(\theta(n), j) + \dfrac{2\pi Mj}{N}\right)}{2\pi fMd}\right) + \alpha \tag{2-23}$$

式中，j 为 FFT 波束形成的序号；N 为波束形成的波束数；f 为信号的载频；c 为水中的声速；$\dfrac{2\pi Mj}{N}$ 为相位补偿项。

2）相位差序列的获取

由式(2-23)可知，只要知道在 n 时刻两个子阵 j 号波束间的相位差 $\Delta\phi_{AB}(\theta(n),j)$，就可以求出回波信号的 DOA。但是，在实际应用中，由于回波信号不可避免地受到噪声的干扰，使用分裂子阵得到两个子阵 A 和 B 在 n 时刻的 j 号波束输出 $S_A(n,j)$ 与 $S_B(n,j)$ 后，相位差的获取不能直接采取式（2-21）的形式，文献[16]中给出了以下几种求取相位差序列的算法。

（1）将 $S_A(n,j)$ 和 $S_B(n,j)$ 的共轭相乘结果 $S_{AB}(n,j)=S_A(n,j)S_B^*(n,j)$ 进行复数滑动平均，对平滑后的复序列求相位，得到相位差序列 $\Delta\phi_{AB}(\theta(n),j)$。滑动平均的公式为

$$S'_{AB}(n,j)=\frac{\sum_{i=-L/2}^{L/2}S_{AB}(n+i,j)\omega(i)}{\sum_{i=-L/2}^{L/2}\omega(i)} \tag{2-24}$$

对求得的 $S'_{AB}(n,j)$ 序列求相位，即可得到两子阵同号波束的相位差序列 $\Delta\phi_{AB}(\theta(n),j)$。

（2）直接求 $S_A(n,j)$ 和 $S_B(n,j)$ 的共轭相乘结果 $S_{AB}(n,j)=S_A(n,j)S_B^*(n,j)$ 的相位，然后对所求得的相位差序列进行平滑，得到相位差序列 $\Delta\phi_{AB}(\theta(n),j)$。

（3）分别对 $S_A(n,j)$ 和 $S_B(n,j)$ 求相位，得到相位序列 $\phi_A(\theta(n),j)$ 和 $\phi_B(\theta(n),j)$，再求两子阵的相位差序列 $\Delta\phi_{AB}(\theta(n),j)=\phi_A(\theta(n),j)-\phi_B(\theta(n),j)$。

前两种算法引入了子阵的共轭相乘，所得结果的幅度是子阵 A 和 B 同号波束输出幅度的乘积。对于复序列的平滑，幅度乘积是一个方便的加权因子。此处理算法能够有效地去除叠加在两子阵上的缓慢时变相乘性噪声，所求得的相位差序列干扰和起伏较小。第三种算法受子阵噪声的干扰严重，所求得的相位差序列起伏很大。而在前两种算法中，又以第一种算法为优。

在第一种算法中，窗函数向量 $W(\omega_{-L/2},\cdots,\omega_{L/2})$ 的选取原则是使估计风险 $C(S'_{AB}(n,j))=\sum_{i=-L/2}^{L/2}D(n,j)\omega(i)$ 最小，其中 $D(n,j)$ 是第 i 个样本值 $S_{AB}(n+i,j)$ 和估计值 $S'_{AB}(n,j)$ 的差。

将一个有限冲激响应（finite impulse response，FIR）滤波器用作滑动平均处理时，由于滤波器长度的增加，滤波器频带宽度会减小，因此产生了一个更加平滑的输出。另外，减小滤波器的长度会导致分辨力的损失。因此在选择滤波器长

度时要考虑两方面的因素，即在平滑程度和分辨力之间要进行折中。当所有的权系数均为 1 时，即为一般的平均处理，相当于对 $S_{AB}(n,j)$ 序列进行低通滤波，可以消除序列中变化剧烈的成分，使相位差数据得到平滑。

3）零相位点检测

经过上面的预处理后，可以对每个波束内的海底散射回波信号采用相位检测。对于 j 号波束，上面求得的相位差序列在 $\Delta\phi_{AB}(\theta(n),j)\sim n$ 平面内的表示应该是一条随时间变化的过零点的相位差曲线。在 j 号波束范围内，此相位差曲线具有单调分布特性。相位检测简单说来就是依据每个波束的相位差时间序列寻找相位零点，通过对过零点的确定最终得到相应波束方位的 TOA 估计。

在相位检测法中普遍存在的问题是相位值受到噪声和干扰的影响。干扰的主要来源是海面和海底的多途反射及在相同距离上存在多个目标所造成的干扰。这导致了相位差曲线存在随机的起伏，给判断过零点带来困难。为了比较精确地确定相位差曲线的过零点，首先需要对相位差序列进行有效提取，然后进行曲线拟合确定回归模型，回归模型确定后，通过反预测得到过零点。

4）曲线拟合

用一个解析函数描述数据（通常是测量值）可以采取曲线拟合的算法。曲线拟合确定了回归模型。曲线拟合的原理是设法找出某种光滑曲线，它不需要经过任何测量值点，但能够最佳地拟合数据。最佳拟合一般情况下被解释为测量值点的最小误差平方和。当拟合的曲线限定为多项式时，曲线拟合的算法是简洁有效的。

5）分裂子阵检测法的应用限制

分裂子阵检测法要对非模糊区间内相位差曲线进行拟合，拟合曲线的阶数由海底地形及回波角度决定，然后再检测相位差曲线的过零点。如果非模糊相位差曲线长些，则曲线拟合的误差会减小，这对子阵结构来说，就是要求子阵短。但是，使用子阵结构意味着不能利用基阵全部的阵元数据进行处理，导致其输出信噪比较低，性能自然较差。为了提高输出信噪比，可以采用一种推广的分裂子阵检测法。

6）推广的分裂子阵检测法

在分裂子阵检测法不能利用全部阵元的情况下，可以使用推广的分裂子阵检测法，它采用多子阵对结构，通过使用多个子阵利用全部阵元。

分裂子阵检测法只采用了两个子阵求解相位差序列，而推广的分裂子阵检测法将基阵分为多个子阵，求解多个子阵间的相位差，并取它们的平均。应该说，对于这两种算法，在子阵长度一样的情况下，由于推广的分裂子阵检测法使用了更多的阵元数据，因此它能够得到更好的性能。

2. 多子阵对检测法

结合多子阵对结构，本节继续介绍一种多子阵对幅度-相位联合检测法，本质上说来，该算法是一种相位检测法，但同时也引入了幅度加权的因子，实现了幅度信息和相位信息的综合利用。该算法从接收阵中形成几个重叠子阵，对每一个子阵都分别进行波束形成。分裂子阵检测法计算两个子阵间的相位差，而多子阵对幅度-相位联合检测法给出每个子阵每个波束内回波信号的相位，它是子阵位置的函数，简称子阵相位函数，记为

$$\phi_i = K(n,\beta)x_i + b \tag{2-25}$$

式中，x_i 为第 i 个子阵声中心的坐标位置；ϕ_i 为第 i 个子阵某号波束内回波信号的相位；$K(n,\beta)$ 为波束角和时间的函数，简记为 K。其中，b 为第一个阵元接收信号的相位，为常数。当存在有效的回波信号时，可以估计出有效的 K，在没有回波信号时，K 是随机的。从线性函数的一组值中估计 K 的常用算法为最小二乘拟合法，该算法通过最小化误差函数对线性函数的参数进行估计：

$$e = \sum_{i=1}^{L}(Kx_i + b - \phi_i)^2 \tag{2-26}$$

K 的估计为

$$\hat{K} = \frac{1}{a}\left(L\sum_{i=1}^{L}x_i\phi_i - \sum_{i=1}^{L}x_i\sum_{i=1}^{L}\phi_i\right) \tag{2-27}$$

参数 b 的估计为

$$\hat{b} = \frac{1}{a}\left(\sum_{i=1}^{L}x_i^2\sum_{i=1}^{L}\phi_i - \sum_{i=1}^{L}x_i\sum_{i=1}^{L}x_i\phi_i\right) \tag{2-28}$$

式中，L 为子阵的数目；$a = L\sum_{i=1}^{L}x_i^2 - \left(\sum_{i=1}^{L}x_i\right)^2$。

因为多子阵对中任意两个子阵的声中心间距可能不满足式（2-22）给出的限制条件，因此在估计 K 之前，必须对相位 ϕ_i 进行解缠绕。

将获得的估计值 $\hat{K}$、$\hat{b}$ 代入式（2-26），可以得到 e，它表征了子阵相位函数的非线性。没有噪声干扰的假设下，相位是子阵位置的线性函数，因此在海底回波到达时间范围内 e 很小；而当没有海底回波时，子阵相位主要源于干扰，因而本质上是随机的，非线性程度大。实际应用中，根据 e 的值决定是否将估计值 $\hat{K}$ 用于估计海底回波的 DOA 及计算海底的深度。

在得到 K 后，根据 $\Delta\phi_{AB}(\theta(n),j) = KMd$，式（2-20）变为

$$\theta(n)=\arcsin\left(\frac{c\left(K+\dfrac{2\pi j}{Nd}\right)}{2\pi f}\right)+\alpha \tag{2-29}$$

作为波束角和时间函数的 K 称为相位斜率图像。其含义为：对于每一个波束角，在相位斜率图像中的某号波束不同时刻的 K 实际上就是分裂子阵检测法中的相位差曲线，当回波 DOA 和波束角方位相同时，相位差为零，即 K 为零。

多子阵对幅度-相位联合检测法引入一种图像变换算法来综合利用相位斜率图像中的所有点（零点和非零点），变换后的图像称为海底图像，它是时间和回波到达方位的函数。海底图像中的像素点值表征了海底某方位回波的概率。以下给出了图像变换算法的步骤。

初始化：产生海底图像 $B(n,\theta)$，n 为时刻，θ 为 DOA。

更新：对相位斜率图像 $K(n,\beta)$ 中的每一个像素点利用式（2-29）进行变换，计算 θ，增加对应的 $B(n,\theta)$，即

$$B(n,\theta)\Leftarrow B(n,\theta)+I(n,\beta) \tag{2-30}$$

式中，β 为波束控制角；增量 $I(n,\beta)$ 为时刻 n 和波束控制角 β 的函数：

$$I(n,\beta)=1+\omega A(n,\beta) \tag{2-31}$$

其中，常数 1 为相位加权，$A(n,\beta)$ 为 n 时刻、波束控制角为 β 的波束输出幅度，ω 为全局加权因子，调整其大小使得幅度加权和相位加权具有可比性。这种加权是合理的，因为它不仅与回波信号的相位有关，而且与回波信号的幅度有关。这样就综合利用了回波信号波束形成后的幅度和相位信息，实现了幅度-相位的联合检测。

由于邻近的波束有重叠，它们在回波到达时间内将给出近似的 DOA 估计，海底图像中对应于回波方位的像素值会增长几倍，表明了此方位上存在海底回波的可能性较大。图 2-16 给出了一幅典型的多子阵对幅度-相位联合检测法的检测结果。图 2-16（a）是 FFT 波束形成输出结果；图 2-16（b）是由子阵相位函数估计得到的相位斜率图像 K，这两张图的纵坐标为回波信号的 TOA，横坐标为 FFT 波束号；图 2-16（c）是多子阵对幅度-相位联合检测法得到的海底图像 $B(n,\theta)$，纵坐标为回波信号的 TOA，横坐标为回波信号的 DOA。

应该说，图像变换的引入很好地结合了多波束测深声呐中基于波束形成器输出的幅度加权测向技术和侧扫系统中的相位差测向技术。需要重点强调的是，由于图像变换算法的引入，多子阵对幅度-相位联合检测法能够给出每个时间片回波对应的 DOA 估计，实现对海底地形的全覆盖测量。

归纳说来，多子阵对幅度-相位联合检测法的本质是应用于某波束内（波束形成技术多见于多波束测深声呐）的相位检测法（相位差测向技术多见于侧扫声呐），其是多波束测深声呐信号和侧扫声呐信号处理算法的结合，其不仅可以

完成超宽覆盖海底散射回波信号的DOA高精度估计，而且兼顾了镜像区域回波的DOA估计。

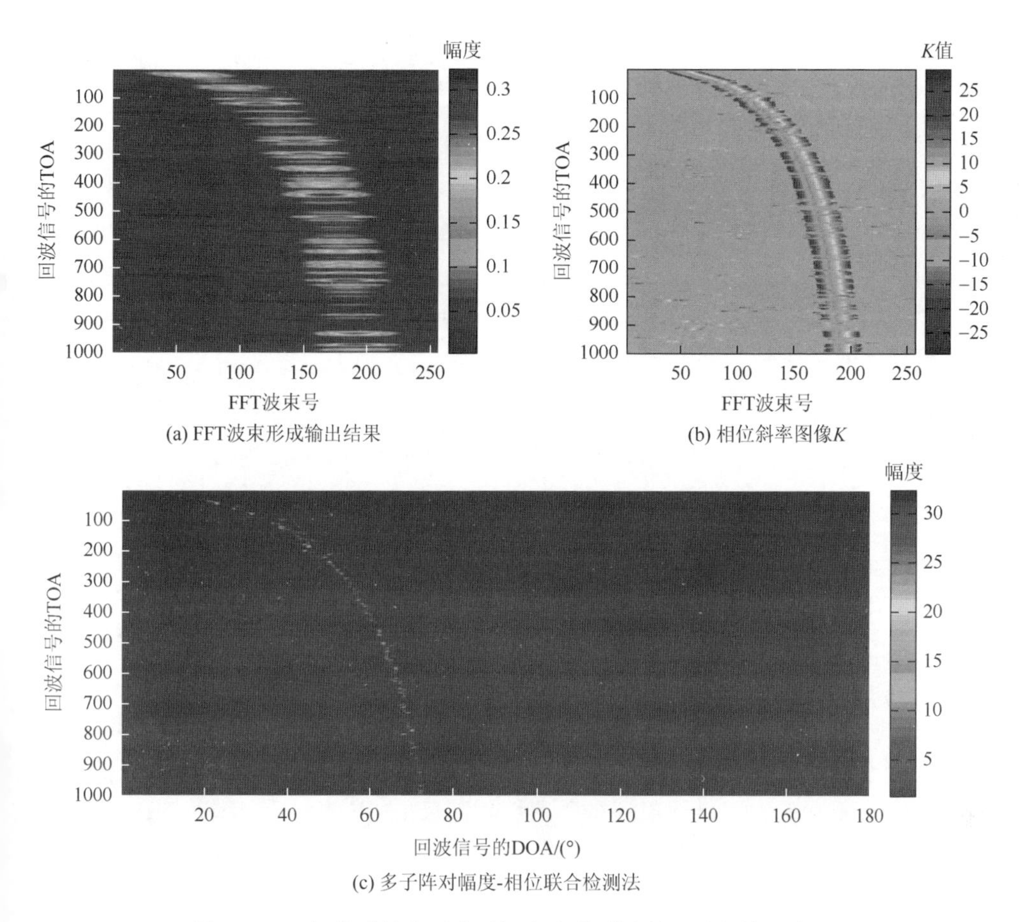

(a) FFT波束形成输出结果

(b) 相位斜率图像K

(c) 多子阵对幅度-相位联合检测法

图2-16　一幅典型的多子阵对幅度-相位联合检测法的检测结果

3. 多子阵对幅度-相位联合检测法与分裂子阵检测法的关系

多子阵对幅度-相位联合检测法是扩展的分裂子阵检测法与图像变换算法的结合。多子阵对幅度-相位联合检测法与分裂子阵检测法之间的关系有如下几个方面。

（1）分裂子阵检测法是先固定DOA，然后求此角度方位上回波的TOA，从而计算深度；多子阵对幅度-相位联合检测法是先固定TOA，然后根据利用图像变换算法得到的回波来自各个角度的概率大小来确定DOA，最后计算深度。

（2）分裂子阵检测法只是通过曲线拟合寻找相位差曲线的过零点，相位差零点对应了波束主轴方位回波的TOA。然而相位差曲线上其余的非零值也是有用的，可以利用它们求出波束内非波束主轴方位回波信号的 DOA 估计。多子阵对幅度-相位联合检测法引入图像变换算法来综合利用了相位斜率图像中的所有点（零点和非零点），改善了性能。

（3）相位斜率图像中的某号波束不同时刻的 K 实际上就是分裂子阵检测法中的相位差曲线，只是在数值上相差一个常数倍。

（4）分裂子阵检测法是一种相位检测法，它只能用于大角度入射回波信号 TOA 的高精度估计；而多子阵对幅度-相位联合检测法中的图像变换算法利用了各个波束的幅度信息进行加权，这使得这种检测算法可以胜任镜像区域回波的 DOA 估计。

（5）多子阵对幅度-相位联合检测法中的图像变换算法利用了邻近波束的交叉部分，性能要优于扩展的分裂子阵检测法。

2.3　数据质量评估技术

2.2 节的回波检测算法虽然可以获得 TOA 和 DOA 估计，但最终的海底地形测量数据质量是在 TOA、DOA 基础上结合多种传感器数据共同作用的结果，需要对其质量进行合理科学的评价。

2.3.1　测量不确定度

测量不确定度是测深精度的量化解释方法之一。测量不确定度也可以简称为不确定度，通常作为测量结果的重要属性与测量值一起输出。测量不确定度的评定方法可以分为 A 类评定与 B 类评定[17]。A 类评定采用观测数据序列统计分析的方法进行不确定度评定，常常需要专门进行重复测量。在重复性条件下所得的测量数据不确定度通常比其他评定方法所得到的不确定度更为客观，并具有统计上的严格性，但要求有足够的测量次数且各测量值相互独立。然而，在测量工作中有时难以取得观测数据序列并进行统计分析。在不能进行重复测量的情况下，不确定度无法通过 A 类评定得到，则可采用 B 类评定，其主要按不确定度来源的统计分布来评定。

海底地形测量过程中，声呐载体平台通常全程处于三维动态，难以获得重复性条件下的测量数据。显然，多波束测深值的不确定度评定只能采用 B 类评定。第 6 版《IHO 海道测量标准（S-44）》中将总传播不确定度（total propagated uncertainty，TPU）分为总水平不确定度（total horizontal uncertainty，THU）与总垂直不确定度（total vertical uncertainty，TVU）两个分量来衡量测深数据的质量[18]。标准中声明，在 95%置信级下，测深数据的水平不确定度与垂直不确定度由以下公式确定：

$$U_{\mathrm{THU}} = 2.45\sigma_{\mathrm{Position}} \tag{2-32}$$

$$U_{\mathrm{TVU}} = 1.96\sigma_{\mathrm{Depth}} \tag{2-33}$$

式中，$\sigma_{\mathrm{Position}}$ 和 σ_{Depth} 分别为测深数据点的定位误差与测深误差。

要评定测深数据点水平不确定度 U_{THU} 与垂直不确定度 U_{TVU}，首先要分析影响多波束测深结果的各种误差来源，并分析各个不确定度来源（分量）是否相关（应尽量避免相关），然后建立不确定度传播模型，获得其定位误差 $\sigma_{\mathrm{Position}}$ 与测深误差 σ_{Depth}。例如，假设被测量深度值 z 由 n 个影响量 $x_1, x_2, \cdots, x_n$ 确定，则数学模型可以表示为

$$z = f(x_1, x_2, \cdots, x_n) \tag{2-34}$$

式中，x_i 为对测量结果 z 产生影响的分量，由于 z 的不确定度 $u(z)$ 由分量 x_i 的不确定度 $u(x_i)$ 合成，因此，要获得 $u(z)$ 首先要对 $u(x_i)$ 进行评定。一般 x_i 可包括海底回波检测值（取决于 TOA 与 DOA 值）、声速剖面测量值、GNSS 定位值及横摇、纵摇、航向、升沉等姿态传感器测量值等。在评定 z 的不确定度前，应先对上述所有影响测量结果的影响分量进行修正，并剔除数据中含有的异常值。如果假设各传感器贡献的不确定度是不相关的，则总的测深误差可以用式（2-35）表示[19]：

$$\sigma_{\mathrm{Depth}} = \sqrt{\sigma_h^2 + \sigma_{\mathrm{dAngMot}}^2 + \sigma_{d_{\mathrm{Align}}}^2 + \sigma_{d_{sS}}^2 + \sigma_{\mathrm{Heave}}^2} \tag{2-35}$$

式中，σ_h 为多波束测深声呐贡献的误差。考虑多波束测深声呐从发射、传播到接收整个声学过程所获得的信号是随机的，由其估计得到的 TOA 与 DOA 也存在偏差、异常等情况，因此，σ_h 还可以根据检测算法的不同进一步探究其来源，这将在 2.3.2 节进行详细讨论。$\sigma_{\mathrm{dAngMot}}$ 表示由角运动传感器测量横摇、纵摇和校正不彻底引起的不确定度贡献；$\sigma_{d_{\mathrm{Align}}}$ 代表了姿态运动传感器和声学设备间安装偏差校准值的贡献；$\sigma_{d_{sS}}$ 表示测量的表层声速及声速剖面数据的贡献；σ_{Heave} 表示升沉信息的贡献。

可以看出，最终海底地形测量数据的质量是多种传感器数据共同作用的结果，而对于多波束测深声呐自身来说，我们往往重点关注其在测深数据误差中的表现。为此，本书首先对 2.2 节中的幅度检测法与相位检测法的测深误差进行理论分析，在此基础上，讨论其检测结果质量的评价方法，并建立质量评估模型。

2.3.2　海底回波检测方法的相对测深误差分析

1. 幅度检测法的相对测深误差

幅度检测法的测量精度很大程度上取决于回波包络的宽度，也就是海底投射的波束足印大小，这与接收波束指向性和波束宽度内海底地形的起伏及组成有关。而反向散射信号包络的起伏特性使得由幅度检测所给出的 TOA 也会随之“抖

动”。在平坦海底情况下，波束越尖锐或者越接近垂直入射，海底检测点的估计精度越高；相反，更宽的波束宽度、更大的水深深度或入射角对应更大的波束足印，深度的测量误差也越大。下面将对这个“抖动”量进行定量分析。

根据检测点回波的 TOA 估计值 t 可以得到从声呐到该检测点的径向距离，进而确定海底深度。由于波束控制角是预先给定的，所以认为目标方位角的判断是准确的，因此忽略任何的角度不确定性，得到距离起伏标准差和检测时间标准差的关系：

$$\delta r = \frac{c}{2}\delta t \tag{2-36}$$

所以深度标准差可以表示为

$$\delta h = \delta r \cos\theta = \frac{c}{2}\cos\theta\delta t \tag{2-37}$$

式中，r 为斜距；θ 为入射角；c 为水中声速。

幅度检测法的测深相对误差可以表示为

$$\frac{\delta h}{h} = \frac{c\cos\theta\delta t/2}{ct\cos\theta/2} = \frac{\delta t}{t} \tag{2-38}$$

可见，深度的相对误差是可以等价转换为时间的相对误差。而幅度检测法是对到达时间的非线性估计，这使得很难直接估计它的方差。为此，这里假设接收信号包络 $A(t)$具有如下特征：

（1）宽度为 T 且包含 N 个样本的矩形包络。

（2）构造包络的瑞利波动（参数为 b）。

（3）样本统计独立（$\mathrm{Cov}(A(t_i), A(t_j)) = \delta_{i,j}\sigma_A^2$，$\sigma_A = b\sqrt{(4-\pi)/2}$）。

基于以上假设，回波时间 t_A 的方差为

$$\delta t^2 \approx \frac{\sum_{i=1}^{N}(t_i - \overline{t})^2\sigma_A^2}{N^2\mu_A} \approx \frac{T^2(4/\pi - 1)}{12}\frac{N+1}{N(N-1)} \tag{2-39}$$

式中，$\mu_A = b\sqrt{\pi/2}$ [20]。

如果 N 足够大，时间标准差则可以近似为

$$\delta t \approx 0.15\frac{T}{\sqrt{N}} \tag{2-40}$$

由式（2-40）可见，估计的回波时间的标准差与回波信号的持续时间 T 有关，N 个可用样本提高了信噪比，使 δt 减小到原来的 $1/\sqrt{N}$ 。方形包络的假设离实际有些差异，通常回波信号更接近钟形包络，但其精确解通常是不存在的。不过，后者仍应依赖于 N 和 T 并与式（2-40）中的 δt 有着同样的形式。为此，可以使用如下更一般的形式来表示时间标准差：

$$\delta t \approx B\frac{T}{\sqrt{N}} \tag{2-41}$$

式中，T 为回波宽度，单位为 s；N 是时间 T 内包含的样本个数；B 为比例因子，取值依赖于（虽不是严格的）包络重心计算的具体过程。文献[21]列举了几种典型信号包络形状下的 B 值。

在实际应用中，情况往往要比之前的假设复杂得多：①海底回波信号本身具有随机不确定性，因此它的有效宽度不好确定；②上面的推导都是建立在信号样本统计独立的前提下，而实际情况是，发射脉冲是有持续时间的，也由此引入了海底散射信号的样本间的相关性。而考虑上述两方面因素，时间标准差 δt 可以表示为

$$\delta t \approx B\frac{\sqrt{C}}{N_0 f_s} \tag{2-42}$$

式中，C 表示由脉冲宽度引起的样本间相关性；N_0 为发射脉宽包含的样本个数；f_s 为采样率，如果有降采样，需要除以对应的倍数。

2. 相位检测法的相对测深误差

相位检测法是在给定的波束控制角下估计回波的到达时间，所以它的测深相对误差同样可以用式（2-38）来表示，即相位检测法估计深度的相对误差等价于时间的相对误差。但与幅度检测法不同的是，相位处理中并不涉及对到达时间的直接估计量，它是隐含在相位信息中的，因此不能直接分析相位检测法的时间不确定度。

海底散射回波的相位差序列可以近似为时间的一次函数：

$$\Delta\phi(t) = kt + b \tag{2-43}$$

可采用最小二乘方法对斜率 k 和截距 b 进行估计。然后得到零点时刻，即 TOA：

$$t_P = -\frac{b}{k} \tag{2-44}$$

现在考虑如何计算 t_P 的标准差，下面给出关于相位差样本的几点假设。

（1）构造相位差 $\Delta\phi(t_i) = kt_i + b + \varepsilon_i$ 。

（2）稳态噪声 ε_i 服从高斯分布，均值为零，方差为 $\sigma^2 N$（方差齐性的高斯分布）。

（3）样本数为 N 且各样本统计独立。

（4）相位差的零点时刻在时间窗口的中央。

基于上述假设，在相位差的过零检测中，相位差的误差 $\delta\Delta\phi$ 将以斜率 k 投射到横轴的时间误差 δt 上，由于不是只在一个时间样本上进行处理，而是相邻的 N 个样本（通常是在幅度检测法确定的回波区间上向两边稍做扩展），这样有效地降低了相位差的波动水平，使时间方差减小到原来的 $1/N$，对应到 δt_ϕ 便有

$$\delta t_{\phi}=\frac{\delta\Delta\phi}{|k|\sqrt{N}} \tag{2-45}$$

式中，δt_{ϕ} 的下标 ϕ 表示它是与相位差相关的时间误差。在确立与相位差相关的时间误差模型后，还要考虑信号的发射脉冲宽度带来的时间误差。假设脉冲持续时间为 T_0，对于任意一个接收时刻 t 来说，其分辨单元对应的回波集中于 $ct/2\sim c(t+T_0)/2$，也就是说，它是由 t 和 $t+T_0$ 之间的传播时延所界定的。在这个分辨单元中，各点回波是无法相互区分的，因为它们是被声呐同时接收到的。这意味着确定的到达时间与这个区间内的不确定的目标位置相对应。为简单起见，认为散射点在分辨单元中是等分布的，则它们在回波段的贡献服从脉冲持续时间 T_0 的均匀分布，由此确定的到达时间的方差为

$$\delta t_T^2=\frac{T_0^2}{12} \tag{2-46}$$

式中，T_0 为信号的发射脉冲宽度。最终，使用相位检测法估计到达时间的标准差为

$$\delta t_P=\sqrt{\delta t_{\phi}^2+\delta t_T^2}=\sqrt{\frac{\delta\Delta\phi^2}{k^2}+\frac{T_0^2}{12}} \tag{2-47}$$

2.3.3　数据质量的评价依据——质量因子

上面的理论分析可以作为多波束测深声呐系统参数设计、工作参数选择的参考。在实际的多波束测深声呐的测量任务中，非常需要对声呐自身的检测结果质量进行评估，以明确量化 TOA 与 DOA 估计值的不确定性，并作为水深地形数据的不确定度计算输入及后处理异常值剔除算法的评价依据。本节介绍一种用来评价多波束测深声呐输出的海底回波检测结果质量的物理量——质量因子（quality factor，QF）[20, 21]。QF 可以作为表征测量深度不确定度的物理量，定义为深度的相对误差倒数的对数值，即

$$\mathrm{QF}=\lg\left(\frac{h}{\delta h}\right) \tag{2-48}$$

式中，h 为测得的水深；δh 为深度的标准差。显然，QF 的值越高，表明深度的测量误差越小，估计的海底地形越准确。根据深度的计算公式，其误差是入射角 θ 和到达时间 t 的一个联合估计，即

$$\frac{\delta h}{h}=\frac{\delta t}{t}+\tan\theta\delta\theta \tag{2-49}$$

根据水深测量中信号处理的不同类型，测深不确定度可以做适当的化简，例如，如果测量是基于一个给定角度的时间度量（TOA），那么有 $\delta\theta\approx 0$，于是：

$$\frac{\delta h}{h}=\frac{\delta t}{t}$$

$$\mathrm{QF}=\lg\left(\frac{t}{\delta t}\right) \tag{2-50}$$

这与用于多波束测深声呐中的幅度检测或相位检测的具体处理过程有关。

另外，如果测量是在一个给定的时刻下的角度估计（DOA）中计算出来的，那么则有 $\delta t\approx 0$，于是：

$$\frac{\delta h}{h}=\tan\theta\delta\theta$$

$$\mathrm{QF}=\lg\left(\frac{1}{\tan\theta\delta\theta}\right) \tag{2-51}$$

正常情况下，QF 值一般为 2～3，对应的误差为 0.1%～1%，其大小与海底混响的特性和声信号的处理过程是相关的。这里结合幅度、相位检测法检测的数据对 QF 的特性进行分析。其中，相位检测法中，相位零点的检测采用以下三种方式。

（1）对相位差序列进行线性拟合后剔除偏差大的样本点，在此基础上，对剔点后的相位差序列重复进行拟合与剔点操作。

（2）相位差序列在低通滤波（滑动平均）后线性拟合。

（3）采用加权最小二乘算法进行相位差的线性回归，此外，估计子阵的相关序列 $P(n)=S_1(n)S_2(n)\mathrm{e}^{-\mathrm{j}(\phi_1(n)-\phi_2(n))}$ 时也采用加权最小二乘：

$$\widehat{P}=\sum_{i=1}^{L}W^2(n)P(n)\Big/\sum_{i=1}^{L}W^2(n) \tag{2-52}$$

式中，W 为常规窗函数。

图 2-17 显示了两种检测算法下的初步测深结果，图中被圈出的部分是再处理后质量依然很差的数据，因此在最终的测深结果中被舍弃。

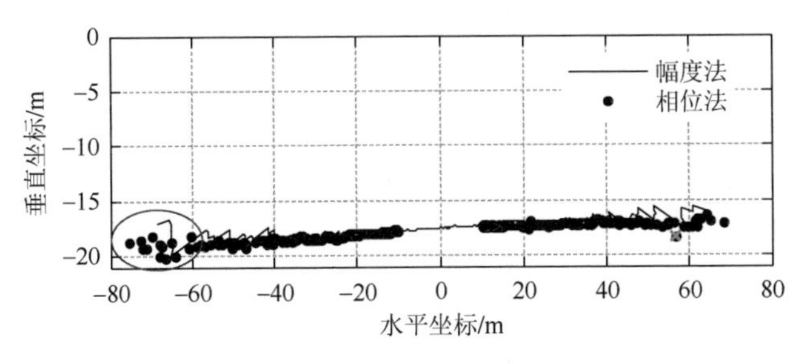

图 2-17　初步测深结果

试验数据的后处理主要包括质量评估、二次数据处理（针对 QF 在阈值以下的测深值）、再评估、数据过滤等过程。对于 QF 阈值的设定来说，高阈值选择高质量的测深数据，但也有可能丢弃高比例的数据，从而导致覆盖范围内出现漏洞；相反，低阈值的容限大，可能导致一个非常乱的地形估计。可以考虑根据局部反射率来设定 QF 阈值。一般来说，两种检测算法得到的测深数据的 QF 值基本在 2 以上，即估计的测深误差小于 1%[21]。

图 2-18 为相位检测法在质量评估前后两次处理的效果。图 2-18（a）中，当相位检测法第一次定位的区间中心偏离零点时刻很多时，与其他算法相比，剔点拟合估计的零点更接近真实值。如图 2-18（b）所示，将第一次估计的 TOA 作为时间窗口的中心重新拟合，拟合效果明显改善。

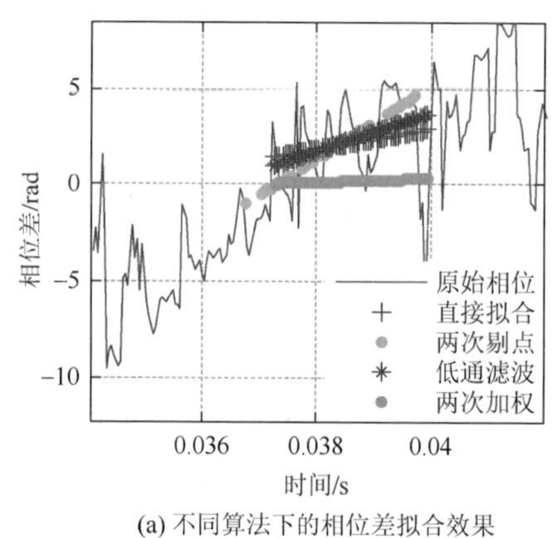

(a) 不同算法下的相位差拟合效果

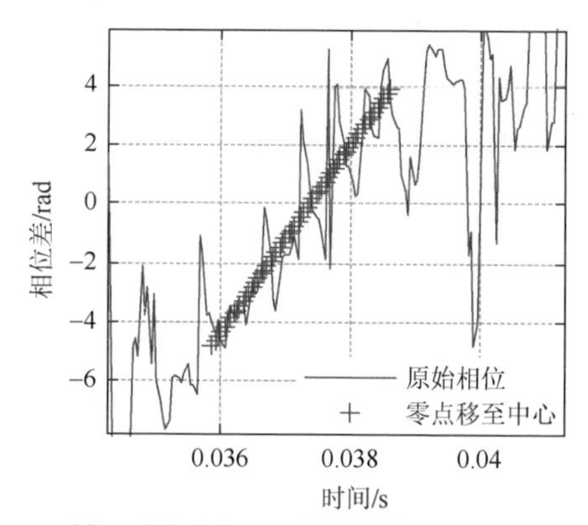

(b) 以第一次估计的TOA作为时间窗口中心的拟合效果

图 2-18　相位检测法在质量评估前后两次处理的效果（彩图附书后）

经过对数据二次处理和再评估后，图 2-19 显示了最终的测深结果。虽然其横向探测范围相较图 2-17 略有缩小（受 QF 阈值的影响，一般阈值越高，过滤掉的数据越多），但却在一定程度上保证了测深值的质量。

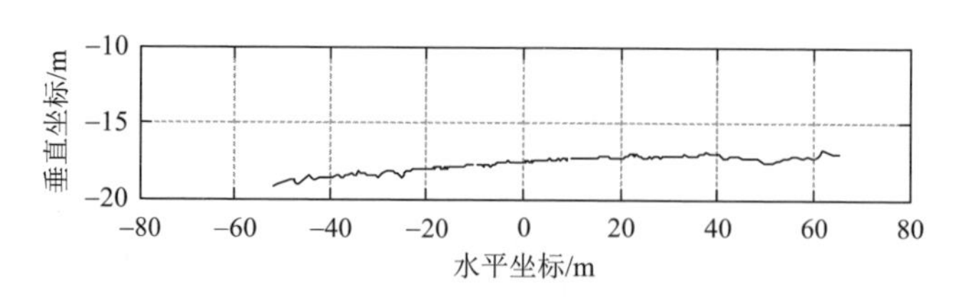

图 2-19　最终的测深结果

2.4　数据异常值检测与滤波

多波束测深声呐获得的大量测深数据中不可避免地包含一些异常值，这些异常值可能导致海底假地形的产生，因此在进行海底地形成图之前必须进行异常值检测与剔除处理。除多波束测深声呐估计 TOA 与 DOA 过程中可能产生异常值外，运动姿态传感器、罗经、GNSS 及声速剖面仪等外部传感器数据受海况、自身测量精度等因素影响引起的测量误差也会产生异常值，因此，仅通过 QF 并不能解决后者异常值现象的检测问题，还需要更多的方法参与解决。

2.4.1　经典算法概述

传统的测深异常值检测与剔除一般采用人工剔除或人机交互的半自动剔除算法，但是由于多波束测深声呐的测量数据量十分庞大，采用人工或人机交互的半自动方法必然给操作人员带来巨大的工作量，并且在异常值识别过程中不可避免地带有人的主观因素。因此，非人工参与的数据异常值自动检测与滤波算法研究成为国际上研究热点之一，而其中的异常值自动检测方法主要有 3 种[17, 22-25]：①中值滤波法；②基于抗差 M 估计的检测法；③基于趋势面的检测法。文献[17]通过仿真分析并总结了上述三类算法的技术特点：中值滤波法对脉冲式异常值非常有效，但对小异常值效果较差；基于抗差 M 估计的检测法计算过程复杂，且该方法中权函数、迭代模型和初始值等参数的选取对抗差效果影响较大；基于趋势面的检测法计算简单，在测深异常值检测中应用比较广泛，但对趋势面模型比较敏感，其计算区域、曲面函数阶次和判断门限的选择都会影响异常值检测的效果。由于多波束测深数据中不可避免地含有异常测深值，这些异常值会或多或少地参与海底地形趋势面的拟合计算，导致所得参考趋势面偏离真实海底地形而使其异常值检测性能受到影响。

2.4.2　基于截断最小二乘估计趋势面滤波的异常值自动检测与剔除算法

本节介绍一种基于截断最小二乘估计趋势面滤波的异常值自动检测与剔除算法[17]，该算法能够克服最小二乘估计趋势面滤波和抗差 M 估计滤波的缺点，具有稳健的异常值检测性能。该算法采用稳健的截断最小二乘估计进行局部海底地形趋势面拟合，尽可能地降低异常测深数据对趋势面拟合结果的影响，通过获得相对真实的海底地形参考趋势面的方式来提高测深数据异常值的检测性能。

假设海底地形平坦或缓慢变化，则采用一个三次多项式曲面逼近海底地形曲面：

$$z(x,y)=\sum_{i=0}^{3}\sum_{j=0}^{i}\beta_{ij}x^{i-j}y^{j} \tag{2-53}$$

式中，β_{ij} 为待求曲面参数；$z(x,y)$ 为待拟合海底曲面函数。令 (x,y,z) 为测量点坐标，利用 n 个数据点 (x_i,y_i,z_i)，$i=1,2,\cdots,n$ 进行截断最小二乘估计，求解式（2-53）中曲面参数 β_{ij} 的最优解。其中，截断最小二乘估计的目标函数定义为使升序排列前一半的残差平方和最小：

$$\beta_{\mathrm{LTS}}=\arg\min_{\beta}\left(\sum_{i=1}^{h}r_i^2\right) \tag{2-54}$$

$$r_i=y_i-f(x_i,\beta) \tag{2-55}$$

$$h=\mathrm{INT}[n/2]+1 \tag{2-56}$$

式中，β_{LTS} 为待求估计参数的最优解；r_i 为观测值 y_i 与估计值 $f(x_i,\beta)$ 的残差，r_i^2 由残差平方从小到大排序得到，即 $r_1^2<r_2^2<\cdots<r_i^2<\cdots<r_n^2$；$n$ 为参与估计的数据点数量；h 表示 n 的一半数值。

考虑到在实际多波束测深数据中，异常测深数据点在地形突变的海底斜坡位置处及测深质量较低的边缘波束位置处出现概率较高。如图 2-20 所示，若仅采用局部均方差作为异常值判断门限，很可能漏检斜坡位置处的小异常值。为此，采用动态门限 $k\sigma$ 作为测深数据异常值检测门限进行异常值检测与剔除，其中，k 通常取为 2 或 3，σ 为局部范围内测深点与对应趋势面深度的均方差。

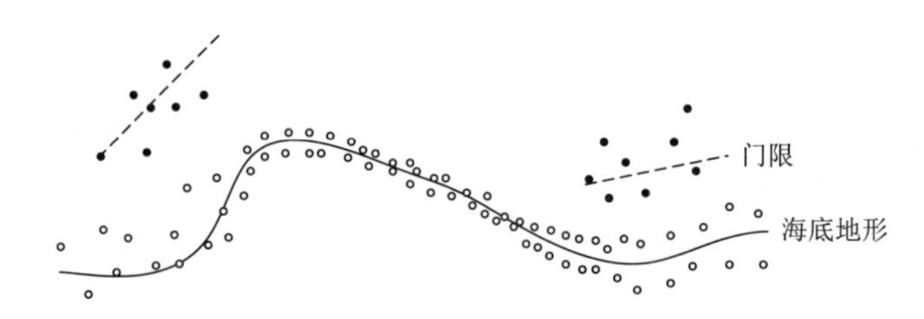

图 2-20　斜坡位置处及边缘波束位置处的异常值检测

由于测深数据点在沿航迹与垂直航迹向上可以通过 Ping 号和波束号来定位，且相邻的两 Ping 测深数据点在垂直航迹向上的偏差不大，因此，可以采用若干连续 Ping 测深数据点深度在沿航迹和垂直航迹向上的二阶差分来计算全局方差。图 2-21 为区域的测深数据分布示意图，假设在航迹向上有 n Ping 测深数据，每 Ping 包含 m 个波束点（检测点），若使用图中虚线框内的 9 个测深点进行局部趋势面拟合并计算其局部方差 σ_l^2，则选取航迹向上相邻的 i Ping 和垂直航迹上相邻的 j 列测深数据点计算全局方差 σ_g^2，计算公式如下所示。

沿航迹向上：

$$a_{lk}=p_{(l+1)k}-\frac{p_{lk}+p_{(l+2)k}}{2},\quad l=1,2,\cdots,i-2;\quad k=1,2,\cdots,j \tag{2-57}$$

沿垂直航迹向上：

$$b_{lk} = p_{l(k+1)} - \frac{p_{lk} + p_{l(k+2)}}{2}，\quad l = 1,2,\cdots,i；\quad k = 1,2,\cdots,j-2 \tag{2-58}$$

全局方差由式（2-59）计算得到：

$$\sigma_g^2 = \frac{0.5}{p_a - 1}\sum_{h=1}^{p_a}(a_h - \overline{a})^2 + \frac{0.5}{q_b - 1}\sum_{h=1}^{q_b}(b_h - \overline{b})^2 \tag{2-59}$$

式中，p_a =（Ping 数–2）×检测点数；q_b =（检测点数–2）×Ping 数。

获得全局方差 σ_g 和局部方差 σ_l 后，σ 值由式（2-60）确定：

$$\begin{cases} \sigma = \sigma_g, & \sigma_g > \sigma_l \\ \sigma = \dfrac{\sigma_g + \sigma_l}{2}, & \sigma_g \leqslant \sigma_l \end{cases} \tag{2-60}$$

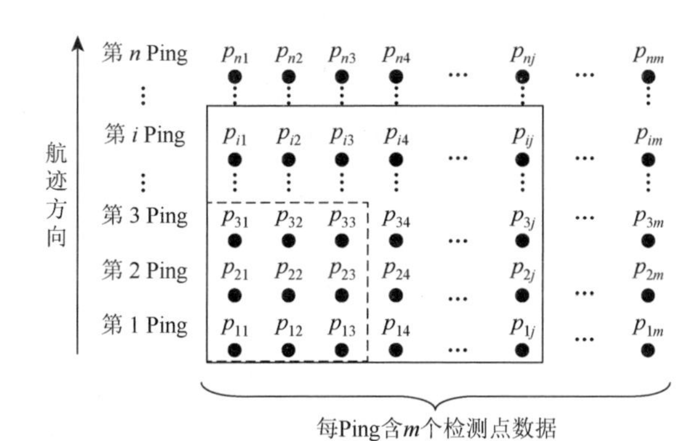

图 2-21　区域的测深数据分布示意图

为了验证基于截断最小二乘估计趋势面滤波的异常值自动检测与剔除算法的有效性，对实测多波束测深数据进行异常值自动检测与剔除处理。该数据包含150Ping，每 Ping 有 127 个检测点，测区范围约为 220m×370m，水深为 37.8～65.5m。异常值判断门限设置为 2.4σ，滑动窗内允许的检测点数量 M 设置为 30～50。图 2-22（a）为使用原始测深数据进行数字地形建模得到的水下地形。从图 2-22（a）中所示水下地形可以看到，该覆盖区域为一条 S 形下凹的河沟。在河沟左侧斜坡处出现了两处明显的簇群异常值，这两处簇群异常值附近还存在一些离散的大异常值；在河沟底部及右侧斜坡处，存在若干小异常值。采用前述基于截断最小二乘估计的滑动窗趋势面滤波方法对该测深数据进行异常值自动检测与剔除处理，对判断为异常值的检测点直接剔除而不做修补，图 2-22（b）给出了对图 2-22（a）中数据进行异常值剔除处理后得到的水下地形。显然，图 2-22（a）中所示的河沟斜坡位置上的两处簇群异常值及离散存在的大异常值和小异常值均被剔除，同时该区域的河沟地形特征并未被削弱，处理效果十分理想。

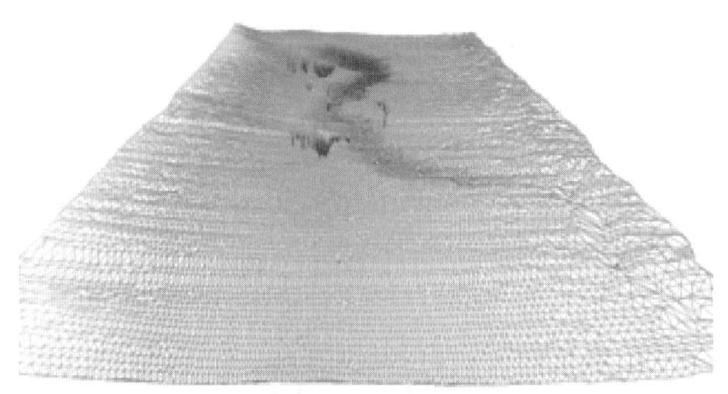

(a) 使用原始测深数据进行数字地形建模得到的水下地形

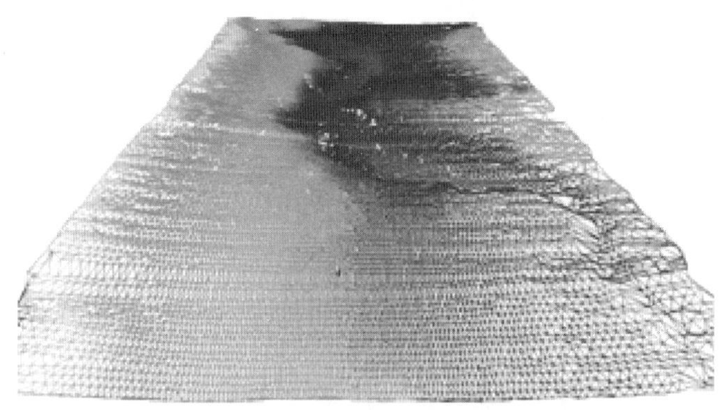

(b) 对图2-22(a)中数据进行异常值剔除处理后得到的水下地形

图 2-22　对 150 Ping 实际测深数据进行异常值剔除处理前后的水下地形对比

为了进一步清楚地显示该算法对多波束测深数据异常值的检测与剔除效果，图 2-23 为对局部测深数据进行异常值剔除前后的水下地形对比。图 2-23（a）为一凸起地形，在斜坡处存在一个较大异常值和若干小异常值，在凸起地形的顶部

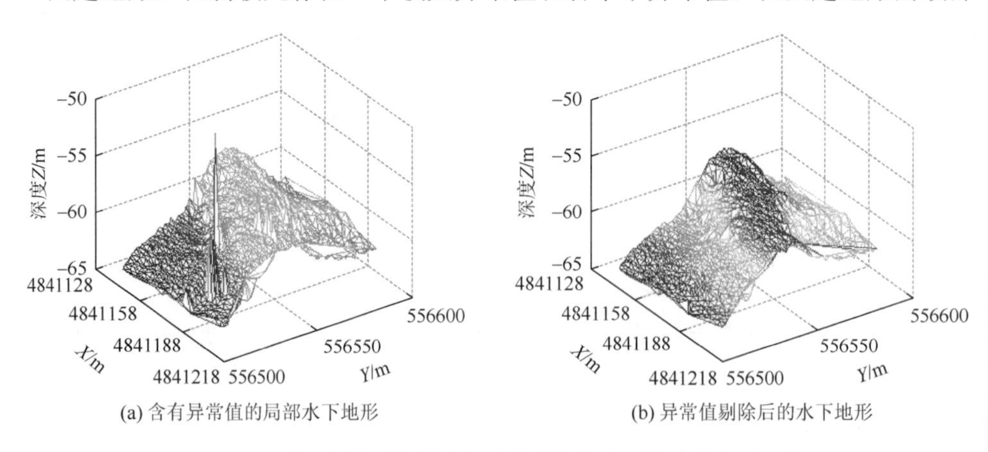

(a) 含有异常值的局部水下地形　　(b) 异常值剔除后的水下地形

图 2-23　对局部测深数据进行异常值剔除前后的水下地形对比

存在三个连续的小异常值。异常值剔除后的水下地形如图 2-23（b）所示，可以看到原始测深数据中存在的异常值被完全检测出来并剔除，获得了真实可靠的水下地形。

实际测深数据的处理结果表明，该算法具有较好的抗差性，能够有效地降低或消除异常值对局部海底地形曲面拟合的影响，获得合理的海底地形参考趋势面，从而达到良好的异常值检测与剔除效果。

2.4.3　基于联合不确定度的多波束测深数据质量控制

2003 年 Calder[26]提出一种用于实现计算机辅助处理水道测量数据的算法——联合不确定度测深估计（combined uncertainty and bathymetry estimator，CUBE）算法，其核心思想是利用测深数据中尽可能多的信息估计测区内任意位置上的真实水深值，并通过不确定度进行质量控制。文献[17]在 CUBE 算法的基础上，提出基于联合不确定度的多波束测深估计（combined uncertainty multi-beam bathymetry estimation，CUMBE）算法，并通过建立多波束测深不确定度计算模型对影响测深数据点垂直不确定度与水平不确定度的各项因素进行详细分析，最终获得每个检测点的不确定度。该算法中，基于局部曲面拟合的节点深度预测算法来正确预测海底斜坡等复杂海底地形上的节点深度；基于局部最优深度的最优估计选取准则，选择最接近邻近节点最优深度估计均值的估计模型作为最优估计，有效地提高了最优估计选取的稳健性。

CUBE 算法的核心是引入了测深数据的不确定度信息（包括垂直不确定度和水平不确定度），将不确定度与深度并列作为检测点的两种数据属性，从而利用密集测深数据的深度属性与不确定度属性进行测区内任意位置上某一节点的深度与不确定度估计。节点估计可以作为一个贝叶斯预测问题来处理。将节点某邻域范围内的若干实际检测点作为用于该节点估计的检测点序列，每个节点都含有一个深度估计与不确定度估计，随着检测点序列中新检测点的加入，使用当前节点估计作为预测信息，将新检测点信息作为观测信息，节点的深度和不确定度估计可被更新并存储作为下次更新的预测信息，如此循环直至检测点序列中所有检测点输入完毕，最终得到检测点序列中所有测深信息的估计结果。在节点估计过程中，检测点序列中很可能包含测深异常值。当异常值参与节点估计更新时，会造成当前测深值（异常值）与前位节点深度估计统计不一致。在这种情况下，该节点上会被创建一个新的深度估计作为备择估计，这就导致了节点上多重估计的产生。为了提高估计结果的可信度，必须根据一定的最优估计选取准则进行进一步判断，以从多重估计中选择一个最优估计作为可信的节点估计。当测区范围内分布适当分辨率的规则网格节点时，即可得到测区范围的真实海底地形。

基于上述 CUBE 算法基本原理，建立 CUMBE 算法模型，如图 2-24 所示。CUMBE 算法的输入数据为包含 N 个检测点的数据集 $\{(x_i, y_i, z_i, U_{\mathrm{THU}i}, U_{\mathrm{TVU}i}), i = 1,2,\cdots,N\}$，其中，$x_i$、$y_i$、$z_i$ 为第 i 个检测点的空间位置坐标，$U_{\mathrm{THU}i}$ 与 $U_{\mathrm{TVU}i}$ 为第 i 个检测点的水平不确定度和垂直不确定度。由于网格节点位置是预先设定的，因此检测点的三维不确定度（水平不确定度 $U_{\mathrm{THU}i}$ 与垂直不确定度 $U_{\mathrm{TVU}i}$）被成功地转化为节点的一维不确定度（垂直不确定度 $U_{\mathrm{TVU}j}$），网格节点估计的输出为 $\{(z_j, U_{\mathrm{TVU}j}, n_j), j = 1,2,\cdots,M\}$，其中，$z_j$ 为 j 号网格节点的深度估计，$U_{\mathrm{TVU}j}$ 为 j 号网格节点的垂直不确定度估计，n_j 为 j 号网格节点上的估计数量，M 为测区中的网格节点数。

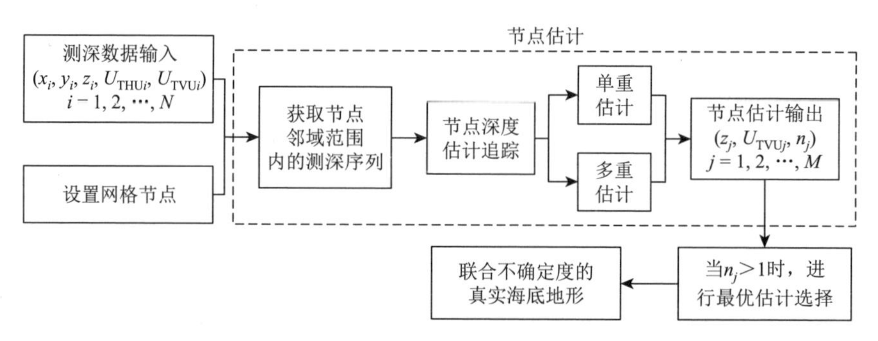

图 2-24　CUMBE 算法模型

使用实际多波束测深数据进行 CUMBE 处理，试验数据来源于某海域的 1000Ping 实际测深数据。图 2-25 给出了使用所采集的 1000Ping 测深数据构建得到的海底地形，从图中可以看出采集的测深数据中含有明显的噪声与一定数量的异常值，且异常值多分布于边缘波束位置。

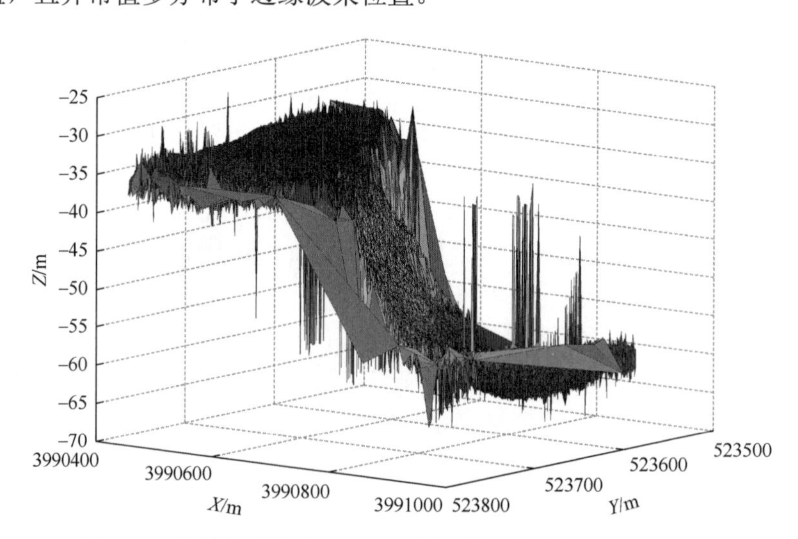

图 2-25　使用所采集的 1000Ping 测深数据构建得到的海底地形

对图 2-25 所示测深数据进行 CUMBE 处理，考虑到测深数据的后置处理速度，采用规则网格节点分布进行节点估计。设置网格节点间距为 4m，捕获距离为 5%H（在以待估节点为中心、3 倍网格间距为边长的正方形区域内统计各检测点的平均深度 H)，若捕获距离内无测深数据点，则不在该节点位置上进行节点估计。图 2-26 和图 2-27 分别给出了使用“prior”准则和局部最优深度准则选取的节点最优估计结果构建所得海底地形。可以看出后者算法比前者能剔除更多的异常值，构建得到的海底地形更加真实可靠。

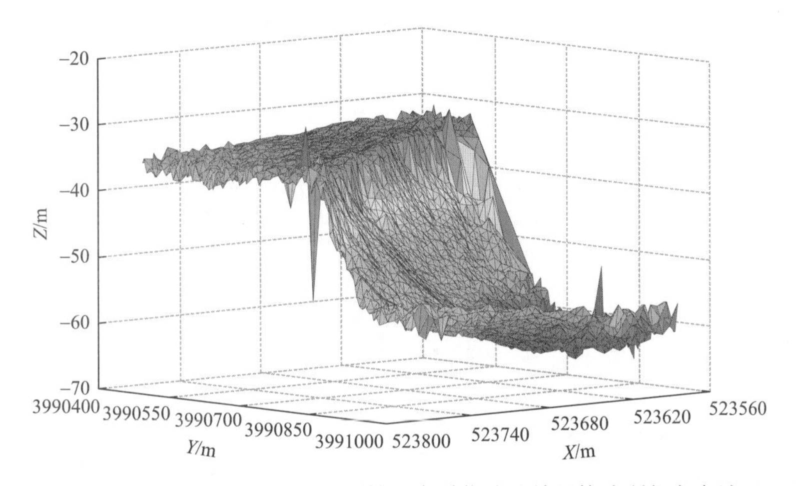

图 2-26　采用“prior”准则选取的节点最优估计结果构建所得海底地形

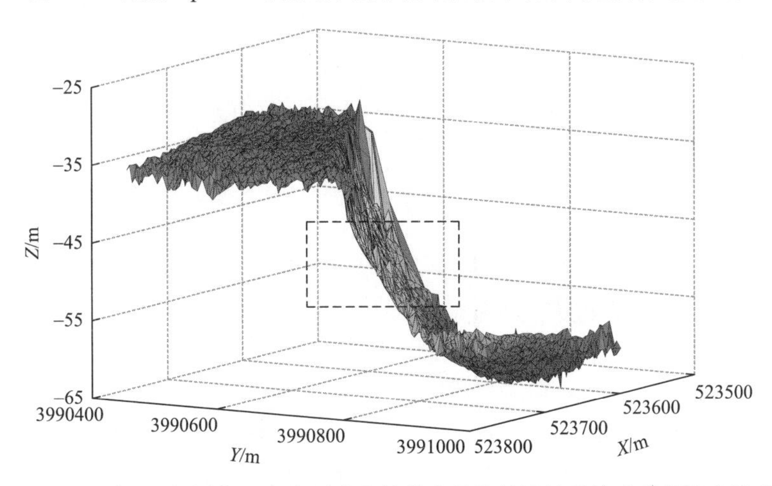

图 2-27　采用局部最优深度准则选取的节点最优估计结果构建所得海底地形

2.4.4　基于预测误差质量因子的多波束测深异常值在线检测与滤波算法

2.4.1 节～2.4.3 节中阐述的算法一般都是用于后处理过程，即当多波束测深声呐采集完数据后，结合各辅助设备信息生成数字水深地形后的数据处理过程。而从多波束测深声呐系统设计角度来说，可以在数据采集过程中就对明显的数据异常进行直接判断与处理，是新一代无人自主化多波束测深声呐系统需要具备的能力之一。而一种能够实时处理、自动判别多波束测深数据中的异常值并给出相应估计的预处理算法能够为后处理环节提供诸多有效信息从而提高数据处理效率并保证数据质量。

本节介绍一种基于预测误差质量因子（quality factor of prediction error，QFPE）的多波束测深数据异常值检测法[27]。QF 算法更多关注信号回波特性，所考察的是单点测深序列的质量高低，能够有效地检测较差回波特性导致的异常深度值。此外该算法为海底检测法的选择提供了依据，尤其是在幅度检测法与相位检测法对应波束交接处，通过 QF 的比较即可选择适合的方案，然而对于单 Ping 信号来说其获取的信息缺乏对深度序列间关联性的分析。为了全面检测出测深序列中潜在的异常值，我们首先利用 QF 算法确定适合的海底检测法在得到深度估计并剔除较大异常值后将检测结果作为输入，然后依据本节介绍的基于 QFPE 的异常值检测法进行分析，并给出相应的预测值。

基于 QFPE 的异常值检测算法处理流程如图 2-28 所示。

（1）以单 Ping 波束数据为处理对象，设定滑动窗长度，按照波束顺序将测深序列导入窗口中，计算当前窗口测深序列对应质量因子 QF[j]（$\mathrm{QF_A}[j]$ 和 $\mathrm{QF}_\phi[j]$），根据结果选取适合的海底检测法并剔除较低质量因子检测点。

（2）选取窗口中间位置处作为预测节点 j（对应于测深序列中的第 j 个点），将窗口内的深度测量值进行中值排序并进行二次拟合，以窗口内序列的中间位置处的深度值为参考对窗口内所有测深值进行补偿。

（3）建立常值卡尔曼滤波模型对步骤（2）更新后的序列进行处理，并将步骤（1）中得到的质量因子反推的不确定度 $\sigma_j^2[n]$ 作为常值卡尔曼滤波的初始不确定度，根据式（2-61）～式（2-64）进行更新，将节点 j 的估计结果 $\hat{z}_j$ 作为该节点的预测值。

（4）由式（2-65）和式（2-66）计算节点 j 预测值 $\hat{z}_j$ 与测量值的差值 β_j 继而得到相应的 QFPE[j]，根据式（2-67）计算异常值的位置。

（5）移动窗口至下一节点并重复上述步骤直至所有检测点处理完毕。

对窗口内的序列中值排序后使得具有突变特性的异常值处于序列两端，因此我们仅取窗口中间位置（当前节点）的结果作为下一节点的预测值。因此窗口长度应保证为奇数。将中间节点的计算结果作为当前节点的预测值，在对中间节点进行估计之前我们将当前窗口内的深度序列进行拟合及补偿，以适用于常值化卡尔曼滤波模型。

假设待估计节点在测深序列中的排序为 j，则在拟合的二次曲线上的深度值为 $f(j)$，分别计算邻域内每个检测点 i 的深度与在曲面上的深度之差 $\Delta z_i = z_i - f(x)$，则对节点 j 进行补偿后的输出序列为 $d_{ij} = f(j) + \Delta z_i$。值得注意的是，与中值滤波

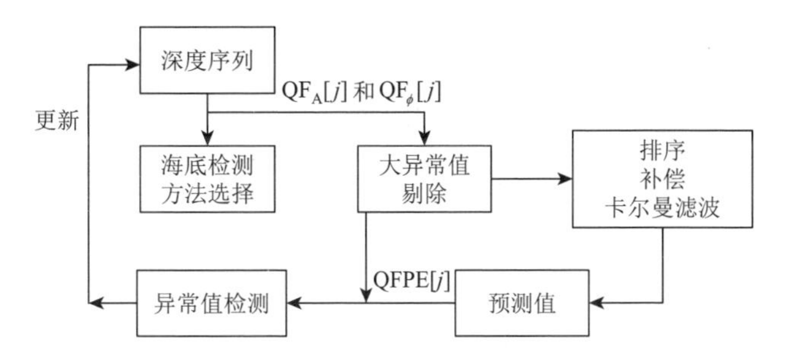

图 2-28　基于 QFPE 的异常值检测算法处理流程示意图

的处理模式相同，拟合后的补偿环节也是以处于序列中间位置的检测点作为参考进行的，另外在卡尔曼滤波环节中也依然以中间位置处更新后的结果作为估计。其中卡尔曼滤波环节如下所示。

对当前处理后的序列建立动态线性模型：

$$d[n]=z[n]+v[n],\quad v[n]\sim N(0,\sigma_j^2[n]) \tag{2-61}$$

$$z[n+1]=z[n]+w[n],\quad w[n]\sim N(0,W[n]) \tag{2-62}$$

式（2-61）为观测方程；式（2-62）为状态方程，估计过程中检测点序列被视为伪时间序列；$d[n]$ 为检测点序列中的第 n 个测深数据；$z[n]$ 为当前的水深估计；观测噪声 $v[n]$ 服从正态分布 $N(0,\sigma_j^2[n])$，其中 $\sigma_j^2[n]$ 为第 n 个数据对节点 j 的传播误差估计；系统状态噪声 $w[n]$ 服从正态分布 $N(0,W[n])$，由于 QFPE 算法将深度值补偿至常深度，有 $W[n]=0$。

假设当前窗口内序列为 $e_j[n]=(d_j[n],\sigma_j^2[n])^{\mathrm{T}}$，$0\leqslant n<N_j$，$N_j$ 为对应节点 j 的窗长度，其中不确定度 $\sigma_j^2[n]$ 可以通过质量评价环节得到的 QF 计算：

$$\sigma_j[n]=\delta d_j[n]=d/10^{\mathrm{QF}} \tag{2-63}$$

通过式（2-64）进行更新可以得到当前节点估计（即节点 $j+1$ 的预测值）为 $\xi_j[n]=(\hat{z}_j[n\,|\,n],\ \hat{\sigma}_j^2[n\,|\,n])^{\mathrm{T}}$。

$$\begin{aligned}
&\hat{\sigma}_j^2[n\,|\,n-1]=\hat{\sigma}_j^2[n-1\,|\,n-1]\\
&\hat{z}_j[n\,|\,n-1]=\hat{z}_j[n-1\,|\,n-1]\\
&G_j[n]=\frac{\hat{\sigma}_j^2[n\,|\,n-1]}{\hat{\sigma}_j^2[n\,|\,n-1]+\hat{\sigma}_j^2[n]}\\
&\varepsilon_{zj}[n]=d_j[n]-\hat{z}_j[n\,|\,n-1]\\
&\hat{z}_j[n\,|\,n]=\hat{z}_j[n\,|\,n-1]+G_j[n]\varepsilon_{zj}[n]\\
&\varepsilon_{\sigma j}[n]=\sigma_j[n]-\hat{\sigma}_j[n\,|\,n-1]\\
&\hat{\sigma}_j^2[n\,|\,n]=\hat{\sigma}_j[n\,|\,n-1]+G_j[n]\varepsilon_{\sigma j}[n]
\end{aligned} \tag{2-64}$$

式中，$G_j[n]$ 为对应节点 j 估计序列中第 n 点的状态转移量，随着窗口的不断移动，相继得到对应的节点估计结果，将当前节点 j 的预测值 $\hat{z}_j$ 与对应的测量值 d_j 的差值 e_j 作为判断下一节点是否异常的依据。

$$e_j = \hat{z}_j - d_j \tag{2-65}$$

得到 e_j 后，可以计算其对应的预测误差质量评价因子为

$$\mathrm{QFPE}[j] = \lg\left(\frac{d_j}{e_j}\right) \tag{2-66}$$

较大的估计误差 e_j 对应着较小的预测误差质量评价因子 QFPE[j]，当单 Ping 所有检测点处理完毕，将全部得到的预测误差序列的包络 A 取中值得到 A_m，并将该参数乘以一定的系数 k 作为预测误差的阈值 e_{th}（k 一般为 1.6～2），进而结合预测节点的测量值得到对应的预测误差质量因子阈值 $\mathrm{QFPE}_{\mathrm{th}}[j]$，则有

$$\begin{cases} A_m = \mathrm{mid}(A) \\ e_{\mathrm{th}} = |k \cdot A_m| \\ \mathrm{QFPE}_{\mathrm{th}}[j] = \lg\left(\dfrac{d_j}{e_{\mathrm{th}}}\right) \end{cases} \tag{2-67}$$

为检验本节算法性能，以多波束测深声呐采集的一组数据为例进行分析讨论。处理过程中分别采用 WMT 的幅度检测法与多子阵对相位差检测两种算法，在得到波束数据的同时，将阵元等分为 9 个重叠子阵，各子阵长为 35，重叠阵元数为 28，经多子阵对处理后得到相位差序列并用于相位检测法。通常处理算法是在幅度检测法的同时，以中央波束为中心（即波束控制角为 0°），在靠近中央波束的角度范围采用幅度检测法而外侧波束采用相位检测法，而这通常是基于平海底假设的。在此环节我们采用各波束具有最大 QF 时的检测法的输出作为测深结果，此外，在确定海底检测法的同时，利用 QF 的大小也能够剔除粗差较大的异常值，实际应用中质量因子阈值不宜选取过高，我们将 QF＜2.1 的点标记为异常值并将剔除处理后的序列作为新算法的输入序列以避免对估计的影响，结果如图 2-29（a）所示，需要注意的是，这里并不进行最终的异常值的剔除处理，而是为后处理环节提供有效的异常值检测信息和预测。

依据图 2-29（a）的 QF 曲线进行深度解算，得到的深度序列如图 2-29（b）所示，利用 QF 法能够灵活地选取合适的海底检测法并且检测出具有较差回波的检测点，其中图 2-29（a）中较差回波检测点已经在图 2-29（b）中进行了剔除处理。经 QF 法优化后的曲线依然存在一些细微的异常值，若进一步通过提高 QF 的阈值进行检测势必会导致有效测深值被判定为异常值，为了进一步剔除异常值，我们从检测点间的特性入手，选取窗长度为 21 点，得到的 QFPE 及检测阈值如图 2-30（a）所示。

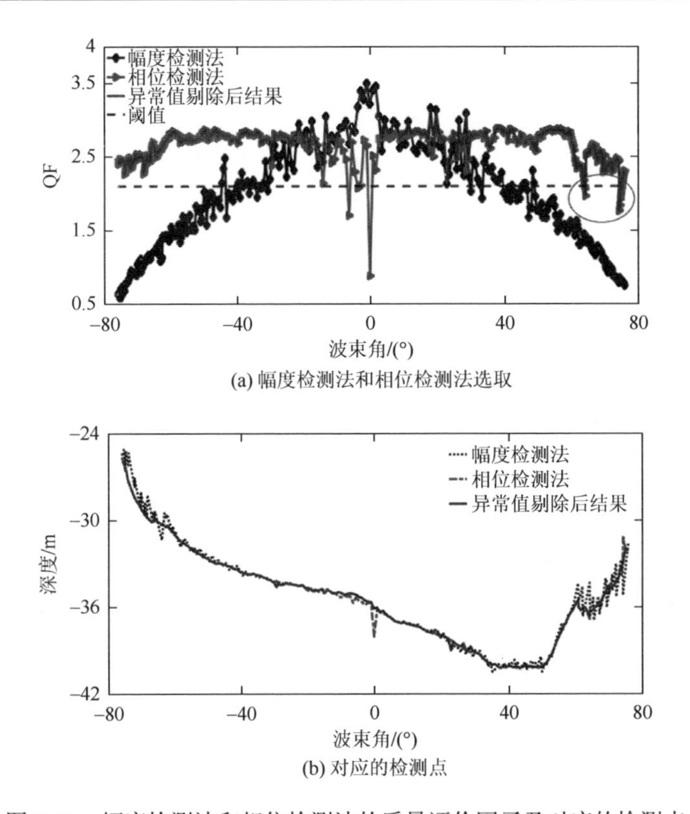

(a) 幅度检测法和相位检测法选取

(b) 对应的检测点

图 2-29　幅度检测法和相位检测法的质量评价因子及对应的检测点

以得到的预测误差质量因子序列为参考，这里设置阈值 $QFPE_{th}$ 为 2.4，对应 0.4% 的检测点将被剔除，其对应的预测误差序列及阈值如图 2-30（b）所示。与 QF 算法相比，QFPE 算法对于测深序列间的波动具有更好的检测效果，经 QF 算法及 QFPE 算法处理后异常值检测情况如图 2-31 所示，基于平滑海底假设算法有效检测出了海底地形中突变的部分，处理结果更加精细。

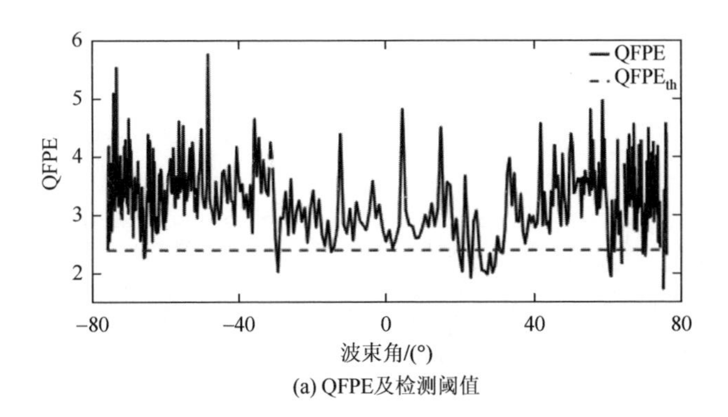

(a) QFPE及检测阈值

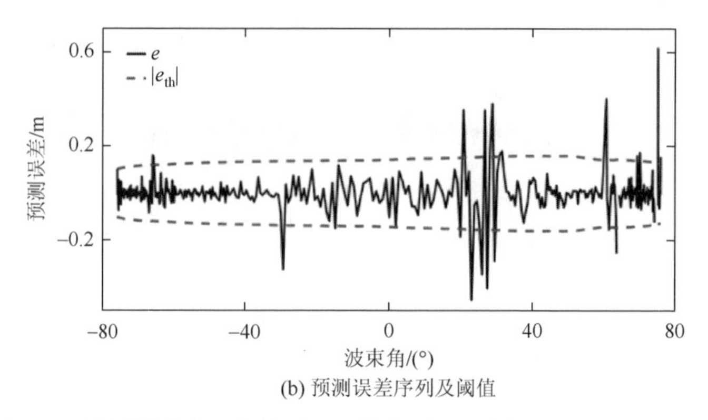

(b) 预测误差序列及阈值

图 2-30　检测异常值环节的预测误差序列及对应的 QFPE 和阈值选取

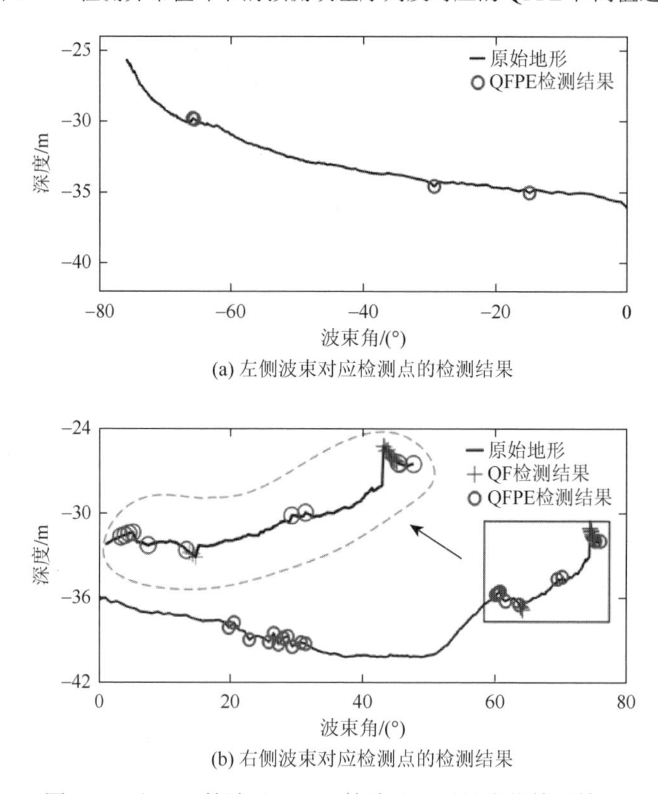

(a) 左侧波束对应检测点的检测结果

(b) 右侧波束对应检测点的检测结果

图 2-31　经 QF 算法及 QFPE 算法处理后异常值检测情况

2.5　声速对测深的影响与消除算法

多波束测深的本质是测量不同方向上声波传播的时间，结合声波在水中的传播速度，进而计算声波在水中传播的水平距离和深度。在多波束测深声呐一次测量过程中，一个覆盖扇面内存在多个波束；对于非垂直入射的波束，即使其入射角不变，在不同声速环境下的传播轨迹将完全不同。因此水中声速分布情况将对多波束测深结果产生根本的影响，准确获取水中的声速分布是多波束测量的基础。

声速对多波束测深结果的影响过程是一个综合的复杂过程，主要体现在两方面[28]：一是表层声速对测深结果的影响；二是声速剖面对测深结果的影响，且两者是相互关联的。因此，即使多波束测深声呐准确获得了 TOA 和 DOA 值，如果不能根据实际声速分布结构计算测深结果，也将带来较大的测深误差，使测量结果偏离真实地形，导致测深假象。

2.5.1　表层声速对测深结果的影响及消除

表层声速对测深结果的影响体现在两方面：一是表层声速对波束初始入射角的影响，从而影响到多波束测深结果的测深精度及覆盖宽度；二是表层声速在声线跟踪过程中对波束足印空间归位结果的影响。

使用错误或者带有误差的表层声速进行波束角计算得到的预成波束角与真实波束角相比发生偏离，改变波束进入水中的初始入射角，此时使用这些预成波束进行声线跟踪，将带来较大的测深误差和水平位移偏差，并改变了系统的覆盖扇面。由于表层声速在整个声速剖面中最早改变波束路径，因此与其他深度处的声速误差相比，表层声速变化对波束测量精度的影响最大，尤其是对边缘波束的影响。

假设水中的声速变化为常梯度分布，在[0, 60]m 水深内的声速值为[1480, 1465]m/s，声速梯度 $g = -0.25\text{s}^{-1}$，表层声速为 1480m/s，波束数目为 256 个，波束角在(−80°, 80°)内等角度间隔均匀分布，计算各波束方向单程传播时间时，假设海底平坦，深度为 40m。若在波束形成过程中使用的表层声速具有 + 5m/s 的偏差即 1485m/s，利用等梯度声线跟踪算法计算得到各个波束方向的深度与真实测深的误差随波束角的变化如图 2-32 所示。当表层声速对波束角误差的影响体现在测深误差上时，测深误差随波束角的增加呈非线性增加，波束角大于等于 70°（约 6 倍覆盖角度）的波束深度误差超过了 1m 并急剧增加。

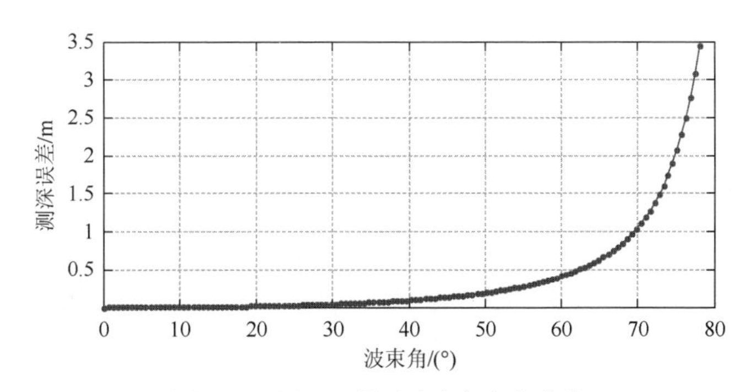

图 2-32　测深误差随波束角变化曲线

分别使用具有±5m/s 偏差的表层声速计算各个波束方向的深度值，产生了如图 2-33 与图 2-34 所示的地形上翘、下翘的测深假象。当使用的表层声速大于真实声速 5m/s 时，波束深度随水平距离的增加而逐渐减小，呈两侧上翘现象；当使用的表层声速小于真实声速 5m/s 时，波束深度随水平距离的增加而逐渐增加，呈两侧下翘现象。

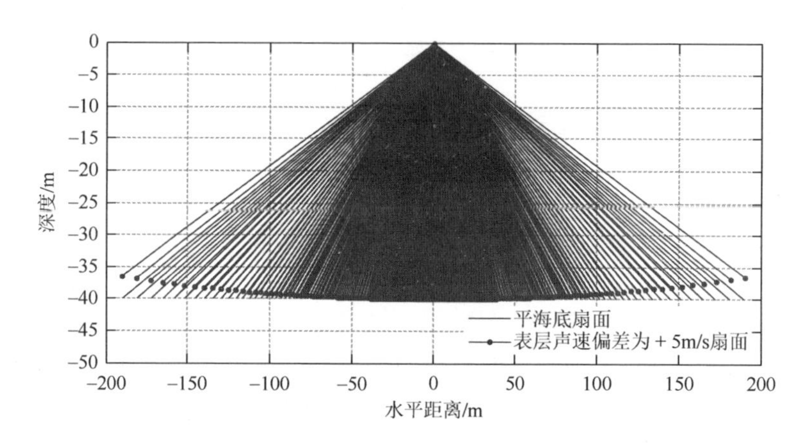

图 2-33 表层声速偏差为 + 5m/s 对深度覆盖扇面的影响

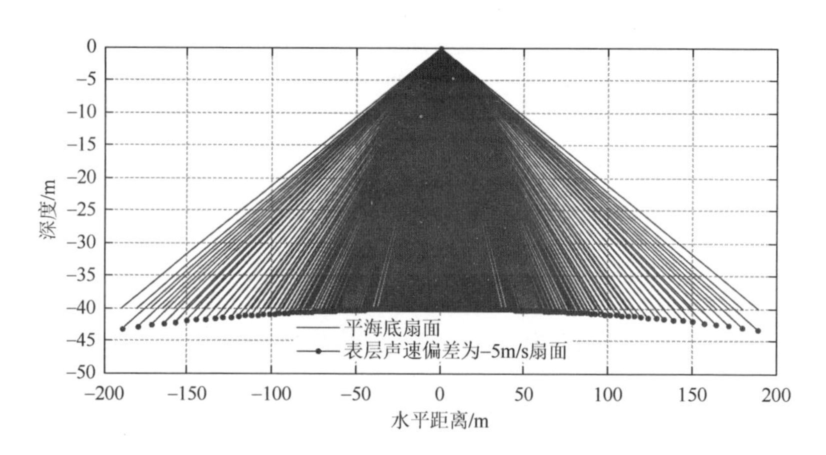

图 2-34 表层声速偏差为−5m/s 对深度覆盖扇面的影响

图 2-35 给出了表层声速偏差分别为 + 5m/s 和 + 10m/s 时的深度估计结果，可以看出，使用的表层声速偏差越大，测深误差越大，引起水底地形的畸变也越大。

仿真表明表层声速偏差将引起测量地形两端上翘或两端下翘的测深假象，并定量分析了不同的表层声速偏差对不同波束角和测量深度的影响。而在实际的多波束测量中，表层声速恰恰是整个声速剖面中变化最活跃的部分，容易受到温度、盐度的影响且季节性变化大，表层声速常随测量时间及测量区域的变化持续发生变化[29]，若不加以修正，将对多波束测深结果产生很大影响，极大地降低多波束测深精度。因此，在宽覆盖多波束测深声呐中，要实现在全覆盖扇面内的高精度测量，尤其是宽覆盖多波束测深声呐在浅水区工作时，测量过程中配备高精度表层声速仪实时测量基阵表层声速是十分必要的。

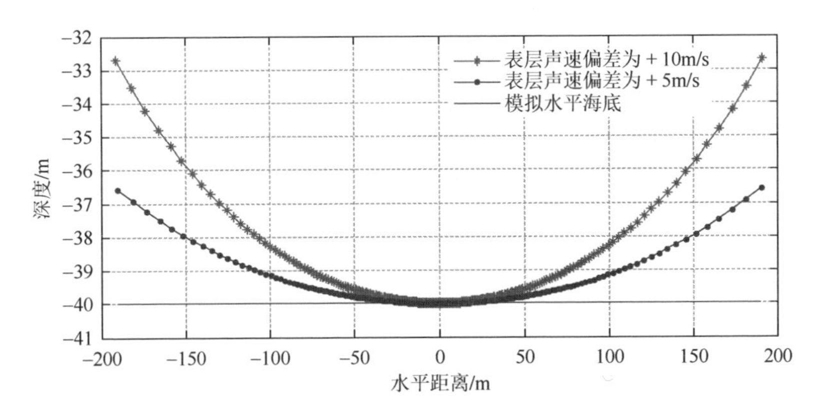

图 2-35　不同表层声速偏差对深度的影响

2.5.2　声速剖面对测深结果的影响及消除

一般而言，声速在水平方向上的变化较小，因此可以假设声速只随着深度的变化而变化，而在水平方向上不变，即声速 c 为深度 z 的函数 $c(z)$，这也通常称为海水中声速的垂直分层介质模型[30]。在分层介质模型中，声速沿垂直深度的分布称为声速剖面，声速剖面一般比较复杂且随着海水介质改变。

在分层介质模型假设下，射线声学所遵循的折射定律［斯内尔（Snell）定律］为[31]

$$\frac{\cos\alpha_0}{c_0}=\frac{\cos\alpha_i}{c_i}=\text{常数} \text{ 或 } \frac{\sin\theta_0}{c_0}=\frac{\sin\theta_i}{c_i}=\text{常数} \tag{2-68}$$

式中，α_0 为声波入射方向与水平方向的夹角，称为掠射角；θ_0 为声波入射方向与垂直方向的夹角，称为入射角；c_0 为入射层介质表面的声速；α_i、c_i 分别为出射层表面的声线掠射角和声速。若已知声线的初始掠射角 α_0 和声速剖面，则可以根据斯内尔定律计算不同深度处声线传播的掠射角，从而确定声线传播的方向。

在早期的多波束数据处理中，往往采用表层声速或平均声速等常声速模型计算波束足印的空间位置，此时认为声线在水中沿直线传播，不发生弯曲。此时，可以利用式（1-1）进行计算。此种计算模型不考虑水中声速分布结构，忽略了声线传播过程中的弯曲，因此会带来较大的测深误差。对于目前的多波束测深声呐，覆盖扇面大、测量精度要求高，使用常声速模型计算会带来无法忽略的误差，尤其对外侧波束的计算结果影响更大，必须对声速变化对测深结果带来的影响进行改正。

在多波束深度计算过程中对声线在水中传播路径的跟踪称为声线跟踪。声线跟踪的理论基础为声速分层假设，即任何复杂的声速剖面结构，都可以近似为由多层具有简单结构的声速层组成。在具体应用中，常用的声速分层形式有常声速分层和常声速梯度分层两种，前者认为每个小层内声速不变，声线沿直线传播；后者认为层内声速线性变化，声线沿曲线传播。

下面结合某湖上实测试验数据对声线跟踪算法进行对比分析。试验前使用声速剖面仪测得声速剖面图如图 2-36 所示。表层声速为 1497.15m/s，0～7m 深度内声速变化缓慢，从 1497.15m/s 变化到 1495.2m/s；7m 以下深度声速变化较快，迅速降至 61m 深度处的 1432.1m/s，呈现明显的负梯度分布。

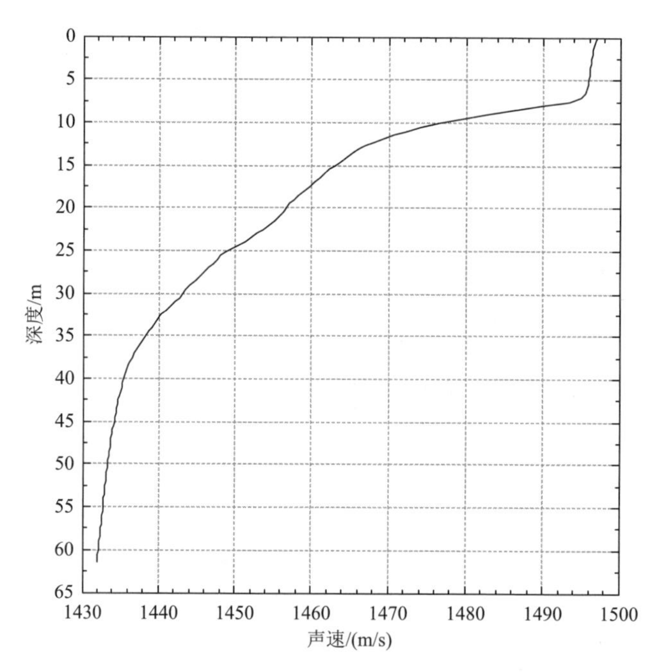

图 2-36　声速剖面图

选取四条平行测线数据进行处理。第一种算法是使用平均声速（1465m/s），利用平均声速三角法模型进行计算；第二种算法是使用声速分层、层内常声速或常梯度声线跟踪算法进行改正，分层厚度为 0.5m。

对于两种算法计算得到的深度数据，沿垂直航线方向在同一位置处选取切割线，深度数据在该断面上的投影分别如图 2-37 和图 2-38 所示。采用平均声速三角法计算得到的四条测线深度数据，边缘波束均呈两侧上翘趋势，在测线间相互重合区域相互交叉，同一位置处多条测线的深度差值很大。从图 2-38 中可以看出，使用层内常梯度声线跟踪法计算结果中，一条测线的边缘波束的深度值与另外一条测线的中间波束的深度值一致，整个断面内四条测线的测量结果达到很好的吻合。

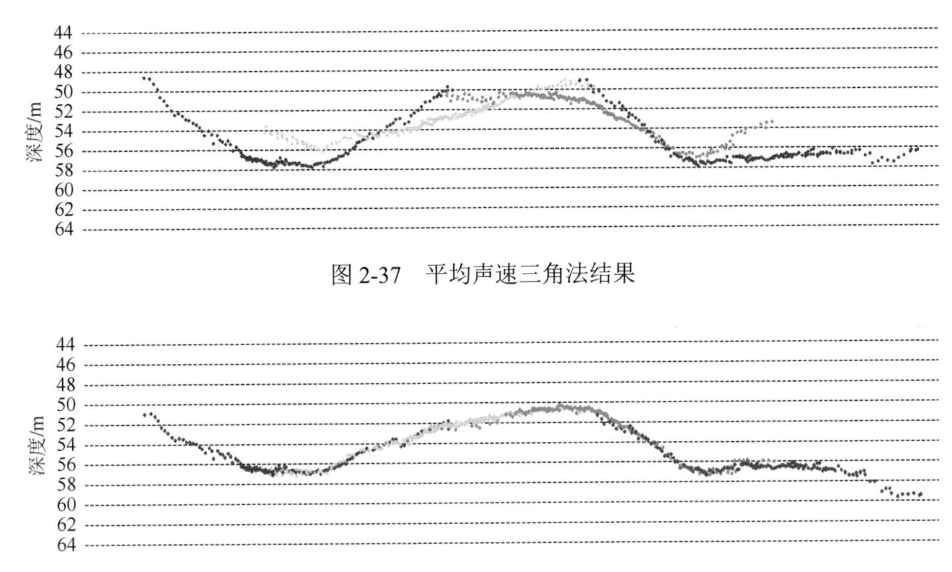

图 2-37　平均声速三角法结果

图 2-38　层内常梯度声线跟踪法结果

两种算法计算得到的四条测线整个区域的水深伪彩图如图 2-39 所示。图 2-39（a）为使用平均声速三角法模型进行计算的结果，图 5-39（b）为使用常梯度声线跟踪算法进行计算的结果。对比两种算法，可以明显地看出三角法模型计算的结果在四条测线相互重叠区域深度不吻合，在条带的拼接处形成明显的带状痕迹；而使用常梯度声线跟踪算法计算的结果则很好地消除了条带拼接的带状痕迹。

声线跟踪算法根据实际的声速剖面计算波束在每层的传播时间和水平位移，通过累加各层的厚度和位移量得到波束足印的位置。相对于常声速模型，声线跟踪法考虑了水中声速的实际分布结构，虽然计算过程烦琐，但是计算精度高。对于较层内常声速和层内常梯度两种声线跟踪算法，前者由于在层内简单地将声速视为常数而忽略实际变化规律，其计算精度虽然远优于常声速模型，同时也存在一定的误差。尤其是当声速变化剧烈且分层厚度较大时计算误差较大[32]。层内常梯度声线跟踪算法认为声速在层内线性变化，虽然此假设与实际声速变化存在差异，但其计算过程十分严密，声线跟踪精度最高。然而，常梯度声线跟踪算法也存在计算过程复杂、实时计算效率偏低的问题，文献[33]通过模板差值的方式提升了常梯度声线跟踪算法的计算效率。

图 2-39　两种算法计算得到的四条测线整个区域的水深伪彩图（彩图附书后）

层内常梯度声线跟踪算法对声速剖面数据的依赖程度较高，声速剖面采集位置分布越密，采集精度越高，计算精度越高；同时声速分层厚度越小，层内声速变化的假设越接近实际情况，计算精度越高，这对声速剖面的布设采集和声速分层算法都提出严格的要求。在有入河口区域，由于声速区域变化比较大，应该加大声速剖面的采集密度，在测量区域较大、测量长度较长时应在测区的多个地点采集声速剖面[34]。声速剖面分层应该充分地考虑声速的变化规律，在声速变化不大的深度处可以适当地加大分层厚度，声速变化较快的深度应该加密分层，减小分层厚度。

参 考 文 献

[1] Yuan W J，Zhou T，Shen J J，et al. Correction method for magnitude and phase variations in acoustic arrays based on focused beamforming[J]. IEEE Transactions on Instrumentation and Measurement，2020，69（9）：6058-6069.

[2] Jiang Y，Wen X，Chen L S，et al. Near-field beamforming for a multi-beam echo sounder：Approximation and error analysis[C]. Proceedings of Ocean IEEE Sydney，Sydney，2010：1-4.

[3] Singh P R，Wang Y D，Charge P. Near field targets localization using bistatic MIMO system with spherical wavefront based mode[C]. Proceedings of 25th European Signal Processing Conference，Kos，2017：2408-2412.

[4] Zeng X F，Sun G Q，Huang H N. Craomér-Rao bound of position estimation for underwater source[J]. Journal of Electronics and Information Technology，2014，35（1）：92-98.

[5] 曾雄飞，孙贵青，黄海宁. 水下目标方位估计的克拉美-罗界研究[J]. 电子与信息学报，2013（1）：92-98.

[6] 魏波，周天，李超，等. 多波束声呐基阵一体化自校准方法[J]. 哈尔滨工程大学学报，2019（4）：792-798.

[7] Li H S，Wei B，Zhu J J，et al. Calibration of multibeam echo sounder transducer array based on focused beamforming[J]. IEEE Sensors Journal，2018，18（24）：10199-10207.

[8] 魏波. 多波束合成孔径声呐探测技术研究[D]. 哈尔滨：哈尔滨工程大学，2021：48-74.

[9] 董玉磊，桑金. 海道测量规范与 IHO 标准的比较研究[J]. 海洋测绘，2018（1）：59-62.

[10] Atkins P，Islas A，Foote K G. Sonar target-phase measurement and effects of transducer-matching[J]. Journal of the Acoustical Society of America，2008，123（5）：10975-10980.

[11] Pocwiardowski P，Yufit G，Maillard E，et al. Method for large sonar calibration and backscattering strength estimation[C]. IEEE Computer Society，Boston，2006：1-4.

[12] 周天. 超宽覆盖海底地形地貌高分辨探测技术研究[D]. 哈尔滨：哈尔滨工程大学，2005：15-38.

[13] SEABEAM. Multibeam sonar theory of operation[R]. East Walpole：L-3 Communications SeaBeam Instruments，2000.

[14] Araujo L G. Potential for non-conventional use of split-beam phase data in bottom detection[D]. New Hampshire：University of New Hampshire，2020.

[15] 李启虎. 声呐信号处理引论[M]. 北京：海洋出版社，2000.

[16] Mohammed A，Shirazi M，Moustier C，et al. Differential phase estimation with the SeaMARC II bathymetric sidescan sonar system[J]. IEEE Journal of Oceanic Engineering，1992，17（3）：241.

[17] 陆丹. 基于联合不确定度的多波束测深估计及海底地形成图技术[D]. 哈尔滨：哈尔滨工程大学，2012.

[18] International Hydrographic Organization. International Hydrographic Organization Standards for Hydrographic Surveys：S-44[S]. 6th ed. Monaco：International Hydrographic Organization，2020.

[19] Mohammadloo T H，Snellen M，Simons D G. Assessing the performance of the multi-beam echo-sounder bathymetric uncertainty prediction model[J]. Applied Science，2020，10（13）：1-18.

[20] Lurton X，Augustin J M. A measurement quality factor for swath bathymetry sounders[J]. IEEE Journal of Oceanic Engineering，2010，35（4）：852-862.

[21] 王璐瑶. 多波束测深声呐测深数据质量评估模型研发[D]. 哈尔滨：哈尔滨工程大学，2018.

[22] 纪雪，周兴华，唐秋华，等. 多波束测深异常数据检测与剔除方法研究综述[J]. 测绘科学，2018，43（1）：38-44.

[23] 阳凡林，刘经南，赵建虎. 多波束测深数据的异常检测和滤波[J]. 武汉大学学报（信息科学版），2004，29（1）：80-83.

[24] 阳凡林. 多波束和侧扫声呐数据融合及其在海底底质分类中的应用[D]. 武汉：武汉大学，2003：51-52.

[25] 赵建虎，刘经南. 多波束测深及图像数据处理[M]. 武汉：武汉大学出版社，2008：207-209.

[26] Calder B. Automatic statistical processing of multibeam echosounder data[J]. International Hydrographic Review，2003，4（1）：53-68.

[27] Zhou T，Yuan W J，Sun Y，et al. A quality factor of forecasting error for sounding data in MBES[J]. Measurement Science and Technology，2022，33（8）：1-12.

[28] 魏玉阔. 多波束测深假象消除与动态空间归位技术[D]. 哈尔滨：哈尔滨工程大学，2011.

[29] 关永贤，屈小娟. 多波束测深中声速剖面的横向加密方法[J]. 海洋测绘，2009，29（5）：54-56.

[30] Brekhovskikh L M，Lysanov Y P. Fundamentals of Ocean Acoustics[M]. 3nd ed. Berlin：Springer-Verlag，2002：1-10.

[31] Medwin H，Clay C S. Fundamentals of Acoustical Oceanography[M]. San Diego：Academic Press，1998：17-23.

[32] Yang F L，Li J B，Wu Z Y，et al. A post-processing method for the removal of refraction artifact s in multibeam bathymetry data[J]. Marine Geodesy，2007，30（3）：235-247.

[33] 赵建虎，张红梅，吴猛. 一种基于常梯度模板插值的声线跟踪算法[J]. 武汉大学学报（信息科学版），2021，46（1）：71-78.

[34] 丁继胜，吴永亭，周兴华，等. 长江口海域声速剖面特性及其对多波束勘测的影响[J]. 海洋通报，2006（6）：1-6.

第3章　多波束海底地形高分辨力探测技术

分辨力是衡量多波束测深声呐的重要指标，它是水下地形地貌精细化探测及小目标探测能力的直接保障。从空间上来说，多波束测深声呐的分辨力包括水平向、航迹向及距离向三个维度。本章分别介绍这三个维度高分辨力实现的信号处理技术。

3.1　多波束测深声呐水平向高分辨力处理

接收波束宽度是衡量多波束测深声呐水平向分辨能力的指标，当前主流的多波束测深声呐水平向波束宽度已达到0.5°。常规波束形成器分辨力受限于阵列的物理孔径限制（瑞利限），提高常规波束形成器分辨力直观有效的方法便是增大阵列的物理孔径。但是，对于许多实际应用场合，增大阵列孔径往往是不现实的，需要更好的方位估计算法来提高DOA估计的角度分辨力。因此，如何突破瑞利限成为广大学者研究的重要方向，从而也促进了空间方位估计技术的发展，出现了很多高分辨方位估计算法，如MUSIC子空间分解类算法、加权子空间拟合类算法，可参考相关文献[1]和[2]。

随着对这些高分辨算法处理水下目标散射回波获得DOA估计适用性认识的深入和处理器运算能力的提升，在多波束测深声呐及相干测深声呐系统中也出现了实际应用的尝试。如Fansweep Coastal系统中采用了Beam-MUSIC，Benthos系统中采用了到达角瞬态成像计算（computed angle-of-arrival transient imaging，CAATI）技术等[3]。近年来，随着多波束测深声呐接收通道数的不断增加，研究人员一直在寻求运算量小、性能优的波束形成算法。本节在常规波束形成器基础上，主要介绍一种近年来在声呐阵列处理方向上获关注较多的解卷积波束形成器。

3.1.1　常规波束形成

简化起见，选择等间隔直线阵模型来讨论常规波束形成器，如图3-1所示。

假设远场条件下存在多个窄带信号源，由于窄带信号的包络变化缓慢，因此可以假设等间隔直线阵各阵元接收到的同一信号的包络相同。远场信号 $s_i(n)$ 到达各阵元的方位角用 θ_i 表示。以阵元1作为参考阵元，信号到达其他阵元的时间相

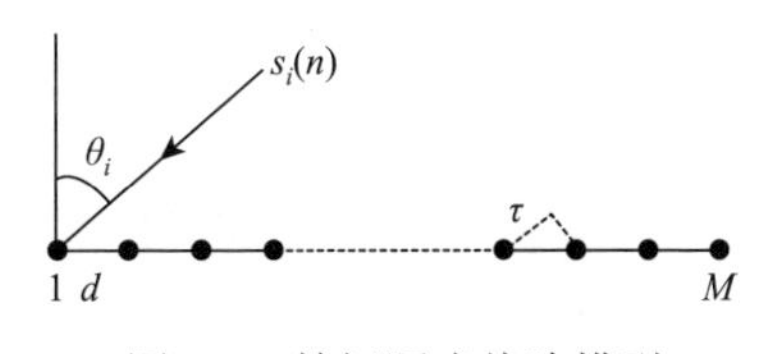

图3-1　等间隔直线阵模型

对于参考阵元存在延迟（或超前），由图 3-1 可以看出，由延迟在阵元 m 上引起的相位差为

$$(m-1)\omega_i = 2\pi\frac{d}{\lambda}(m-1)\sin\theta_i \tag{3-1}$$

式中，d 为相邻阵元的间距；λ 为信号波长；$\omega_i = 2\pi\frac{d}{\lambda}\sin\theta_i$ 为相邻阵元间右侧基元相对于左侧基元的相位差。因此，在阵元 m 上的接收信号为 $s_i(n)\mathrm{e}^{-\mathrm{j}(m-1)\omega_i}$。

若直线阵由 M 个阵元组成，则信号 $s_i(n)$ 到达各阵元的相位差所组成的向量为

$$a(\theta_i) = [1, \mathrm{e}^{-\mathrm{j}\omega_i}, \cdots, \mathrm{e}^{-\mathrm{j}(M-1)\omega_i}]^{\mathrm{T}} = [a_1(\theta_i), \cdots, a_M(\theta_i)]^{\mathrm{T}} \tag{3-2}$$

称为信号 $s_i(n)$ 的方位向量或者响应向量。如果共有 p 个远场窄带信号，那么在阵元 m 上的接收信号 $x_m(n)$ 为

$$x_m(n) = \sum_{i=1}^{p} a_m(\omega_i)s_i(n) + e_m(n), \quad m = 1, \cdots, M \tag{3-3}$$

式中，$e_m(n)$ 表示阵元 m 上的加性噪声。将 M 个阵元上的观测数据组成 $M\times 1$ 观测数据向量

$$x(n) = [x_1(n), \cdots, x_M(n)]^{\mathrm{T}} \tag{3-4}$$

类似地，定义 M 维噪声观测向量

$$e(n) = [e_1(n), \cdots, e_M(n)]^{\mathrm{T}} \tag{3-5}$$

则式（3-4）可以用向量表示为

$$x(n) = \sum_{i=1}^{p} a(\omega_i)s_i(n) + e(n) = A(\omega)s(n) + e(n) \tag{3-6}$$

式中，$A(\omega) = [a(\omega_1), \cdots, a(\omega_p)]$；$s(n) = [s_1(n), \cdots, s_p(n)]^{\mathrm{T}}$。

波束形成的目的在于利用阵元上的观测数据，求出某个期望信号 $s_d(n)$ 的波达方位 θ_d。为了求解此波束形成问题，假定信号 $s_i(n)$ 与各阵元上的观测噪声 $e_m(n)$ 统计独立，并且各观测噪声具有相同的方差 σ_n^2。设计一组阵元加权向量 $\omega = [\omega_1, \cdots, \omega_M]^{\mathrm{T}}$，并对阵元接收信号 $x_1(n), \cdots, x_M(n)$ 进行加权求和，得到输出信号 $y(n) = \sum_{i=1}^{M}\omega_i^* x_i(n) = \omega^{\mathrm{H}}x(n)$。则波束形成器输出的功率谱为

$$z = E[y^2] = \omega^{\mathrm{H}}R\omega = \omega^{\mathrm{H}}(\sigma_n^2 Q + A^{\mathrm{H}}PA)\omega \tag{3-7}$$

式中，R 为信号 + 噪声协方差矩阵；Q 为噪声协方差矩阵；P 为信号协方差矩阵。可见，对于不同的加权向量，式（3-7）对来自不同方位的信号有不同的响应，从而形成不同方位的空间波束。由此可见，波束形成的关键是权向量的求解。在不同的准则下可以求得与之相应的权向量。

考虑来自方位 d 的单个远场窄带信号源，式（3-7）可以简化为

$$z = \omega^{\mathrm{H}}(\sigma_n^2 Q + \sigma_s^2 d d^{\mathrm{H}})\omega \tag{3-8}$$

由式（3-8）得到基阵的阵增益表达式为

$$G = \frac{|\omega^{\mathrm{H}} d|^2}{\omega^{\mathrm{H}} Q \omega} \tag{3-9}$$

定义波束扫描向量 m，波束形成器加权向量 ω 是向量 m 的函数。当 $m = d$ 时，波束形成器与信号方位匹配；而当 $m \neq d$ 时，表示波束形成器与信号方位失配。

对于常规（也称 Bartlett）波束形成器，有

$$\begin{cases} \omega_{\text{Bartlett}} = \dfrac{m}{M} \\ z_{\text{Bartlett}} = \dfrac{m^{\mathrm{H}} R m}{M^2} \end{cases} \tag{3-10}$$

很显然，其波束的输出相当于对阵元样本的空间进行傅里叶变换的结果。

3.1.2　一维解卷积波束形成

常规波束形成器的优点是鲁棒性好，在低信噪比的情况下也能正常使用；其缺点是分辨力较低（同等条件下与其他的高分辨算法相比），旁瓣泄漏严重，以至于在使用时很难在强干扰背景下分辨出弱目标。多波束测深声呐探测的是海底大面积探测目标，垂直入射海底的波束能量很强，很容易将能量泄漏并进入其他波束的主瓣方向，如图 3-2 所示，当被测量的海底比较平坦且底质较硬时，这种影响更加明显，其影响就是会把平坦海底地形测量成虚假的两边上翘的弧形海底地形，即隧道效应[4]。

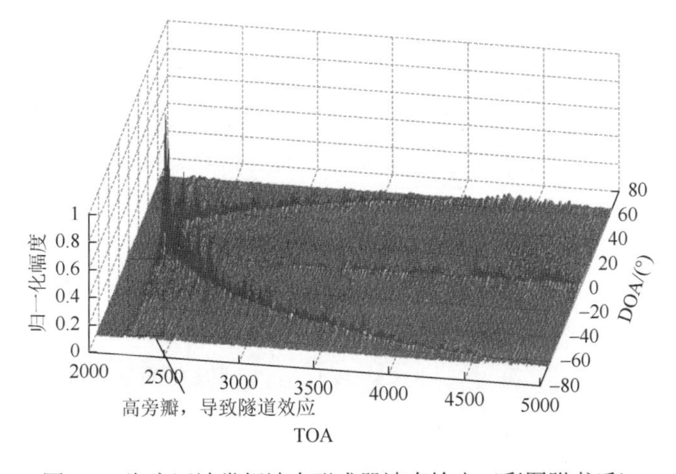

图 3-2　海底回波常规波束形成器波束输出（彩图附书后）

文献[5]中使用了解卷积波束形成器（deconvolved conventional beamforming，dCv）处理声呐阵列数据，得到了非常窄的主瓣宽度和低的旁瓣级。解卷积波束形成器是对常规波束形成器（conventional beamforming，CBF）输出进行后处理，增加的运算量不大。

1. *解卷积波束形成原理*

对于窄带信号，考虑式（3-8），对于 CBF，其加权矢量为式（3-10）给出的结果。可得

$$B(\sin\theta)=W^{\mathrm{H}}RW=\sum_{i=1}^{p}\langle|s_i|^2\rangle\left|\frac{\sin c(\pi M(d/\lambda)\sin\theta_i)}{\sin c(\pi(d/\lambda)\sin\theta_i)}\right|^2 \tag{3-11}$$

假设来自不同方位的信源是彼此不相关的，即$\langle s_i^{\mathrm{H}}s_j\rangle=\langle|s_i|^2\rangle\delta_{ij}$，将式（3-11）重新写成如下形式：

$$B(\sin\theta)=\int_{-1}^{1}B_p(\sin\theta-\sin\alpha)S_p(\sin\alpha)\mathrm{d}\sin\alpha \tag{3-12}$$

式中，$B_p(\sin\theta)=\left|\frac{\sin c(\pi M(d/\lambda)\sin\theta)}{\sin c(\pi(d/\lambda)\sin\theta)}\right|^2$，称为波束图，只与阵元数、阵元间距、波长有关，即对于一个确定的水平直线阵此函数是确定的；$S_p(\sin\alpha)=\left[\sum_{i=1}^{M}\langle|S_i|^2\rangle\delta(\sin\alpha-\sin\alpha_i)\right]$，为目标的回波信号功率分布函数，可以看到它是由若干个冲激函数构成的，不同方位角的目标对应一个冲激函数。因此 CBF 可以看成信号的方向冲激函数经过了一个线性系统得到的结果。

由此可以利用 CBF 的输出方位谱$B(\sin\theta)$，再结合波束图$B_p(\sin\theta)$，进行解卷积运算便可以得到信号到达方位的冲激函数。我们知道冲激函数只在变量值为 0 处有值，其他的位置值都是 0，因此采用解卷积的方法可以得到非常窄的主瓣且没有旁瓣从而实现高分辨波束形成。

目前解卷积的算法有很多，Richardson-Lucy[6]算法就是其中之一（以下简称 R-L 算法），它是一个基于贝叶斯条件概率定理的迭代算法，只适用于非负实数的情况。由于波束功率和波束图都是非负的，因此我们可以利用波束图对波束功率进行解卷积运算。

下面将式（3-12）重写并考虑噪声，得到了 CBF 的离散模型表达：

$$F=F_p\otimes S+n \tag{3-13}$$

式中，S为信源的功率分布；F为波束功率；F_p为波束图，也称为点扩散函数；n为噪声；$\otimes$为卷积运算符号。则迭代 R-L 算法可以写成如下形式：

$$\hat{S}_{k+1}=\hat{S}_k\left(F_p*\frac{F}{F_p\otimes\hat{S}_k}\right)\equiv\psi(\hat{S}_k) \tag{3-14}$$

式中，$\hat{S}_k$ 表示对 S 估计的第 k 次迭代结果；$*$ 表示相关运算；$\psi(\cdot)$ 称为 R-L 函数。利用上述的递推表达式即可实现解卷积运算。文献[7]中提出了一种快速加速 R-L 算法，步骤如算法 3-1 所示。可以估算出单次迭代需要的乘法次数为 $8N\log_2 N+12N$、需要的除法次数为 $2N+1$、需要的加法次数为 $8N\log_2 N+9N-2$、需要的减法次数为 $2N$。

算法 3-1　快速加速 R-L 算法

初始化：

$\hat{S}_0=F$（或者 $\hat{S}_0=[1,1,\cdots,1]_{N\times 1}^{\mathrm{T}}$），$N$ 为 $\hat{S}_0$ 的元素个数，即波束的个数

$H_p=\mathrm{fft}(F_p)$；计算 F_p 的快速离散傅里叶变换，$\mathrm{fft}(\cdot)$ 表示快速傅里叶变换

for $k=3,4,\cdots$

{

$S_k'=\hat{S}_k+\alpha_k(\hat{S}_k-\hat{S}_{k-1})$；计算 k 时刻 S 的预测值

$\hat{H}_{S_k'}=\mathrm{fft}(S_k')$；计算 S_k' 的快速离散傅里叶变换

$\hat{H}_{F_k'}=H_p\hat{H}_{S_k'}$；计算 F_k' 的快速离散傅里叶变换

$F_k'=\mathrm{ifft}(\hat{H}_{F_k'})$；计算 $\hat{H}_{F_k'}$ 的快速离散傅里叶逆变换，$\mathrm{ifft}(\cdot)$ 表示快速离散傅里叶逆变换

$H_{\mathrm{temp}}=\mathrm{fft}\left(\dfrac{F}{F_k'}\right)$；

$K_{\mathrm{temp}}=\mathrm{ifft}(H_p^*H_{\mathrm{temp}})$；$H_p^*$ 表示 H_p 的共轭

$\hat{S}_{k+1}=S_k'K_{\mathrm{temp}}$；计算 $k+1$ 时刻 S 的 R-L 迭代值

$g_k=\hat{S}_{k+1}-S_k'$；计算 k 时刻 S 的梯度估计

$\alpha_k=\dfrac{g_k^{\mathrm{T}}\cdot g_{k-1}}{g_{k-1}^{\mathrm{T}}\cdot g_{k-1}}$；计算 $k+1$ 时刻的加速因子

}

---

2. 仿真与试验数据处理

1）仿真数据结果

仿真的基本条件为阵元数 $M=100$，阵元间距 $d=\dfrac{\lambda}{2}$，即信号波长的一半，信号频率为 200kHz，目标来波方位角为 0°，信噪比为 40dB 和−10dB，得到 CBF 波束图和 dCv 波束图，如图 3-3 所示。

可以看到由 CBF 得到的波束功率图不仅主瓣很宽，而且有旁瓣泄漏。而通过 dCv 得到的波束功率图其主瓣很窄，没有旁瓣泄漏，几乎是一个冲激函数，这与理论分析是一致的。在信噪比为−10dB 的情况下，dCv 仍然可以在 0°方向上形成一个窄的波束，且它的噪声功率低于 CBF（低 4～5dB）。这是因为在 CBF 中，噪声功率由通道噪声和信号的主瓣泄漏这两个部分构成。而在 dCv 中噪声功率只来自通道噪声，因此减少的 4～5dB 的噪声功率正是由消除了旁瓣泄漏带来的。

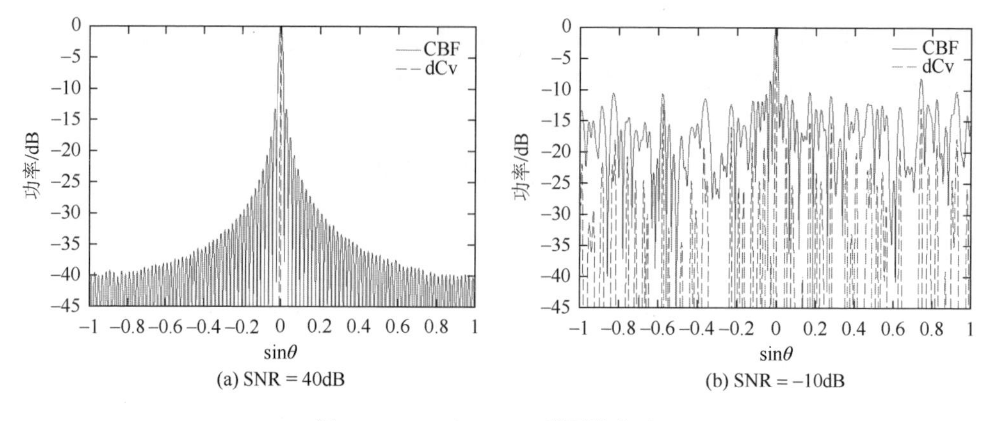

图 3-3　CBF 与 dCv（彩图附书后）

在上述仿真条件的基础上，再加入一个来波方位角为 0.7°的等强度目标，得到图 3-4（a），我们可以看到对于 CBF 来说这两个目标难以分开，成了一个目标，而 dCv 则可以将它们分开，这验证了 dCv 的分辨力要高于 CBF，图 3-4（b）为局部放大图。

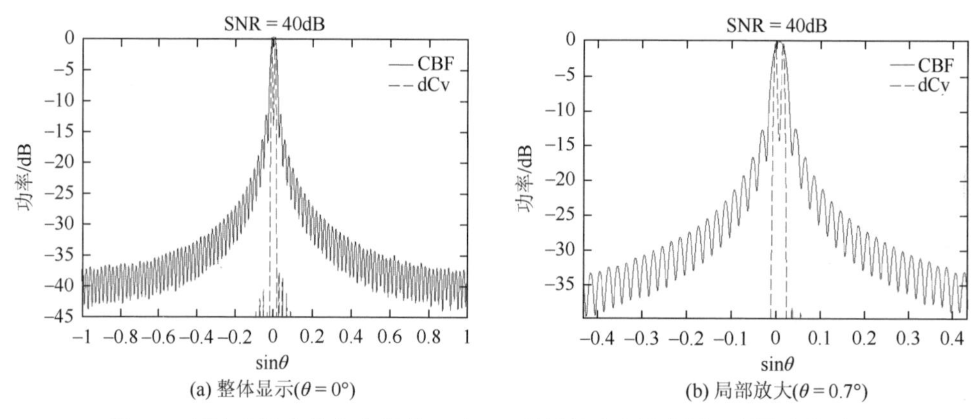

图 3-4　两个来波方位角分别是 0°和 0.7°的目标功率波束图（彩图附书后）

2）高频声呐试验数据结果

本节使用的试验数据由 Kongsberg 公司的 M3 多波束图像声呐采集得到。其工作频率为 500kHz，发射脉宽为 20μs。试验环境为全消声水池，试验使用的 Kongsberg M3 多波束声呐及两个目标小球如图 3-5 所示。

试验中将两个目标小球放置在多波束声呐的水平正前方 3m 处的位置，让两者的几何中心相隔约 30cm，得到的二维成像结果如图 3-6 所示。其中，图 3-6（a）为声呐显控软件输出的图像，可以看到两个目标在软件上显示的只有一个目标，无法区分开；图 3-6（c）为利用原始数据通过 CBF 得到的二维图像，图 3-6（d）

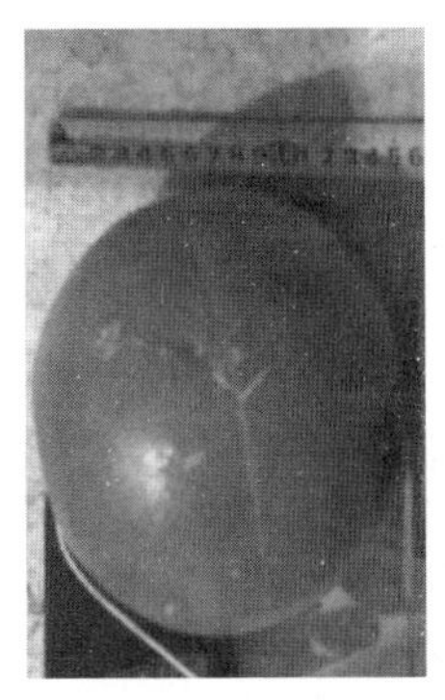

图 3-5　试验使用的 Kongsberg M3 多波束声呐及两个目标小球

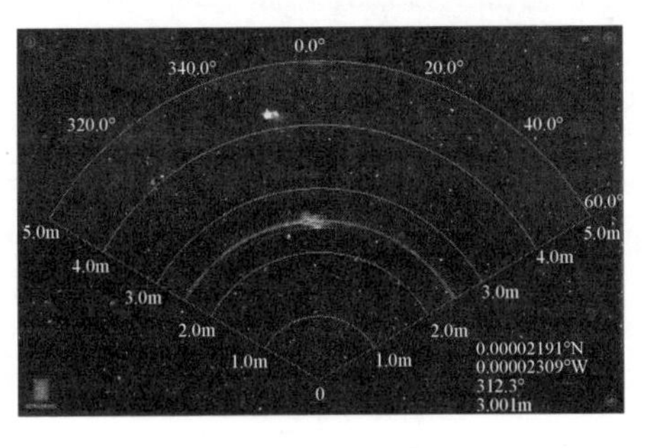

(a) 声呐显控软件输出的图像

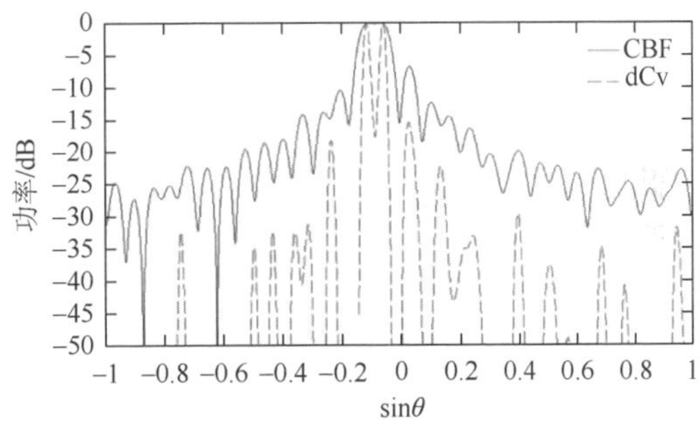

(b) 自两个目标距离处的波束功率

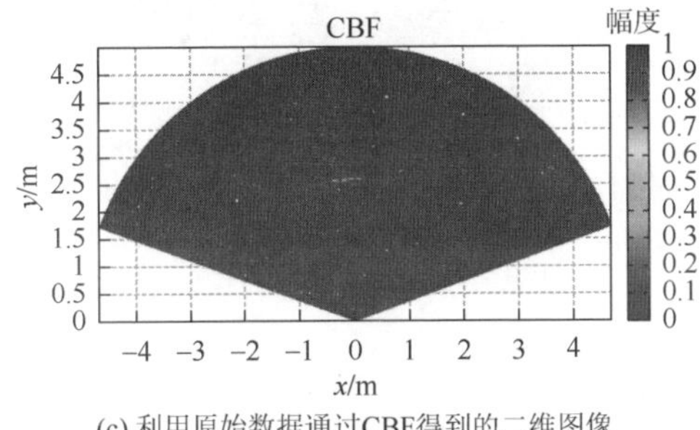

(c) 利用原始数据通过CBF得到的二维图像

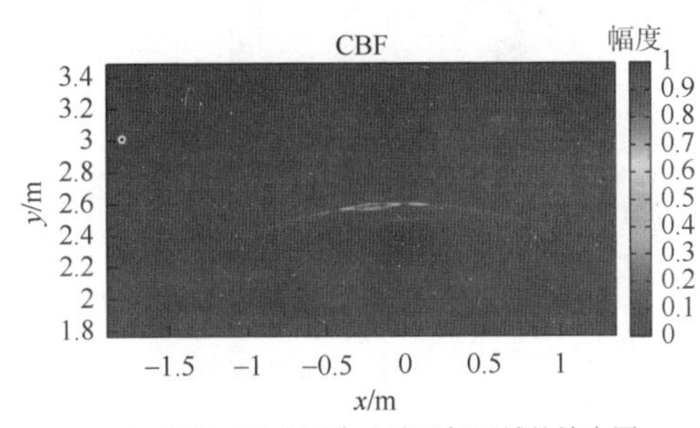

(d) 对图3-6(c)中两个小球目标区域的放大图

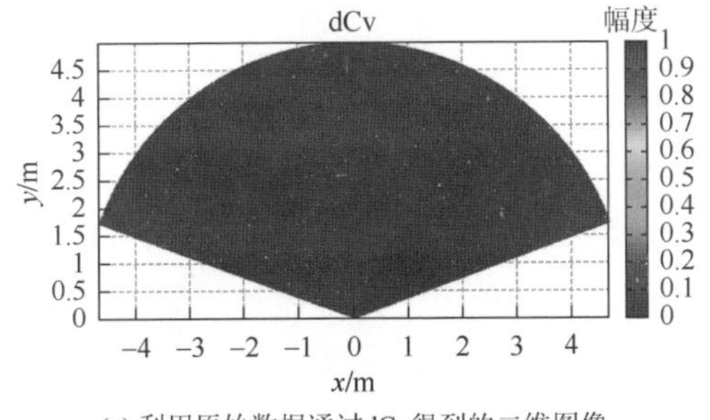

(e) 利用原始数据通过dCv得到的二维图像

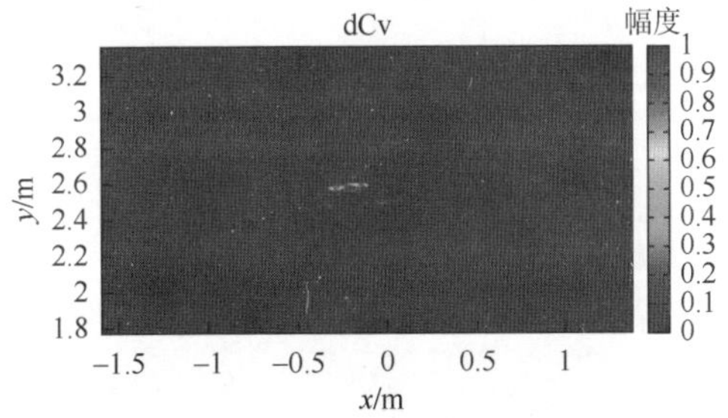

(f) 对图3-6(e)中两个小球目标区域的放大图

图 3-6　M3 多波束声呐对两个目标小球的二维成像结果

为对图 3-6（c）中两个小球目标区域的放大图，可以看到两个小球目标也无法被区分开；图 3-6（e）为利用原始数据通过 dCv 得到的二维图像，图 3-6（f）为对图 3-6（e）中两个小球目标区域的放大图，可以看到两个小球目标已经被完全区分开。我们将由 CBF 和 dCv 得到的在目标距离处的波束图展示在一张图中，如图 3-6（b）所示，可以看到 CBF 只有一个很宽的主瓣，对应的二维图像中就只有一个目标，而 dCv 则有两个窄的主瓣，对应的二维图像中有两个目标，这表明解卷积的方位分辨力要优于 CBF，这一结论与仿真试验是一致的；再来看旁瓣，很明显 dCv 的旁瓣更低，低了约 7dB，且 CBF 图像中的弧形亮旁瓣在 dCv 的图像中不见了。

图 3-7 为 M3 多波束声呐对湖底两个靠近小球的二维成像结果，图 3-7（a）展示了使用 CBF 得到的湖底成像图，是一个上凸的弧形，可以大致推测实际的地形是一个相对平坦的地形，在弧形的顶部所在波束的主瓣最强，旁瓣泄漏很明显。如果该旁瓣的强度比其在同一波束角上下方的真实回波还要强（这种情况一般会出现在大角度的情况下），那么使用能量中心法估计的 TOA 将会误判是该旁瓣处的，这就会导致隧道效应测深假象；而从图 3-7（b）可以看出，使用 dCv 得到的湖底成像图较好地抑制了旁瓣泄漏，有利于避免隧道效应测深假象情况的发生。

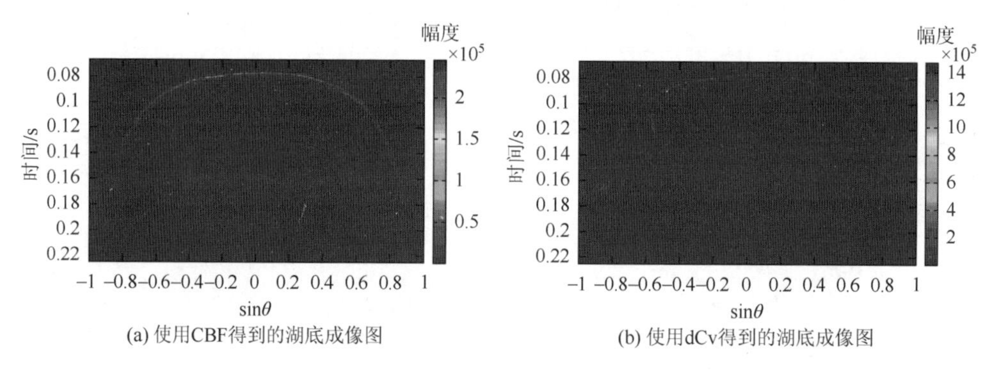

(a) 使用CBF得到的湖底成像图　　(b) 使用dCv得到的湖底成像图

图 3-7　M3 多波束声呐对湖底两个靠近小球的二维成像结果（彩图附书后）

3.1.3　二维解卷积波束形成

平面阵型是常见的水下二维阵列，可用于对目标二维 DOA 的估计及三维空间定位等，与一维 dCv 类似，可以用二维 R-L 解卷积的算法来对二维 CBF 的结果进行解卷积处理。本节在常规平面阵波束形成基础上，给出二维快速 dCv 算法[8]。

1. 二维解卷积波束形成原理

平面阵及空间二维波束形成示意图如图 3-8 所示。

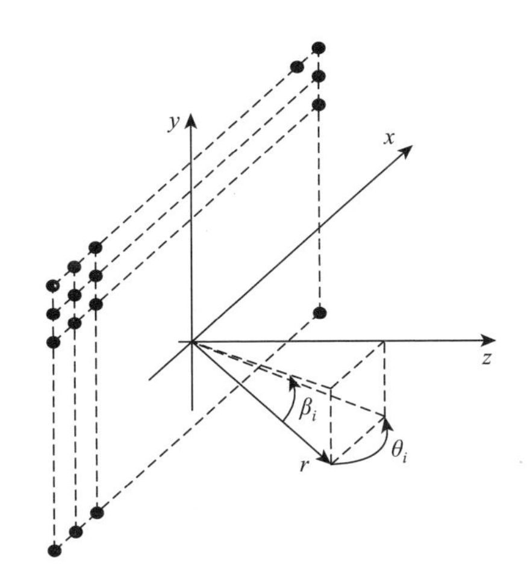

图 3-8　平面阵及空间二维波束形成示意图

对于一个 $M\times N$ 元的平面阵，参照式（3-11），可以写出二维阵 CBF 波束表达式如下：

$$B(\sin\theta,\sin\beta)=$$
$$\sum_{i=1}^{K}\langle|S_i|^2\rangle\times\left|\frac{\sin c[\pi M(\mathrm{d}x/\lambda)(\sin\theta_i-\sin\theta)]}{\sin c[\pi(\mathrm{d}x/\lambda)(\sin\theta_i-\sin\theta)]}\right|^2\times\left|\frac{\sin c[\pi N(\mathrm{d}y/\lambda)(\sin\beta_i-\sin\beta)]}{\sin c[\pi(\mathrm{d}y/\lambda)(\sin\beta_i-\sin\beta)]}\right|^2 \tag{3-15}$$

式中，θ_i 与 β_i 的定义如图 3-8 所示。参照式（3-12），有

$$B(\sin\theta,\sin\beta)=\int_{-1}^{1}\int_{-1}^{1}B_p(\sin\theta-\sin\alpha,\sin\beta-\sin\gamma)S_p(\sin\alpha,\sin\gamma)\mathrm{d}(\sin\alpha)\mathrm{d}(\sin\gamma) \tag{3-16}$$

式中

$$B_p(\sin\theta,\sin\beta)=\left|\frac{\mathrm{sinc}[\pi M(\mathrm{d}x/\lambda)\sin\theta]}{\mathrm{sinc}[\pi(\mathrm{d}x/\lambda)\sin\theta]}\right|^2\times\left|\frac{\mathrm{sinc}[\pi N(\mathrm{d}y/\lambda)\sin\beta]}{\mathrm{sinc}[\pi(\mathrm{d}y/\lambda)\sin\beta]}\right|^2 \tag{3-17}$$

称为二维的波束图函数，式（3-17）只与阵元数、横纵阵元间距、波长有关，即对于一个确定的平面阵来说，此函数是确定的。

$$S_p(\sin\theta,\sin\beta)=\sum_{i=1}^{K}[\langle|S_i|^2\rangle\delta(\sin\theta-\sin\theta_i)\delta(\sin\beta-\sin\beta_i)] \tag{3-18}$$

式（3-18）为目标的回波信号功率分布函数，可以看到它是由若干个二维冲激函数构成的，不同方位角的目标对应一个二维冲激函数。因此，二维平面阵的 CBF 可以看成信号的方位冲激函数与平面阵的波束图函数卷积的结果，依然可以采用解卷积的算法来得到高分辨的波束形成结果。

算法 3-2 给出了二维加速快速 R-L 算法。此时的 g_k 是矩阵，而在一维的情况

下 g_k 为列向量，所以要对 α_k 的表达式做一下更改，我们先考察当 g_k 是列向量时 $g_{k-1}^{\mathrm{T}} \cdot g_{k-2}$ 表达的意思，很显然这一步求的是 g_{k-1} 和 g_{k-2} 的对应元素相乘然后求和，即两个向量的点乘。所以当 g_k 为矩阵时，对应的应该变成 $\mathrm{tr}(g_{k-1}^{\mathrm{T}} \cdot g_{k-2})$，它表达的是矩阵 g_{k-1} 和 g_{k-2} 的对应元素相乘然后求和。所以有

$$\alpha_k = \frac{\mathrm{tr}(g_{k-1}^{\mathrm{T}} \cdot g_{k-2})}{\mathrm{tr}(g_{k-2}^{\mathrm{T}} \cdot g_{k-2})} \tag{3-19}$$

算法 3-2　二维加速快速 R-L 算法

初始化：

$\hat{S}_0 = F \left(或者 \hat{S}_0 = \begin{bmatrix} 1 & 1 & \cdots & 1 \\ 1 & 1 & \cdots & 1 \\ \vdots & \vdots & & \vdots \\ 1 & 1 & \cdots & 1 \end{bmatrix}_{M \times N} \right)$，$M$ 为矩阵 $\hat{S}_0$ 的行数，N 为矩阵 $\hat{S}_0$ 的列数

$H_p = \mathrm{fft2}(F_p)$；计算 F_p 的二维快速傅里叶变换，$\mathrm{fft2}(\cdot)$ 表示二维快速傅里叶变换

for $k = 3, 4, \cdots$

{

$S_k' = \hat{S}_k + \alpha_k(\hat{S}_k - \hat{S}_{k-1})$；	预测 k 时刻的 S 值
$\hat{H}_{S_k'} = \mathrm{fft2}(S_k')$；	计算 S_k' 的二维快速傅里叶变换
$\hat{H}_{F_k'} = H_p \hat{H}_{S_k'}$；	计算 F_k' 的二维快速傅里叶变换
$F_k' = \mathrm{ifft2}(\hat{H}_{F_k'})$；	计算 $\hat{H}_{F_k'}$ 的二维快速傅里叶逆变换，$\mathrm{ifft2}(\cdot)$ 表示二维快速傅里叶逆变换
$H_{\mathrm{temp}} = \mathrm{fft2}\left(\dfrac{F}{F_k'}\right)$；	
$K_{\mathrm{temp}} = \mathrm{ifft2}(H_p^* H_{\mathrm{temp}})$；	H_p^* 表示 H_p 的共轭
$\hat{S}_{k+1} = S_k' K_{\mathrm{temp}}$；	估计 S 在时刻 $k+1$ 的值
$g_k = \hat{S}_{k+1} - S_k'$；	计算 S 在时刻 k 的梯度值
$\alpha_{k+1} = \dfrac{\mathrm{tr}(g_k^{\mathrm{T}} \cdot g_{k-1})}{\mathrm{tr}(g_{k-1}^{\mathrm{T}} \cdot g_{k-1})}$；	计算 $k+1$ 时刻的加速因子

}

2. 仿真与试验数据处理

1）仿真数据结果

仿真的基本条件是信号频率为 300kHz，平面阵阵元数为 64×64，水平与垂直方向阵元间距均为半波长，信噪比为 40dB。首先仿真垂直于平面阵方向的单目标，目标距离平面阵 7m，分别进行二维 CBF 和二维 dCv，并取出位于 7m 处的切片，该切片对应的是空间中以平面阵为球心、半径为 7m 的半球表面。我们取出目标在该半球表面的局部成像结果，得到了图 3-9（a）和（b）。图 3-9（a）是二维 CBF 的成像结果，图 3-9（b）是二维 dCv 的成像结果，很明显二维 CBF 使得单个目标

变得粗大模糊，这正是由平面阵有限的长度（M）和宽度（N）（有限的面积）导致平面阵的波束图主瓣不够窄造成的，然后我们对它进行二维 dCv，经过 20 次的迭代，可以看到原本粗大模糊的目标变得细小清晰，原来的目标尺寸约为 0.2m×0.2m 变成了现在的约为 0.05m×0.05m，并且旁瓣显著降低。为了更好地展示细节，我们在以目标所在的位置处水平方向取出一组波束功率图［图 3-9（c）］，在垂直方向上取出一组波束功率图［图 3-9（d）］，对于图 3-9（c）我们看到在水平一维的方向上二维 dCv 得到的主波束角要比二维 CBF 得到的窄一些，只有二维 CBF 的 1/4，且二维 dCv 几乎没有旁瓣，这与理论分析一致。对于图 3-9（d），它和图 3-9（c）的情况是一致的。这是因为单个目标的波束功率理论表达式关于变量 $\sin\theta$ 和 $\sin\beta$ 是独立、可分离的，且关于 $\sin\theta$ 的函数表达式与关于 $\sin\beta$ 的函数表达式是一样的。

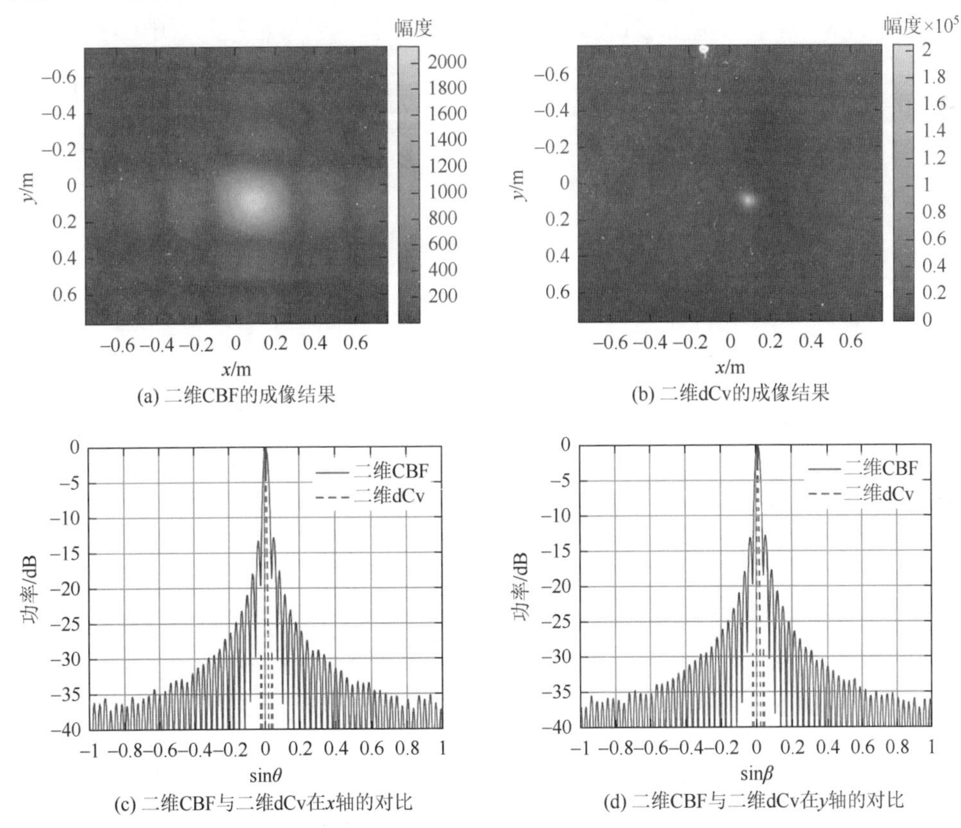

(a) 二维CBF的成像结果　(b) 二维dCv的成像结果

(c) 二维CBF与二维dCv在x轴的对比　(d) 二维CBF与二维dCv在y轴的对比

图 3-9　仿真数据的单目标 CBF 与 dCv 波束形成对比

然后仿真了两个在水平方向上紧靠的目标，两个目标距离平面阵仍为 7m，和单目标一样，取出 7m 处的切片，得到了图 3-10。对于图 3-10（a），可以看到由二维 CBF 得到的成像结果只有一个粗大的亮点，两个目标无法被分开，而对于二维 dCv，如图 3-10（b）所示，这两个目标仍然可以被分开，这证明了二维 dCv 具有更高的分辨力。对于目标所在位置的水平方向的波束图，如图 3-10（c）所示，可以看到由二维 CBF 得到曲线只有一个比较宽的峰，无法分辨这两个目标，而由二维 dCv 得到的曲线有两个窄峰，可以将两个目标分开；对于目标所在位置的垂直方向的波束功率图，如图 3-10（d）所示，由于两个目标的垂直角度相同，因此二维 CBF 和二维 dCv 的曲线都只有一个尖峰，但由二维 dCv 得到的峰更窄，这和单目标情况是一致的。

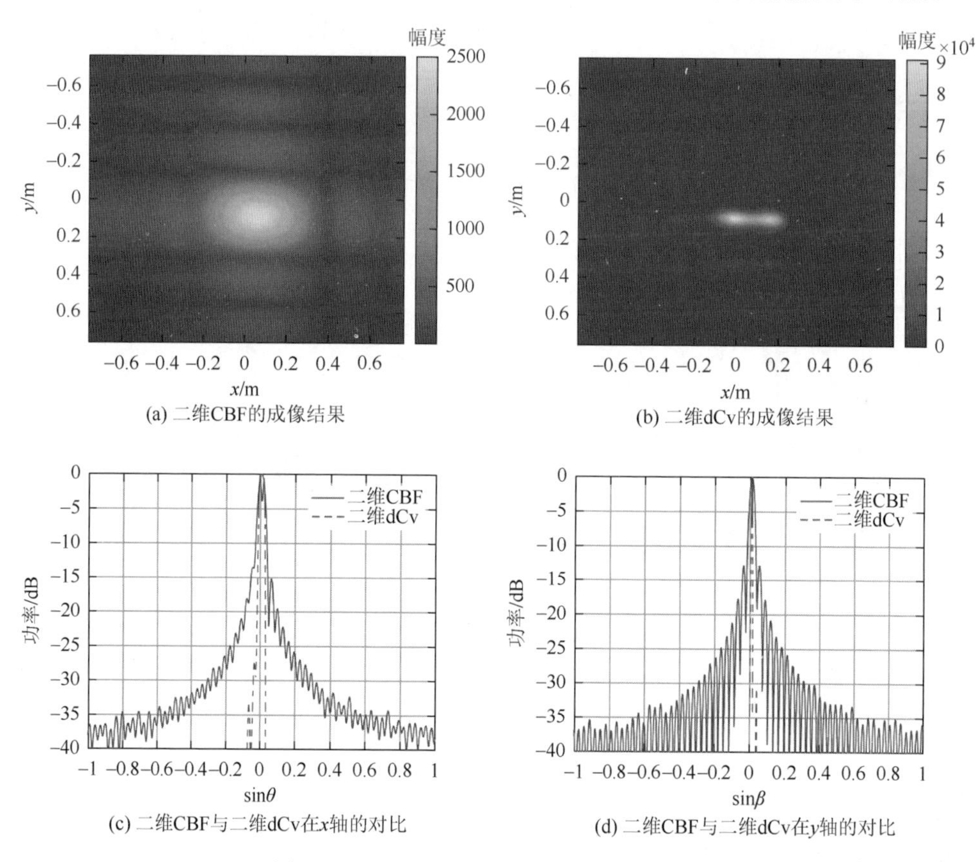

图 3-10　双目标 CBF 与 dCv 波束形成对比

2）高频声呐试验数据结果

鉴于多通道实孔径平面接收阵工程的复杂性，为了获取平面接收阵试验数据，在试验中借鉴了合成孔径声呐的思路，用一条直线阵通过精确地控制垂直方向（与直线阵方向垂直的方向）的位移来模拟出一个平面阵，每次垂直移动的位移恒定，每移动一次，发射一次，采集一次，并把该位置的数据作为当前平面阵对应位置的原始数据，如此移动多次，近似得到一次探测的平面阵数据。由于每次垂直移动的距离很小（相对于目标的距离来说），因此可以认为每次发射阵发射的声波所产生的回波声场是一样的。如图 3-11 所示，黑色加粗的表示直线阵当前在模拟平面阵中的位置。试验用的移动装置位移精度可达0.01mm，而试验信号的波长为5mm，根据前面基元位置误差对成像结果的仿真分析可以认为试验用的移动装置位移精度能够满足试验的要求。

试验的基本条件为水平阵元数64，阵元水平间距 $dx = 2.5\text{mm}$（即横向间距），纵向间距 $dy = 2\text{mm}$（即水平阵纵向移动的间距），每组数据纵向移动64次，从而模拟出一个64×64基元的平面阵，平面阵的平面与池底平面平行，采用CW信号，信号频率为300kHz，脉宽为0.1ms。试验用的滑台装置如图3-12所示，试验场景简图如图3-13所示。

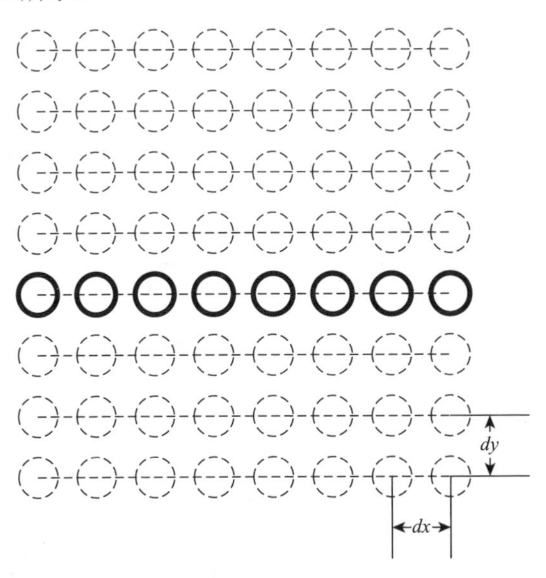

图3-11　利用直线阵移动合成平面阵

图3-12　试验用的滑台装置

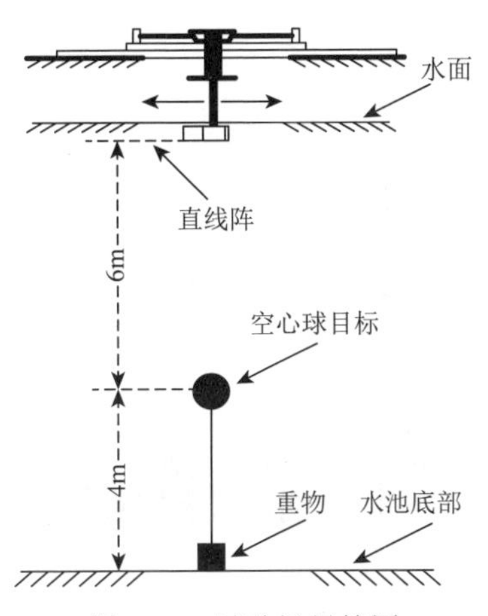

图3-13　试验场景简图

在试验中，将两个直径为200mm的空心塑料球紧挨着固定在一起，如图3-14所示，放置在平面阵的正下方约6m处，两球的球心连线方向与平面阵所在的平面平行。取小球回波到达的时间片进行成像，得到了图3-15所示的结果。图3-15（a）是由二维CBF得到的成像结果，可以看到两球在垂直方向上已经不能被分开，而对于图3-15（b），其为二维dCv的成像结果，二维dCv可以在垂直方向上将两个球目标分开，这说明二维dCv的分辨力要高于二维CBF，这与仿真试验和理论分析一致。图3-15（c）为在两个小球球心连线的中点位置水平方向上取出的一维波束图，很明显二维dCv的曲线主瓣比二维CBF的曲线主瓣更窄，这与理论和仿真分析是一致的；旁瓣级至少降低了5dB，这里的旁瓣主要是由试验环境的随机噪声带来的。图3-15（d）为在两个小球球心连线的中点位置垂直方向上取出的一维波束图，二维CBF得到的曲线有一个很宽的主瓣，不能将两个小球目标区分开来，而二维dCv得到的曲线将宽的主瓣分成了两个窄的主瓣，从而将两个小球区分开来，具有更高的分辨力。

图3-14　试验用目标

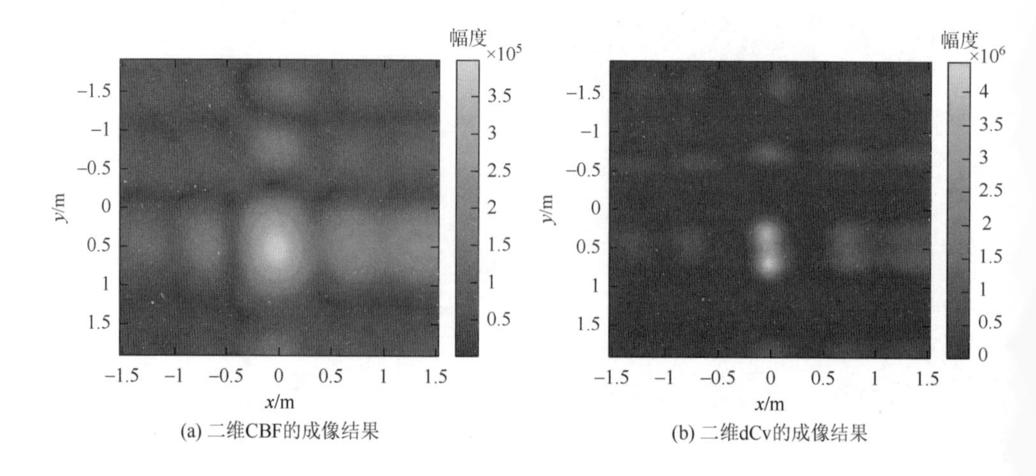

(a) 二维CBF的成像结果　　(b) 二维dCv的成像结果

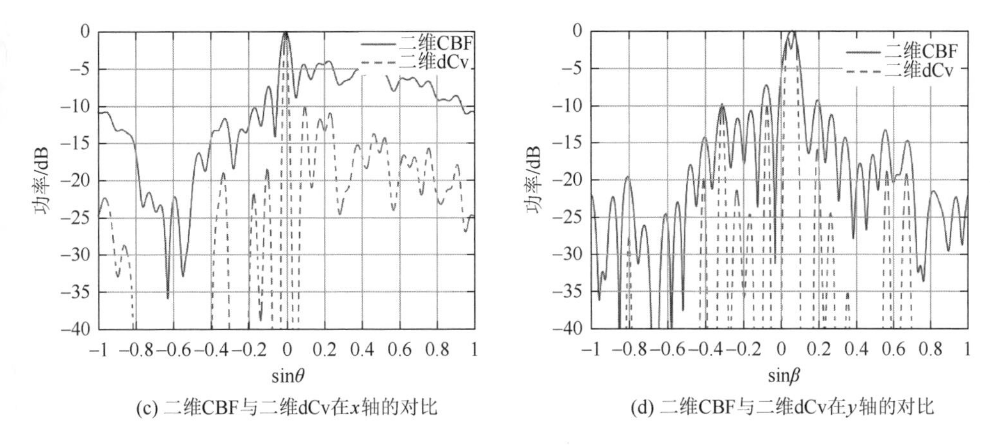

(c) 二维CBF与二维dCv在x轴的对比　(d) 二维CBF与二维dCv在y轴的对比

图3-15　试验数据的双目标CBF与dCv波束形成对比

3.2　多波束测深声呐距离向高分辨力处理

多波束测深声呐距离向的高分辨力处理意味着更好的微地形或小目标探测性能，其通常都采用窄CW脉冲作为探测信号，如EM2040的发射脉冲宽度最小可达25μs。但在发射阵最大发射功率确定的情况下，窄脉冲的能量受到了限制。如果采用长CW脉冲作为探测信号，虽然提高了发射能量，达到增加探测距离和扇面的目的，但是却损失了距离分辨力，因此常采用复杂信号，如LFM信号、编码脉冲信号等，如EM2040采用12ms长的LFM信号作为探测信号[3]。虽然探测信号波形较宽，但是复杂信号的有效脉冲宽度与带宽成反比，因而往往也较窄。

另外，新一代的多波束测深声呐在距离向上有其独特的要求，如多次检测功能[9]，在同一个波束方向上能够分辨水中、水底多个不同的回波目标，从而具备更好地表征复杂水下环境的能力。这需要在前面提及的采用窄探测脉冲的基础上，进一步采用具有距离向多目标分辨能力的信号处理技术。

3.2.1　距离向复杂信号脉冲压缩

1. 脉冲压缩原理

在保持信号带宽不变条件下，脉冲压缩方法通过发射大时宽脉冲信号，增大发射信号的平均功率，从而提高声呐的作用距离，采用匹配滤波对接收信号进行处理获取窄脉冲信号，可以有效地解决距离与分辨力的矛盾。

脉冲压缩中的发射波形可以采用相位调制或频率调制方法，使发射脉冲信号的带宽B远大于脉冲宽度T的倒数，而接收信号经过脉冲压缩后的有效时宽τ约

为带宽 B 的倒数，声呐的距离分辨力为 $\delta = Tc/2$，其中 c 表示声速。因此其脉冲压缩比为 BT，也就是说信号的压缩比等于信号的时间-带宽积[10]。由于脉冲压缩技术有较多的优点，已广泛地应用于声呐和雷达系统。其中以线性调频信号的脉冲压缩应用最为广泛，其矩形脉冲信号的数学模型为

$$s(t) = \frac{1}{\sqrt{T}} \mathrm{rect}\left(\frac{t}{T}\right) \mathrm{e}^{\mathrm{j}2\pi(f_0 t + kt^2/2)} = \begin{cases} \dfrac{1}{\sqrt{T}} \mathrm{e}^{\mathrm{j}2\pi(f_0 t + kt^2/2)}, & \left|\dfrac{t}{T}\right| < \dfrac{1}{2} \\ 0, & \text{其他} \end{cases} \tag{3-20}$$

式中，f_0 为载频，即中心频率；T 为脉冲宽度；$k = B/T$ 为调频斜率。其脉冲压缩输出信号的数学表达式如下：

$$y(t) = u(t) \otimes h(t) = \frac{\sin(k\pi Tt)}{k\pi Tt} \exp(-\mathrm{j}k\pi t^2) \tag{3-21}$$

假设 LFM 信号的 f_0 为 180kHz，B 为 20kHz，T 为 8ms，其包络的实部如图 3-16（a）所示，经过脉冲压缩后结果如图 3-16（b）所示。

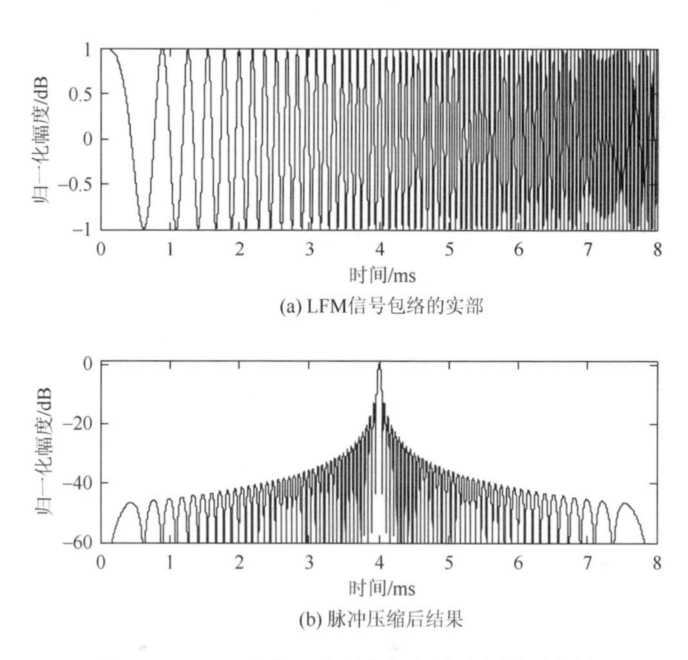

图 3-16　LFM 信号包络的实部和脉冲压缩后结果

2. 多波束测深声呐脉冲压缩技术特点

为了提高海底地形测量质量，多波束测深声呐对其采用的 LFM 信号参数有特殊要求，下面从参数对测深质量定量影响的角度讨论多波束测深声呐中的探测波形要求。

基线解相干[11, 12]指出在相位检测法测深中，在瞬时足印内其他散射目标的影响将会导致所测量角度的不确定性，如图 3-17 所示，瞬时足印范围 Δx 为

$$\Delta x = \frac{cT}{2\sin\theta_0} \tag{3-22}$$

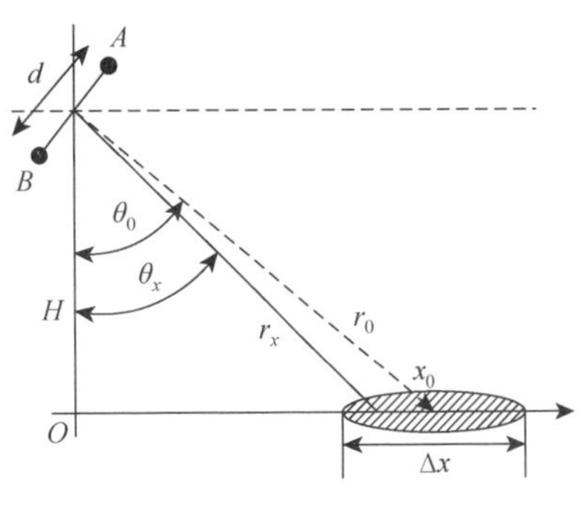

图 3-17　基线解相干示意图

式中，c 为声速；T 为发射信号时长；θ_0 为目标相对基阵的角度。常规矩形包络的 LFM 信号经过脉冲压缩，包络的最大旁瓣是−13.2dB，旁瓣电平不理想。而由于 LFM 信号存在旁瓣，经过压缩后的 LFM 信号持续时间比 CW 脉冲长，将会导致相位检测法中两个子阵信号的相干损失[13]，且旁瓣电平越高，持续时间越长，相干损失越大。

理论分析表明，对于相位检测法的相位差，基线解相干可以作为一种噪声干扰电平来对待，两个子阵间的相关系数可以表达为信号包络平方的傅里叶变换中特定位置的归一化值，如式（3-23）[14]所示：

$$\mu = \frac{|\langle S_a S_b^* \rangle|}{\sqrt{\langle S_a S_a^* \rangle \langle S_b S_b^* \rangle}} = \frac{\left| \mathrm{FT}[s^2]\left(\dfrac{f_0 d}{2H} \dfrac{\cos^2\theta_0}{\tan\theta_0} \right) \right|}{\mathrm{FT}[s^2](0)} \tag{3-23}$$

相干系数与相位差噪声水平的关系如式（3-24）所示：

$$\mathrm{Var}(\Delta\phi AB) = \frac{2}{\sqrt{\dfrac{12}{\pi^2} + \rho \left(1 - 0.05 \dfrac{\rho}{\rho+1} \ln\rho \right)}} \tag{3-24}$$

式中，信噪比 $\rho = \dfrac{\mu}{1-\mu}$。

根据式（3-23）和式（3-24）就可以预测出基线解相干对相位检测法中相位的影响，假设 LFM 信号的 f_0 为 180kHz，B 为 20kHz，T 为 8ms，d 为 66.7mm，H 为 50m，分别加矩形窗和汉明窗后进行脉冲压缩，LFM 压缩后的相位噪声水平估计如图 3-18 所示，由图可以看出矩形窗在−20°～20°内相对汉明窗有较低的相位噪声水平，而在外侧汉明窗则有较低的相位噪声水平。究其原因，在−20°～20°内，相位噪声水平主要受主瓣宽度影响，而加汉明窗则使主瓣变宽，相位噪声变大。而在外侧，相位噪声水平主要受旁瓣幅度影响，而加汉明窗则使旁瓣降低，相位噪声变小。而在常规多波束测深仪中，内侧主要采用 WMT 法，到外侧才采用相位检测法，因此选用合适的窗来降低旁瓣是非常必要的。

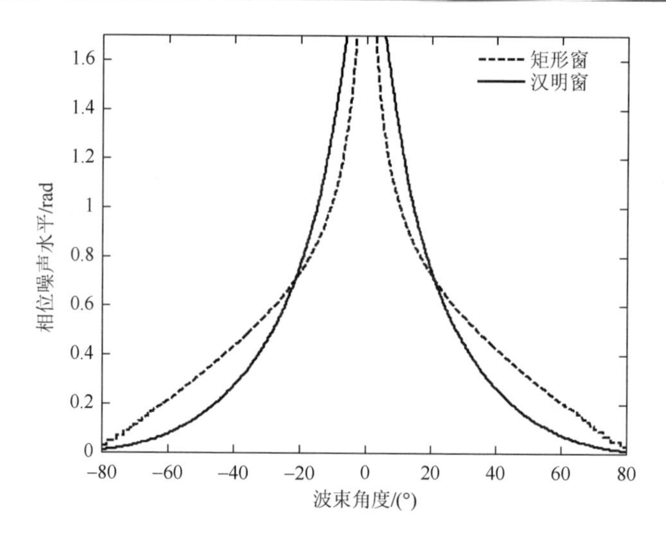

图 3-18　LFM 压缩后的相位噪声水平估计

3. 多波束测深声呐距离向脉冲压缩低旁瓣技术

为了尽可能地降低基于 LFM 脉冲压缩相位检测法的相位噪声水平，需要不断地降低旁瓣电平，因此本节将介绍低旁瓣脉冲抑制技术。为了抑制旁瓣常用的技术为时域加窗技术，而加窗技术实质上是在旁瓣电平、主瓣宽度和信噪比损失来回取舍的技术，为了降低旁瓣，常常会导致主瓣宽度变宽，信噪比损失也会加大。为了找到一个更好的平衡点，对现有的旁瓣抑制技术做一个充分研究，首先定义峰值旁瓣比（peak sidelobe level，PSL）如下：

$$\mathrm{PSL} = 10\lg\frac{\text{最大旁瓣功率}}{\text{主瓣峰值功率}} \tag{3-25}$$

常用的旁瓣抑制能力较好的窗函数有汉明窗、布莱克曼（Blackman）窗、切比雪夫（Chebyshev）窗和凯塞（Kaiser）窗等，图 3-19 给出了各种窗函数的时域波形。将各种窗应用到 LFM 的脉冲压缩中，得到压缩后的时域波形如图 3-20 所示。

其中，凯塞窗可以通过调整 β 值，来直观地反映主瓣宽度与旁瓣衰减的交换关系，β 越大，旁瓣抑制能力越强，主瓣宽度相应越宽。其表达式如下：

$$\omega(t) = \frac{I_0\left(\beta\sqrt{1-[1-2n/(N-1)]^2}\right)}{I_0(\beta)} = \frac{I_0\left[\beta\sqrt{1-(1-n/\alpha)^2}\right]}{I_0(\beta)} \tag{3-26}$$

式中，$\alpha = (N-1)/2$；β 为波形系数；$I_0(x)$ 是零阶贝塞尔函数，其定义为

$$I_0(x) = 1 + \sum_{k=1}^{\infty}\left[\frac{1}{k!}\left(\frac{x}{2}\right)^k\right]^2 \tag{3-27}$$

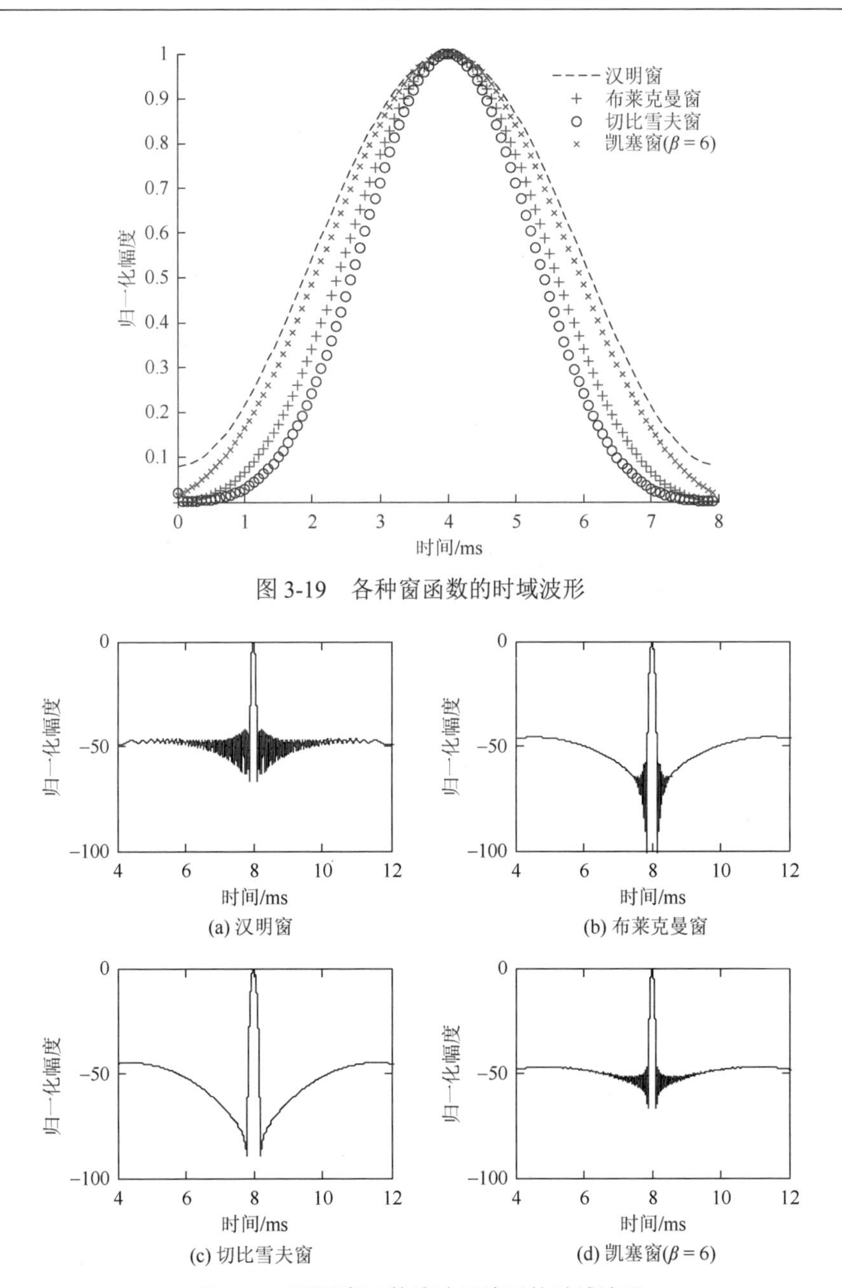

图 3-19　各种窗函数的时域波形

图 3-20　不同窗函数脉冲压缩后的时域波形

为了进一步地抑制旁瓣，更有效的手段是对发射信号和滤波器系数同时加窗处理，如图 3-21 所示。由图 3-21 可以看出，每种技术相对图 3-20 的旁瓣都有所降低，同时可以看出，切比雪夫窗的旁瓣抑制效果最好，但相应的主瓣也变得较宽。

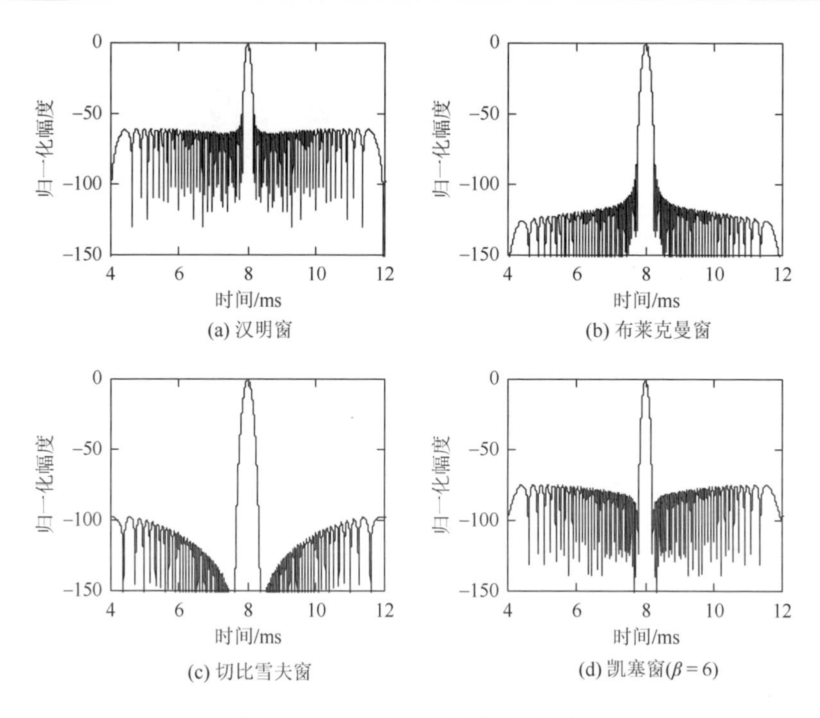

图 3-21　不同窗函数脉冲压缩比较

为了验证脉冲压缩对基线解相干的影响，计算各种脉冲压缩技术的相位噪声水平估计。如图 3-22 所示，汉明窗和凯塞窗（$\beta=6$）相对另外的窗的相位噪声

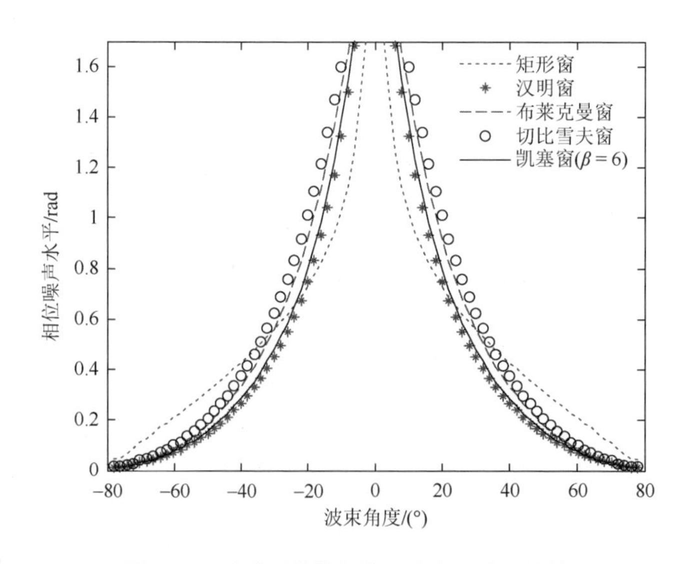

图 3-22　脉冲压缩的相位噪声水平估计比较

水平更小，这是由于每种方法都有着较低的旁瓣，旁瓣影响不再是主要因素，反倒是主瓣宽度成为主要因素。而由表 3-1 可以看出，汉明窗和凯塞窗（$\beta=6$）都有着较低的主瓣宽度，考虑主瓣宽度、旁瓣级和基线解相干等多因素的影响，凯塞窗综合性能相对较好。

表 3-1　各种窗脉冲压缩后的主瓣宽度和 PSL

窗类型	主瓣宽度/ms	PSL/dB
矩形窗	0.6	–13.2
汉明窗	0.121	–49.5
布莱克曼窗	0.156	–85.6
切比雪夫窗	0.178	–97.6
凯塞窗（$\beta=6$）	0.130	–76.9

通过加窗的方法，可以使旁瓣级都达到较低的水平，尽可能地降低边缘波束相位检测法中基线解相干的影响，但也可以看到上述各种旁瓣抑制方法都均是以牺牲主瓣宽度和信噪比为代价的。为了最小化加窗的不利影响，文献[15]提出了可变脉压系数的脉冲压缩处理方法，对中间波束和外侧波束方向的信号施加不同的窗函数，既可以让中间波束有着较高的距离分辨力和信噪比，同时也降低了边缘波束基线解相干的影响。

4. 试验数据验证分析

试验系统发射与接收阵参数和仿真参数一致。水深大约为 50m，基阵面平行于水面放置，分别以 CW 脉冲信号、LFM 信号为探测信号，参数如下所示。

（1）CW 脉冲信号：中心频率为 180kHz，脉冲长度为 0.05ms。

（2）LFM 信号：中心频率为 180kHz，带宽为 20kHz，信号时长为 4ms。

为了方便对比，使两种发射信号的瞬时功率相等。对 CW 脉冲信号的回波信号进行处理，并采用 WMT 法检测地形，结果如图 3-23 所示。在中间波束区域，由于脉冲较窄，信噪比较高，检波结果较好，有较高的距离分辨力。但是，边缘波束由于信噪比降低，WMT 法已经不能正常检测到回波信号。

对 LFM 信号的回波信号进行滤波、常规压缩、IQ 变换和波束形成等处理，并采用 WMT 法检波，结果如图 3-24 所示。对比图 3-23 可以发现，信噪比明显提高。由 WMT 结果可以看出，地形检测性能有较大提高，覆盖范围变大。

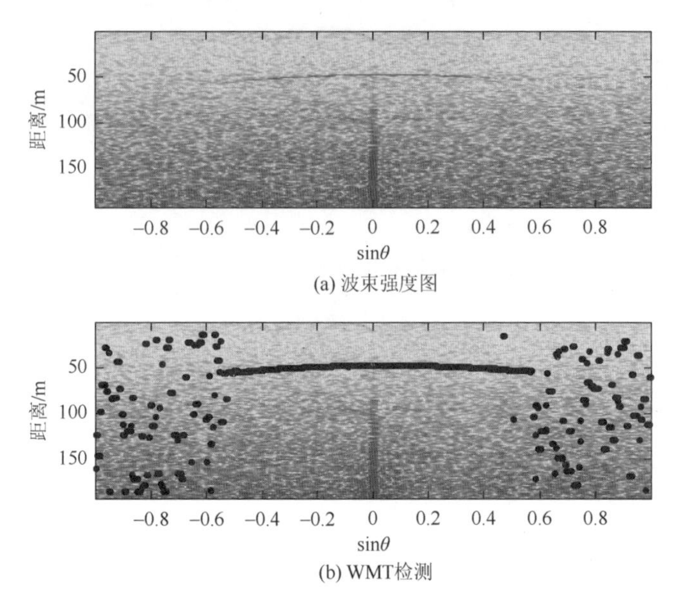

(a) 波束强度图

(b) WMT检测

图 3-23　波束强度图和 WMT 检测结果（CW 脉冲信号）

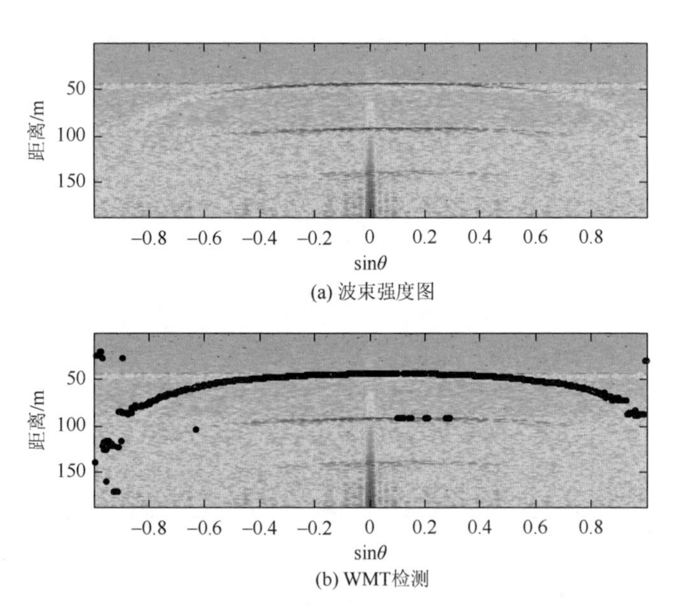

(a) 波束强度图

(b) WMT检测

图 3-24　波束强度图和 WMT 检测结果（LFM 信号）

3.2.2　基于波束幅度的距离向多回波检测

多波束测深声呐可以有效地检测海底地形，但对于同时存在水体目标的多回波环境，常规的底检测算法通常只能在水体目标和海底地形中二择一，不能满足复杂海洋环境测绘需求。针对多波束测深声呐的多回波环境，文献[9]提出了多次检测算法，基于多波束测深声呐波束数据计算阈值并进行预检测，确定目标回波所在区间，然后同时检测水体目标和海底地形，并利用 SeaBat 多波束测深声呐数据对其性能进行检验。其根据水下目标在内的波束数据自动估计检测阈值，从而能够较好地判断有效目标回波并分辨出多个回波。在此基础上，本节介绍一种基于恒虚警（constant false alarm rate，CFAR）检测器的距离向多回波检测法[16]。

1. 多回波检测基本原理

多回波检测算法包括预检测和底检测两部分。预检测是在波束输出的基础上自动计算检测阈值，确定有效的目标回波区间，然后结合底检测算法对目标回波区间进行处理分析，完成对水体中目标和海底目标的检测。底检测和预检测处理相对独立。预检测处理示意图如图 3-25 所示。

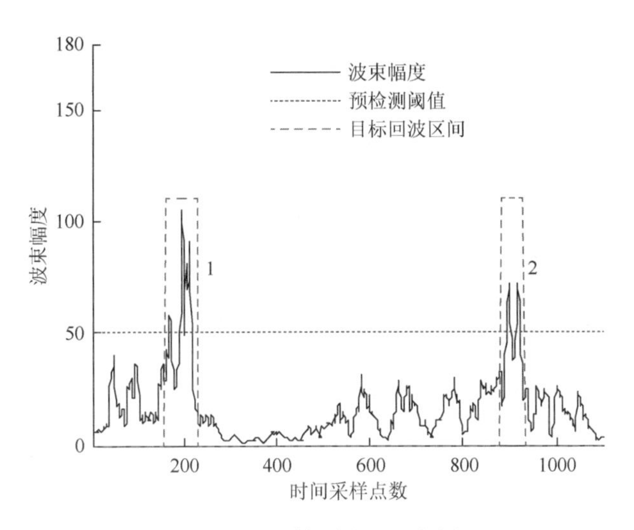

图 3-25 预检测处理示意图

文献[9]提出的多次检测算法基于波束包络计算检测阈值，从而确定预检测区间，计算公式如下：

$$\mathrm{Dmd}=\frac{\max(A)+\dfrac{1}{M}\sum_{i=1}^{M}A_i}{2}+K\cdot\mathrm{dev} \tag{3-28}$$

式中

$$\mathrm{dev}=\frac{\sum_{i=1}^{M}\left|A_i-\dfrac{1}{M}\sum_{i=1}^{M}A_i\right|}{M} \tag{3-29}$$

式中，A 为一个波束的波束幅度；M 为波束总采样点数；K 用于调整阈值大小。上述阈值计算算法，基于全部的波束数据计算阈值，当目标回波时宽占总回波时宽比例发生变化或者背景分布不均匀时，使用该阈值不能稳定地检测目标回波区间。

2. VI-CFAR 检测器

CFAR 检测是根据检测单元附近的背景估计单元自适应地计算检测阈值，保持虚警概率恒定，被广泛地应用于声呐信号检测。单元平均（cell averaging，CA）CFAR 检测器在背景分布均匀的情况下，拥有较好的检测性能，但其在非均匀背景中检测性能下降；有序统计（ordered statistics，OS）CFAR 检测器能够提高干扰目标下检测器的检测性能，并在多波束测深声呐数据处理中得到了应用。OS-CFAR 检测器在已知干扰目标数目时，其检测性能优于 CA-CFAR，但在干扰目标数目未知时，检测性能下降。删除单元平均（censored cell averaging，CCA）CFAR 等自适应 CFAR 检测器通过自动删除背景估计单元中的干扰目标，提高了检测器在干扰目标未知时的适应性，但在其他情况下，有较大的检测损失。变化指数（variability index，VI）CFAR 检测器可以通过判断前沿滑窗和后沿滑窗估计单元的变化性，自适应地选择 CA-CFAR、最大（greatest of，GO）CFAR 和最小（smallest of，SO）CFAR 检测器，提高了检测器在不同环境下的检测性能。根据多波束测深声呐边缘波束目标回波展宽和多回波特点，以及 VI-CFAR 检测器在不同环境良好的适应性，本节使用 VI-CFAR 检测器作为多次检测算法中的预检测算法来提高目标回波检测的有效性和稳定性。

1）VI-CFAR 检测原理

VI-CFAR 检测器检测原理图如图 3-26 所示，图中检测器以平方检波结果作为输入，D 为检测单元，检测单元两边为用于背景噪声功率估计的参考滑窗，参考滑窗与检测单元之间存在长度为 ng 的保护单元防止目标能量进入参考滑窗。

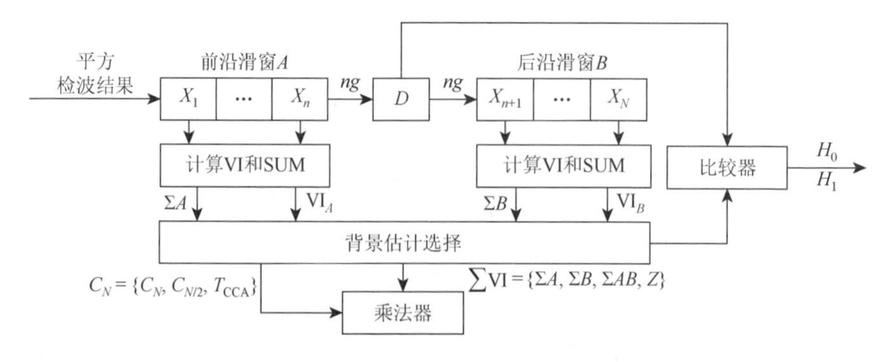

图 3-26　VI-CFAR 检测器检测原理图

VI-CFAR 通过前沿滑窗和后沿滑窗的 VI 和统计均值比（mean ratio，MR）分别与阈值 K_{VI} 和 K_{MR} 进行比较，选择相应背景噪声估计单元 $\sum$VI 和阈值系数 C_N 并计算自适应阈值。如果检测单元的值超过自适应阈值，那么判断为目标存在，用 H_1 表示；反之，判断为目标不存在，用 H_0 表示。

VI 是与估计单元均值 $\hat{\mu}$ 和方差 $\hat{\sigma}^2$ 有关的二阶统计量，其定义为

$$\mathrm{VI}=1+\frac{\hat{\sigma}^2}{\hat{\mu}^2}=1+\frac{1}{n-1}\cdot\sum_{i=1}^{n}(X_i-\bar{X})/(\bar{X})^2 \tag{3-30}$$

为了减少计算量，通常把 VI 的计算简化为 VI*：

$$\mathrm{VI}^*=1+\frac{\hat{\sigma}^2}{\hat{\mu}^2}=1+\frac{1}{n}\cdot\sum_{i=1}^{n}(X_i-\bar{X})/(\bar{X})^2=n\cdot\sum_{i=1}^{n}(X_i)^2\Bigg/\left(\sum_{i=1}^{n}X_i\right)^2 \tag{3-31}$$

VI 通过与设定阈值 K_{VI} 的比较，将估计单元环境判定为均匀或非均匀，判定方式为

$$\begin{aligned}&\mathrm{VI}<K_{\mathrm{VI}}\Rightarrow\text{环境均匀}\\&\mathrm{VI}\geqslant K_{\mathrm{VI}}\Rightarrow\text{环境非均匀}\end{aligned} \tag{3-32}$$

MR 是前沿滑窗和后沿滑窗的均值比，其定义为

$$\mathrm{MR}=\overline{X_A}/\overline{X_B}=\sum_{i\in A}X_i/\sum_{i\in B}X_i \tag{3-33}$$

式中，$\overline{X_A}$ 与 $\overline{X_B}$ 分别为前沿滑窗和后沿滑窗的均值。MR 通过与设定阈值 K_{MR} 的比较，将两个估计单元判定为相同均值或不同均值，判定公式为

$$\begin{aligned}&1/K_{\mathrm{MR}}\leqslant\mathrm{MR}\leqslant K_{\mathrm{MR}}\Rightarrow\text{相同均值}\\&\mathrm{MR}\leqslant 1/K_{\mathrm{MR}}\text{或}\mathrm{MR}\geqslant K_{\mathrm{MR}}\Rightarrow\text{不同均值}\end{aligned} \tag{3-34}$$

2）VI-CFAR 检测器的阈值计算分类

如表 3-2 所示，VI-CFAR 检测器根据前沿滑窗、后沿滑窗是否均匀和均值是否相同，选择不同的阈值计算法。多波束测深声呐边缘波束回波展宽易导致未知回波长度的目标能量进入前沿滑窗和后沿滑窗。对于目标能量进入参考滑窗的情况，通常可以通过增大保护单元的长度 ng 解决，但这会降低检测器在多回波环境下的性能。CCA-CFAR 检测器根据自动删除原则，剔除参考滑窗中的干扰目标，在干扰未知时拥有更加优秀的检测性能，因此使用 CCA-CFAR 取代 SO-CFAR，提高在前沿滑窗和后沿滑窗均存在未知干扰时的检测性能，同时保持检测器在其他情况下的检测性能。

表 3-2　VI-CFAR 阈值计算选择

前沿滑窗是否均匀	后沿滑窗是否均匀	均值是否相同	VI-CFAR 阈值	等效的检测器
是	是	是	$C_N \cdot \sum AB$	CA-CFAR
是	是	否	$C_{N/2} \cdot \max\left(\sum A, \sum B\right)$	GO-CFAR
是	否	—	$C_{N/2} \cdot \sum A$	CA-CFAR
否	是	—	$C_{N/2} \cdot \sum B$	CA-CFAR
否	否	—	$T_{\mathrm{CCA}} \cdot Z$	CCA-CFAR

3）VI-CFAR 检测器阈值系数的确定

VI-CFAR 阈值系数 C_N、$C_{N/2}$ 和 T_{CCA} 由用于背景噪声功率估计的参考滑窗和虚警概率 P_{fa} 决定。对于表 3-2 第 1 行的情况，VI-CFAR 检测器选择前沿滑窗和后沿滑窗的全部 N 个值估计背景噪声功率，此时阈值系数 C_N 为

$$C_N = (P_{\mathrm{fa}}^{\mathrm{CA}})^{-1/N} - 1 \tag{3-35}$$

对于表 3-2 第 2～4 行的情况，VI-CFAR 检测器选择其中一个参考滑窗用于背景噪声功率的估计，此时阈值系数 $C_{N/2}$ 为

$$C_{N/2} = (P_{\mathrm{fa}}^{\mathrm{CA}})^{-1/(N/2)} - 1 \tag{3-36}$$

表 3-2 第 5 行是前沿滑窗和后沿滑窗均出现未知数目干扰的环境。此时 CCA-CFAR 检测器通过自动删除参考单元内的干扰目标，提升该环境下的检测性能。CCA-CFAR 阈值系数 T_{CCA} 由式（3-37）给出：

$$P_{\mathrm{fa}} = \binom{N}{k} \prod_{j=1}^{k} \left(T_{\mathrm{CCA}} + \frac{N-j+1}{k-j+1} \right)^{-1} \tag{3-37}$$

式中，k 为经过自适应删除干扰目标后剩余估计单元的数目。CCA-CFAR 检测器的背景估计为参考滑窗删除干扰目标后的剩余数值。

3. 试验数据处理与分析

多波束测深声呐发射信号为 0.1ms 的 CW 信号，工作频率为 300kHz，接收波束宽度为 1°，波束数为 256 个。在湖上开展水下气泡泄漏试验。图 3-27 为多波束测深声呐实际数据水体成像结果。

采用 VI-CFAR 检测器进行预检测处理，并对预检测结果做区间合并处理和干扰目标剔除处理，获取目标和海底回波的底检测时间窗。在预检测过程中，取 VI-CFAR 检测器虚警概率 $P_{\mathrm{fa}} = 0.005$，参考单元长度 $n = 311$，保护单元长度 $ng = 24$，$K_{\mathrm{VI}} = 1.6$，$K_{\mathrm{MR}} = 1.4$。40 号波束处理结果如图 3-28 所示，利用 VI-CFAR 检测器估计的检测阈值，能很好地根据背景噪声的起伏自适应地计算检测阈值，达到更有效地检测目标回波的目的。

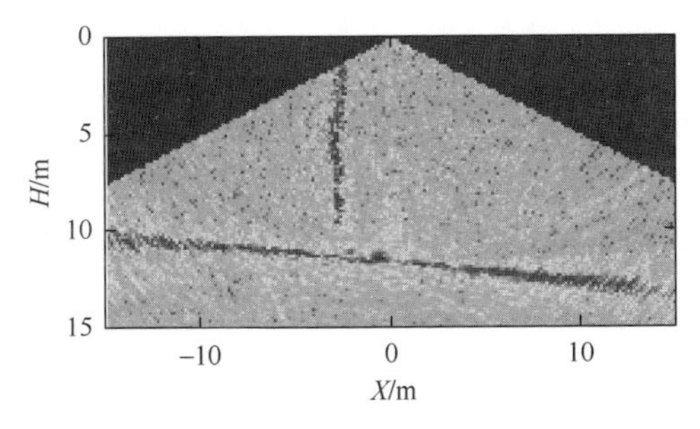

图3-27　多波束测深声呐实际数据水体成像结果

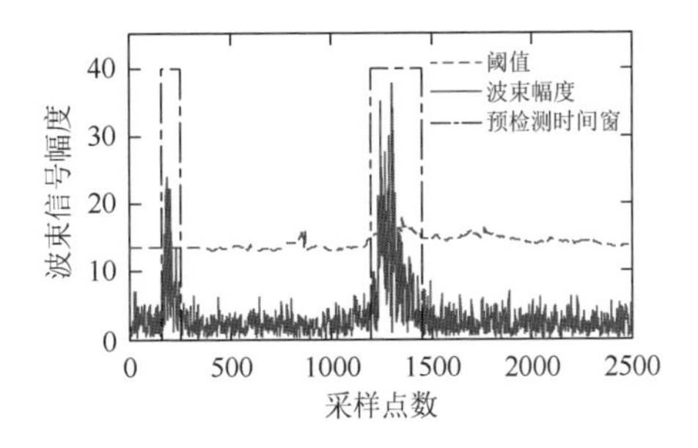

图3-28　40号波束处理结果

图3-29（a）和（b）分别是基于气泡泄漏试验数据波束图像（图3-27）的多次检测处理和底检测处理结果。可见，底检测处理（单次回波）虽然有效地探测到水体中的气泡群目标，但水下地形检测存在缺失，而多次检测处理可以在距离向上将多个目标检测并分辨出来。

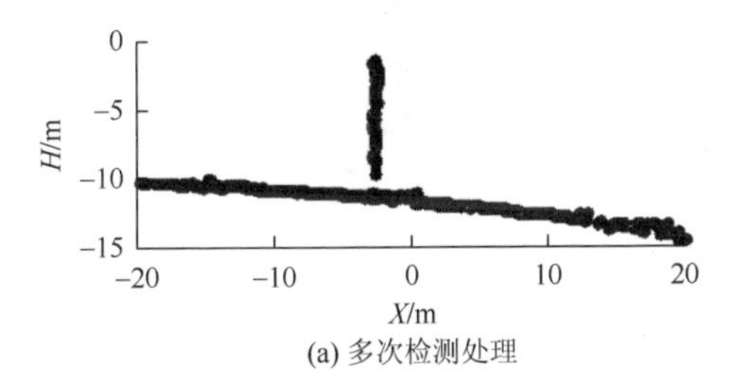

(a) 多次检测处理

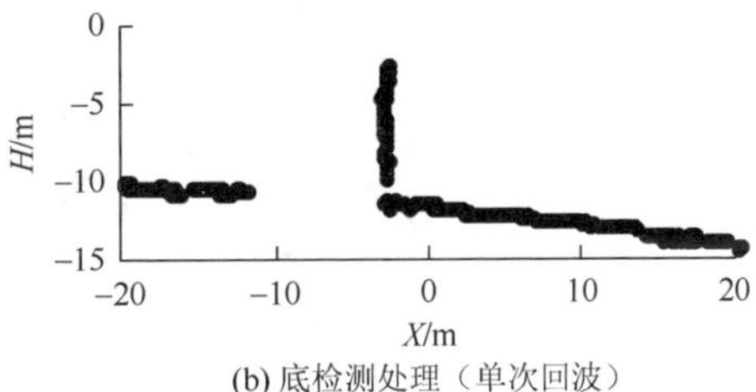

(b) 底检测处理（单次回波）

图3-29　多次检测处理和底检测处理结果

3.2.3　基于谱特征的距离向多回波检测

3.2.2节中介绍了基于波束输出幅度进行阈值自动调整检测的算法，当多个回波的波束输出幅度相当时，该算法是有效的，但是当多个回波幅度悬殊较大时，幅度阈值调整通常难以适应，如图3-30（a）所示的波束图像，其中包括链条和海底目标。23°波束方向上的波形如图3-30（b）所示，水中链条回波幅度与海底回波相差悬殊（30dB），从幅度上难以同时检出，但从链条回波所对应的相位差来看特征明显，希望利用相位差特性将上述两目标同时检测出来。基于此观点本节介绍一种基于信号谱特征的阈值判定算法[17]。

1. 算法原理

以分裂阵相位差海底检测法为例，假设子阵 A 和 B 接收信号分别为 $x_A(t)$ 和 $x_B(t)$，噪声分别为 $n_A(t)$ 和 $n_B(t)$，两者服从圆高斯分布且相互独立，均值为零方差为 σ^2。针对某个角度的回波信号，两个子阵的相位差为 $\Delta\Phi(t)$，则表达式可以写为

$$\begin{cases} x_A(t) = u(t)\mathrm{e}^{\mathrm{j}\Delta\Phi(t)} + n_A(t) \\ x_B(t) = u(t) + n_B(t) \end{cases} \tag{3-38}$$

两子阵信号相干输出为

$$x(t) = x_A(t) \cdot x_B^*(t) = |u(t)|^2\ \mathrm{e}^{\mathrm{j}\Delta\Phi(t)} + n_A(t) \cdot n_B^*(t) + u(t)\mathrm{e}^{\mathrm{j}\Delta\Phi(t)} \cdot n_B^*(t) + u^*(t) \cdot n_A(t) \tag{3-39}$$

根据假设：

$$\begin{cases} E\left(n_A(t) \cdot n_B^*(t)\right) = 0 \\ E\left(u(t) \cdot n_B^*(t)\right) = E\left(u^*(t) \cdot n_A(t)\right) = 0 \\ E\left(x(t)\right) = |u(t)|^2\ \mathrm{e}^{\mathrm{j}\Delta\Phi(t)} \end{cases} \tag{3-40}$$

$$E\left(\left(x(t) - E\left(x(t)\right)\right)\left(x(t) - E\left(x(t)\right)\right)^*\right) = 2\,|u(t)|^2\ \sigma^2 + \sigma^4 \tag{3-41}$$

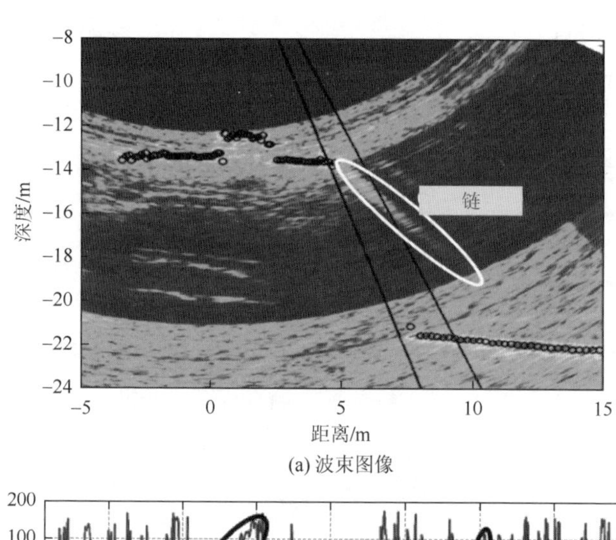

(a) 波束图像

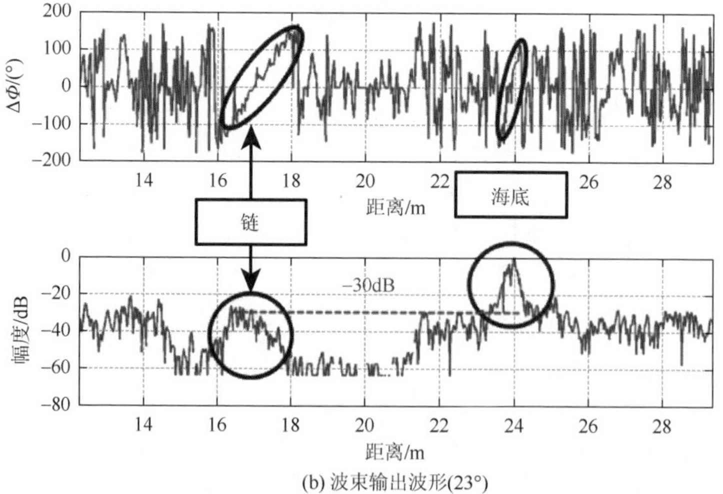

(b) 波束输出波形(23°)

图 3-30　强弱悬殊多回波波束输出[17]

因此，相干输出 $x(t)$ 也可以看成一个含噪信号，其标准差随着信号包络 $|u(t)|$ 的变化而变化。近似可以认为，在相对于包络变化速度足够短的时间间隔内，信号叠加了一个方差稳定的圆高斯噪声，可以表示为

$$x(t)=s(t)+n(t) \tag{3-42}$$

式中，$s(t)=|s(t)|\mathrm{e}^{\mathrm{j}\Delta\Phi(t)}$，在相位差曲线是直线的假设下，$\Delta\Phi(t)=\alpha t+\beta$，$\alpha$ 为相位差曲线的斜率。$|s(t)|$ 可以表示为

$$|s(t)|=\begin{cases}a(t-t_d), & t\in[t_d-T/2,t_d+T/2]\\ 0, & \text{其他}\end{cases} \tag{3-43}$$

式中，$a(t)$ 表示 $\Delta\Phi(t)=0$ 时波束中心的回波形状；$t_d=-\alpha/\beta$ 为相位差曲线过零点时间。实际中，$a(t)$ 的形状主要取决于波束指向性、波束相对于背景目标的入射角、背景目标的形状及波束内部的反射。

$s(t)$ 和 $n(t)$ 的功率谱可以表示为

$$|S_n(f)|^2=\frac{N_0}{2}$$
$$|S_s(f)|^2=\left|A(f)\otimes\operatorname{sinc}\left(\pi\left(f-\frac{\alpha}{2\pi}\right)T\right)\right|^2 \tag{3-44}$$

式中，$\otimes$ 为卷积算子；$A(f)$ 为 $a(t)$ 包络的傅里叶变换；sinc 为辛格函数。

可见，从谱特征上可以区分回波和噪声。在实际中，声呐采集的回波信号是时宽有限的数字信号，因此需要利用功率谱估计器。

经典的功率谱估计器基于离散傅里叶变换（discrete Fourier transform，DFT），可以利用滑动窗选择 N 个样本并利用 DFT 运算进行时频分析。在每个时刻都可以得到信号的频谱，其频率分辨率取决于信号样本数 N。表达式为

$$S(k)=\sum_{n=0}^{N-1}s(n)\mathrm{e}^{2\mathrm{i}\pi k\frac{n}{N}},\quad 0\leqslant k<N \tag{3-45}$$

假设采样率为 f_{sample}，则谱的频率分辨率为 f_{sample}/N（矩形窗），该分辨率定义了能够区分的两个幅度相当的无噪正弦信号的最小频差。此处，目的不是为了区分相干输出信号 $s(t)$ 中有几个频率成分，而是为了分辨时间上不连贯的多个目标回波。

对回波进行等效带宽分析，谱中心频率 f_x 可以由谱能量中心获得，将信号 $s(t)$ 的等效带宽 Δf 定义为基带归一化谱能量的二阶矩（如果存在），可得

$$S_x(f)=\frac{1}{T}\mathrm{FT}(x)(f) \tag{3-46}$$

式中，FT 表示傅里叶运算，从而得到

$$f_x=\frac{E\left(\int|S_x(f)|^2 f\mathrm{d}f\right)}{E\left(\int|S_x(f)|^2\mathrm{d}f\right)}$$

$$\Delta f_x^2 = \frac{E\left(\int |S_x(f)|^2 (f - f_x)^2 \mathrm{d}f\right)}{E\left(\int |S_x(f)|^2 \mathrm{d}f\right)} \tag{3-47}$$

为了能够针对任何类型的信号（特别是白噪声）定义等效频带宽度，可以将有效带宽的计算限制在宽度 F 的频带$[-F/2, F/2]$内，F 可以选择采样率 f_{sample}，因为 DFT 运算可以得到该频带范围内的谱。

利用谱计算的结果来估计有效带宽。用于谱分析的样本窗宽 N，对应了时间间隔 $T = N / f_{\text{sample}}$。时间间隔应该足够短，这样可以使得信号包络 $|s(t)|$ 近似不变，设为常数 A。从而得到

$$|S_n(f)|^2 = \frac{N_0}{2}$$

$$|S_s(f)|^2 = T^2 A^2 \left|\operatorname{sinc}\left(\pi\left(f - \frac{\alpha}{2\pi}\right)T\right)\right|^2 \tag{3-48}$$

式中，$f \in [-F/2, F/2]$。

根据前面假设的噪声统计特性，由噪声决定的中心频率 f_n 和等效带宽 Δf_n（在所考虑的频率间隔内）表示如下：

$$f_n = 0$$

$$\Delta f_n = \frac{F}{\sqrt{12}} \tag{3-49}$$

同理，由信号决定的中心频率 f_s 和等效带宽 Δf_s 近似表示如下：

$$f_s \approx \frac{\alpha}{2\pi}$$

$$\int_{-F/2}^{F/2} |S_s(f)|^2 (f - f_s)^2 \mathrm{d}f \approx A^2 \frac{F^2}{2\pi^2 T}$$

$$\int_{-F/2}^{F/2} |S_s(f)|^2 \mathrm{d}f \approx A^2 F \tag{3-50}$$

式中，α 的单位是 rad/s。在考虑无相位模糊且可能只有几十个点的相位曲线区间情况时，可以认为 $\alpha < 2\pi f_s$。

因此，将式（3-50）代入式（3-47）可以得到

$$\Delta f_s \approx \sqrt{\frac{F}{2\pi^2 T}} \tag{3-51}$$

$$f_x = E\left(\int |S_x(f)|^2 f \mathrm{d}f\right) \approx f_s$$

$$\int_{-F/2}^{F/2} |S_x(f)|^2 (f - f_x)^2 \mathrm{d}f = \int_{-F/2}^{F/2} |S_x(f)|^2 (f - f_s)^2 \mathrm{d}f \approx \frac{N_0}{2} \frac{F^3}{12} + A^2 \frac{F^2}{2\pi^2 T}$$

$$\cdot \int_{-F/2}^{F/2} |S_x(f)|^2 \mathrm{d}f \approx \frac{N_0}{2} F + A^2 F \tag{3-52}$$

设 $d^2=\dfrac{A^2}{N_0/2}$，推导得到完整信号 $x(t)$ 的等效带宽，其可以表示成信噪比和信号采样频率的函数：

$$\Delta f_x=\sqrt{\frac{1}{1+d^2}\left(\frac{f_{\text{sample}}^2}{12}+d^2\frac{f_{\text{sample}}}{2\pi^2T}\right)} \tag{3-53}$$

根据前面假设和模型，本节开展计算机仿真。主要参数为 $f_{\text{sample}}=10\text{kHz}$，$T=7\text{ms}$。结果如图 3-31 所示。

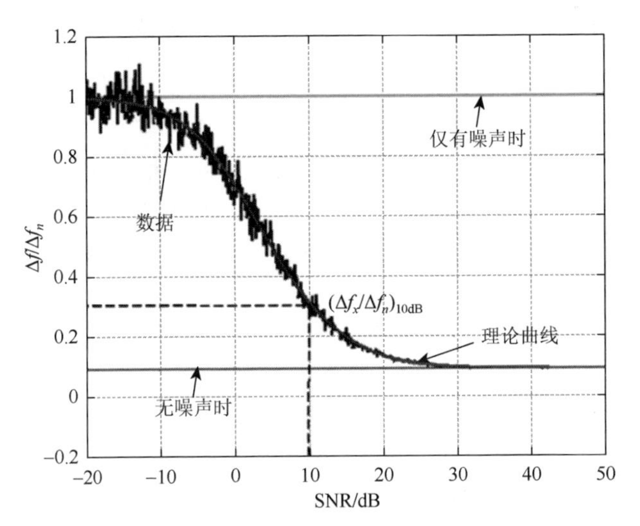

图 3-31　归一化信号等效带宽 $\Delta f/\Delta f_n$ 与 SNR 的关系曲线[17]

图 3-31 中，当接收信号中无噪声时，$d^2\to\infty$，此时利用式（3-48）和式（3-52）得到 $\sqrt{\dfrac{6}{\pi^2 f_{\text{sample}}T}}$。图 3-31 中理论曲线是根据式（3-52）画出的，数据曲线是利用计算机仿真数据计算得到的等效带宽，可见理论曲线和数据吻合度较好。当 SNR 为 10dB 时，此时 $(\Delta f_x/\Delta f_n)_{10\text{dB}}=0.32$。

可见，即使 SNR 相对较低也可以将信号与噪声区分开。当 SNR 为 10dB 时，信号等效频带仅是噪声等效带宽的 1/3，也可以有效地区分噪声，而不必考虑信号幅度。

2. 试验数据处理与分析

以图 3-30（b）中所示的波束输出波形为例，虽然水中链条回波波束输出幅度比海底回波波束输出幅度低了 30dB，但在回波达到时间区域内，这两个目标的相位差曲线特性都很明显（这是基于谱特征的距离向多回波检测法有效的保障，DFT 需要高质量的 $\Delta\Phi(t)$ ）。

由于水中链条回波波束输出幅度比波束输出序列最大值大约低 30dB，因此无法通过常规阈值提取到链条信息。因此，对波束输出进行归一化信号等效带宽的计算，其结果如图 3-32 所示。仅考虑等效带宽大于 10dB 的回波（图 3-32 中 0.32 值附近横线），很显然可以筛选出两个时间段的回波，第一个对应于链条，第二个对应于海底。可见，在这个特殊的例子中，利用信号的谱特征可以实现两个回波的检测，其中一个回波波束输出很弱导致常规的基于幅度门限的检测法失效。利用高质量的相位特性可以获得很好的信噪比，这是通过对回波进行精细的谱分析获得的，由结果可见，潜在的包含目标回波的时间区间被提取出来。

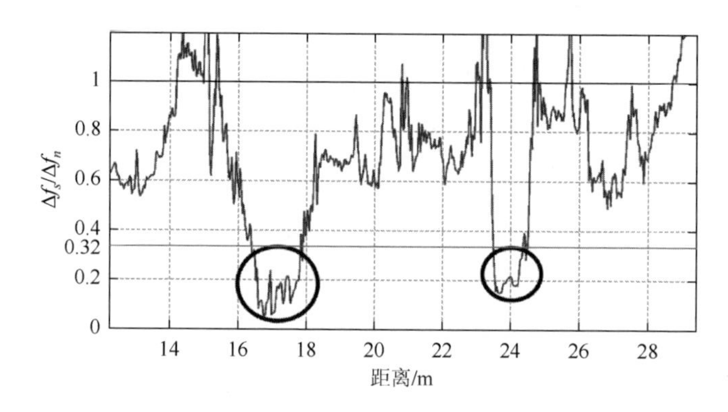

图 3-32　归一化信号等效带宽（包含水中链条目标和水底）[17]

3.3　多波束测深声呐航迹向高分辨力处理

对于侧扫声呐、相干侧扫声呐及多波束测深声呐来说，随着探测距离的增加，其航迹向波束足印都会展宽。为了提高航迹向分辨力，研究人员提出在航迹向对孔径进行虚拟合成形成大孔径，在侧扫声呐基础上发展了常规的合成孔径声呐（synthetic aperture sonar，SAS）、在相干侧扫声呐基础上发展了干涉合成孔径声呐（interferometric synthetic aperture sonar，InSAS），其有效性与优越性都得到了充分的实践验证，也为多波束测深声呐通过航迹向的孔径合成来提高航迹向分辨力提供了启发。

3.3.1　多波束测深声呐航迹向孔径合成原理

声呐航迹向孔径合成的基本原理是通过长度为 D 的小孔径基阵在航迹向上的移动，多次照射探测区域，对接收到的回波信号按照移动位置进行相干累加处理，得到一个虚拟长度为 L 的大孔径接收孔径，从而获得较高的航迹向分辨力。其基本原理示意图如图 3-33 所示。

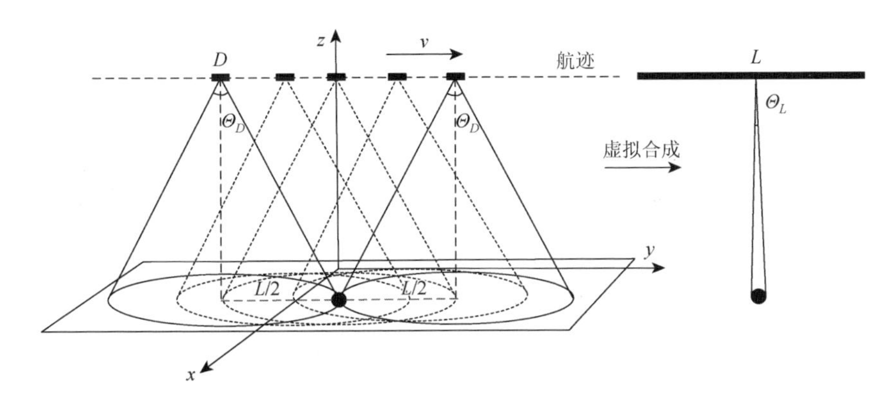

图 3-33　合成孔径声呐基本原理示意图

孔径合成成像算法需要计算在不同采样位置时，各扫描像素点到发射位置和接收位置的距离，从而计算出声波传播时间，补偿不同位置的相位差。对每一个像素点，在不同的采样位置其时延均不同，可以用 $\tau(y)$ 表示。对于不同时刻、不同位置接收到的回波信号，可以表示为 $s(\tau(y),y)$ 。对不同位置的回波信号补偿相位差后积分，即可得到孔径合成成像结果，获得方位-距离二维声呐图像，孔径合成成像算法可表示为式（3-54）的形式

$$I(r,y)=\int_y s(\tau(y),y)\exp(\mathrm{j}2\pi f_0\tau(y))\mathrm{d}y \tag{3-54}$$

式中，f_0 为信号中心频率；r 为声呐图像中的斜距；$\tau(y)$ 为时延值，可以由斜距和航迹向位置计算得到。类似地，对于航迹向多接收阵元系统只需要将多阵元信号补偿相位后积分再累加，即可得到合成孔径成像结果。声呐航迹向孔径合成的技术优势在于其航迹向分辨力 $D/2$ 与作用距离和信号频率无关，只取决于发射阵元孔径[18]。

SAS 只能进行二维成像，在每一个探测位置只能形成一条距离向的探测直线，通过载体走航与数据拼接可以得到方位-距离二维图像。采用双接收阵的 InSAS 通过相干处理还可以估计回波的水平方位从而得到高程信息，但精度一般不够理想。并且 SAS 和 InSAS 都存在垂底盲区的不足。因此，近年来研究人员开展了多波束测深声呐与合成孔径声呐处理相结合的探索，对多波束测深声呐航迹向孔径进行虚拟合成，称为多波束合成孔径声呐（multibeam synthetic aperture sonar，MBSAS）技术[19]。

多波束合成孔径声呐的基本工作原理类似于常规多波束测深声呐，在水平向

上通过多阵元直线阵的布置，实现高精度的波达方位估计；在航迹向上结合合成孔径声呐处理，通过载体的走航，虚拟合成大孔径二维基阵（未考虑走航过程中基阵的姿态变化），从而获得航迹向与探测距离和信号频率无关的高分辨力。多波束合成孔径声呐基本工作原理示意图如图 3-34 所示（接收阵采用二维平面阵，水平向直线阵阵元数为 M，航迹向排列了 N 个这样的直线阵）。

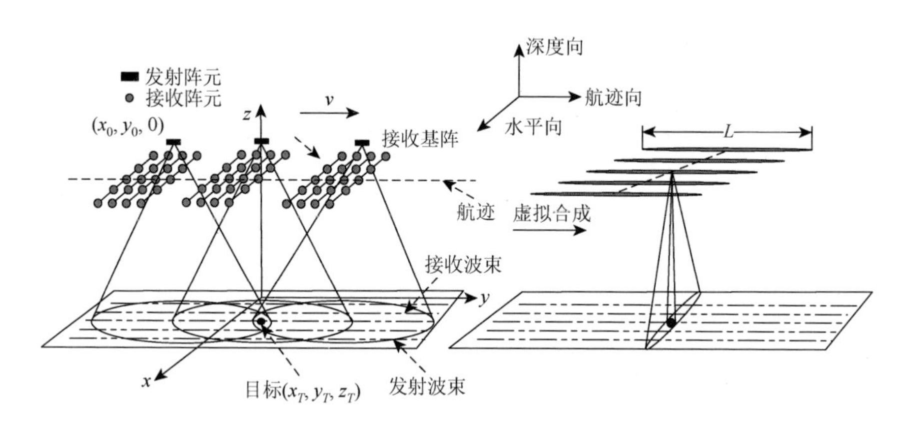

图 3-34　多波束合成孔径声呐基本工作原理示意图

多波束合成孔径声呐的发射基元随着载体的走航，在不同航迹向位置及角度多次照射探测区域，经二维平面阵的成像算法处理后最终获得探测区域的三维图像。多波束合成孔径声呐探测原理示意图如图 3-35 所示。首先，通过载体的走航，在不同的航行向位置照射探测区域并采集不同位置的回波。在航迹向上进行合成孔径算法处理，将处于相同水平位置处沿航迹向排列的 N 个阵元虚拟合成一个大孔径的接收基元，此时等效于将二维平面阵虚拟合成为一条水平向具有 M 个阵元的多波束测深声呐单线接收阵。其次，在水平方向上进行多波测深声呐波束形成算法处理，区分出在不同时刻的回波到达方向，得到探测区域的航迹向-距离向-

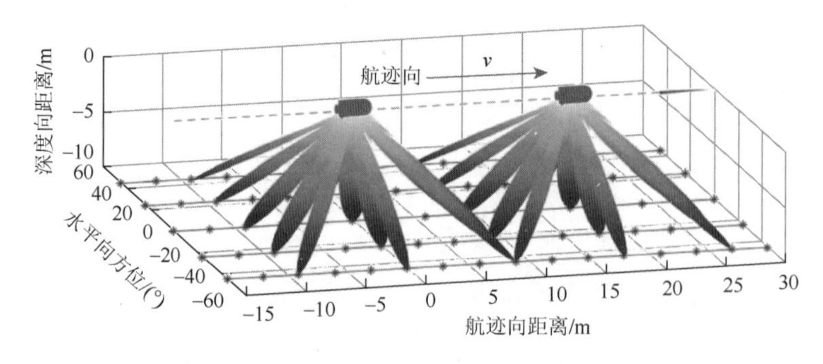

图 3-35　多波束合成孔径声呐探测原理示意图

水平向坐标系下的三维成像结果。最后，可以通过简单的坐标变换，将水平向-距离向平面上的极坐标系成像结果转化为水平向-深度向坐标系成像结果，得到笛卡儿坐标系下的三维成像结果。通过对多波束合成孔径算法处理流程的分析可知，其航迹向分辨力与常规合成孔径声呐相同，水平向分辨率与常规多波束测深声呐相同，能够获得探测区域的三维成像结果。

3.3.2　多波束合成孔径声呐成像处理

假设虚拟合成的二维平面阵的航迹向阵元数目为 N_y ，水平直线阵元数目为 N_x ，需要在水平向上形成 M 个波束。对于回波信号的合成处理可以有两种处理方案[20]：

（1）首先进行航迹向合成孔径算法处理，然后进行水平向波束形成算法处理。该方案首先将处于相同水平向位置的 N_y 个阵元进行合成孔径算法处理，得到 1 个虚拟孔径的阵元。对所有水平位置的 N_x 个阵元进行遍历后，即可得到一条在航迹向上具有虚拟大孔径的 N_x 元直线阵，同时也得到了 N_x 个合成孔径声呐图像。对此直线阵进行波束形成处理，即进行具有 N_x 元的 M 个波束形成，获得所需具有 M 个波束的多波束合成孔径声呐图像。

（2）首先进行水平向波束形成算法处理，然后进行航迹向合成孔径算法处理。该方案首先需要对 N_y 个直线阵分别进行具有 N_x 元的 M 个波束形成，此时图像转换到了波束域，即得到了 N_y 幅具有 M 个波束的声呐图像。最后对相同波束号的 N_y 幅声呐图像输出进行航迹向孔径合成，获得具有 N_y 个波束的多波束合成孔径声呐图像。

上述两种方案理论上等价但计算量不同。多波束测深声呐系统的波束数目 M 通常达到数百个甚至上千个，一般多于基阵的水平向阵元数目 N_x ，因此方案（2）的运算量大于方案（1）。此外，经方案（1）处理后的输出结果还属于阵元域，此时声呐基阵等效于一个具有航迹向虚拟大孔径的多波束测深声呐直线阵，各种高分辨、反卷积或波数域等高分辨波束形成算法的实现结构更为清晰。因此，本节后续采用方案（2）进行数据处理。

以实际接收孔径为 4×32 的平面阵为例（图 3-36），假设起始时刻发射阵元处于坐标位置 $(x_0, y_0, 0)$ ，扫描像素点位于 (x_T, y_T, z_T) ，当载体以速度 v 匀速运动时，在 t 时刻发射基元到扫描像素点位置的距离 R_1 可以表示为式（3-55）。

$$R_1=\sqrt{(x_T-x_0)^2+(y_T-y_0-vt)^2+z_T^2} \tag{3-55}$$

给定接收平面阵的任意接收阵元，如第 k 个水平接收阵的第 n 个阵元，初始时刻坐标为 $(x_k(n), y_k(n), 0)$ （ $k\in[0,3]$ ， $n\in[0,31]$ ）。

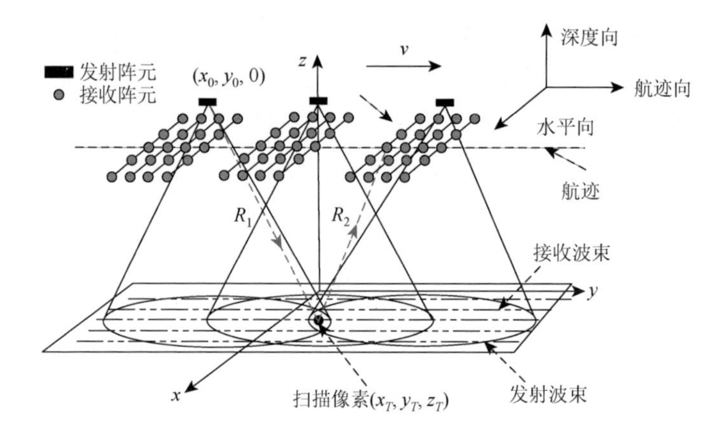

图 3-36　多波束合成孔径声呐时延示意图

则在 t 时刻扫描像素点到该接收阵元的距离 R_2 可以表示为

$$R_2 = \sqrt{(x_T - x_k(n))^2 + (y_T - y_k(n) - vt)^2 + z_T^2} \tag{3-56}$$

发射与接收之间的双程传播距离可以由时延 $\tau_k(n)$ 和水中声速 c 表示：

$$R_1 + R_2 = c\tau_k(n) \tag{3-57}$$

时延 $\tau_k(n)$ 可以由式（3-56）求解得出[21]：

$$\tau_k(n) = \frac{vy_k(n) - vy_T + c\sqrt{x_0^2 - 2x_0x_T + x_T^2 + y_0^2 - 2y_0y_T + y_T^2 + z_T^2}}{c^2 - v^2} + \frac{\sqrt{\begin{aligned}&-4(c^2-v^2)(x_0^2 - x_k^2(n) - 2x_0x_T + 2x_k(n)x_T + y_0^2 - y_k^2(n) - 2y_0y_T + 2y_k(n)y_T)\\ &+\left(-2vy_k(n) + 2vy_T - 2c\sqrt{x_0^2 - 2x_0x_T + x_T^2 + y_0^2 - 2y_0y_T + y_T^2 + z_T^2}\right)^2\end{aligned}}}{2(c^2 - v^2)} \tag{3-58}$$

最终可以得到在航迹向-距离向（y-r）坐标系下的成像结果：

$$I_{\mathrm{SAS}}(y,r) = \mathrm{sinc}\left(\frac{2B}{c}(r - r_T)\right)\mathrm{sinc}\left(\frac{2}{\lambda}\frac{(y - y_T)v\Gamma}{\sqrt{(y - y_T)^2 + r^2}}\right)\exp\left(\mathrm{j}\frac{4\pi}{\lambda}(r - r_T)\right) \tag{3-59}$$

式中，Γ 为合成孔径周期。多波束合成孔径声呐成像算法流程如图 3-37 所示。以前述的 4×32 接收阵为例，首先将处于相同水平向序号的 4 个沿航迹向排列的阵元划分为相同子阵，共划分出 32 个沿水平向分布的子阵。针对同一子阵内的 4 个基元，分别补偿相移后在合成孔径范围内积分得到各自的 SAS 图像。对子阵内的复图像累加后，即可得到航迹向-斜距向坐标系下的二维 SAS 图像。此时的基阵结构类似于常规多波束测深声呐，可以在水平向进行波束形成处理。遍历所有的扫描时刻、预设波束角度及航迹向位置，即可得到航迹向-斜距向-角度向坐标系下的三维声呐图像输出。通过坐标变换，可以将声呐图像转变为更易于观察的水平向-航迹向-深度向坐标系下的三维声呐图像。

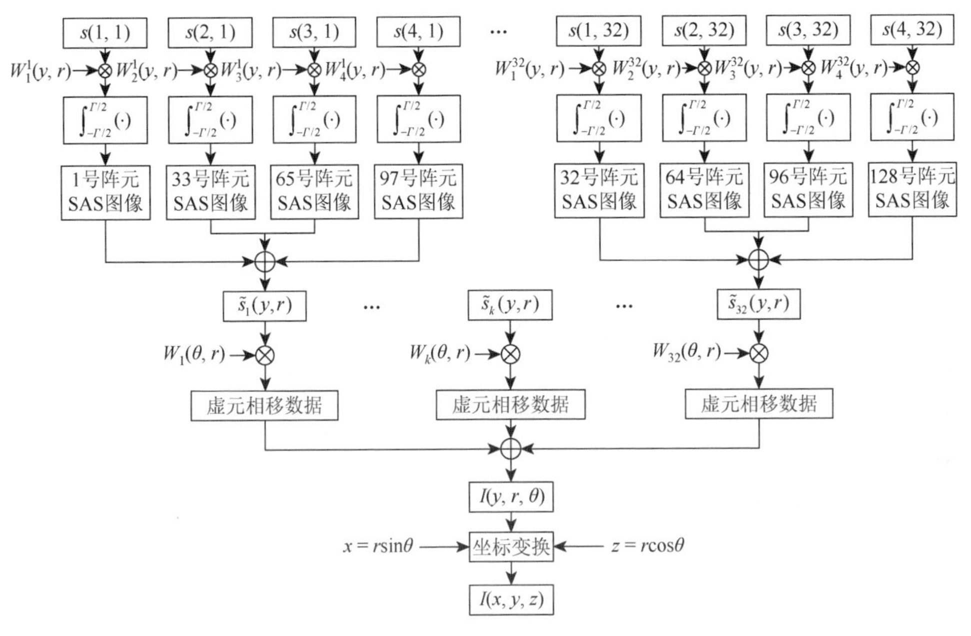

图 3-37　多波束合成孔径声呐成像算法流程

1. 计算机仿真

1）多波束合成孔径声呐回波模型

几何声亮点模型是被普遍采用的一种目标分解算法，即将目标分解成多个离散的点源目标。任何一个复杂形状的目标回波，均可以表示为多个子回波在接收基元上的叠加[22]。

以图 3-38 所示 MBSAS 基阵结构为例。假设基阵以速度 v 沿航迹向匀速直线运动，采用单阵元发射形式，总共有 N 个接收阵，每个接收阵具有 M 个阵元，二维平面阵的接收基元总数为 $M \times N$ 。

假设在合成孔径起始位置，发射基元坐标为 (x_0, y_0, z_0) ，目标所在位置坐标为 (x_T, y_T, z_T) ，则目标距发射基元距离可以表示为

$$R_1 = \sqrt{(x_T - x_0)^2 + (y_T - y_0)^2 + (z_T - z_0)^2} \tag{3-60}$$

基阵沿航迹向运动时间 τ 后，声呐基阵中第 k 个接收阵的第 n 号基元所处位置坐标为 $(x_k(n), y_k(n), z_k(n))$ ，则目标位置距该基元的距离可以表示为

$$R_2 = \sqrt{(x_T - x_k(n))^2 + (y_T - y_k(n))^2 + (z_T - z_k(n))^2} \tag{3-61}$$

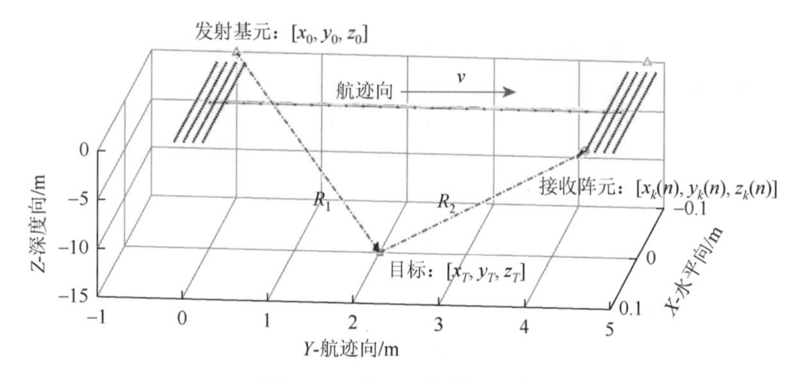

图 3-38　点源目标模型分析

当水中声速为 c 时，声波的双程传播距离为 $c\tau$，得到双程传播距离与时间的关系：

$$R_1 + R_2 = c\tau \tag{3-62}$$

当基阵各阵元所处位置已知时，根据式（3-59）～式（3-61），可以计算出任意时刻扫描位置至接收阵各基元的时延。

假设声呐匀速直线运动，将发射时刻基阵中心设为原点，则发射时刻发射基元的坐标位置为 $(x_0,0,0)$，经过时间 τ 后基阵的中心位置移动至 $(0,v\tau,0)$，此时发射基元位于 $(x_0,v\tau,0)$，代入式（3-61）中，扫描位置与基阵中心点位置的时延关系如下：

$$\tau = \frac{-2vy_T + 2c\sqrt{x_0^2 - 2x_0x_T + x_T^2 + y_T^2 + z_T^2}}{2(c^2 - v^2)} + \frac{\sqrt{4(c^2 - v^2)(-x_0 + 2x_T)x_0 + \left(2vy_T - 2c\sqrt{x_0^2 - 2x_0x_T + x_T^2 + y_T^2 + z_T^2}\right)^2}}{2(c^2 - v^2)} \tag{3-63}$$

在目标仿真过程中，可以根据预设的载体运动状态和声呐基阵的阵列流形，计算得到基阵各阵元在不同时刻的坐标位置，从而对发射信号进行时延处理，得到所需的目标亮点回波信号。多个亮点目标子回波叠加后，即可获得基元接收到的回波信号，如式（3-64）所示。

$$s(n,t) = \sum_{i=1}^{M} A(i,t-\tau_i(n))s_T(t-\tau_i(n)) \tag{3-64}$$

式中，$s(n,t)$ 为第 n 号基元接收到的回波信号；A 为接收信号的幅值；$s_T(t)$ 为发射信号。

对多亮点回波叠加后，即可得到目标整体的阵元回波信号。同样，对采集到的回波数据，利用上述公式推导时延差或相位差后，进行信号的相干处理，就可以获得多波束合成孔径三维成像结果。

2）仿真处理结果与分析

假设基阵为中心频率 $f_0=150\text{kHz}$、阵元数目为 4×32 的平面阵，其水平向采用半波长布阵结构。目标为 125 个独立亮点，独立亮点区域的中心位于 $(0,5,-15)$，分别在水平向-航迹向-深度向三个维度上以 25cm 间距设定 5 个亮点。根据波束形成理论，N 元接收阵在波束扫描角为 θ 时，n 号阵元相对于参考阵元的时延差可以表示为

$$\tau(n)=\frac{nd_x}{c}\sin\theta \tag{3-65}$$

由此，当目标处于 (r_T,θ_T) 时，n 号阵元相对于参考阵元的声程差可以表示为

$$r_T-r_T(n)=nd_x\sin\theta_T \tag{3-66}$$

对 $I_{\text{SAS}}(y,r,n)$ 的复图像进行时延累加后，就可以得到在 y-r-θ 坐标系下的三维合成孔径声呐成像结果：

$$\begin{aligned}
I_{\text{MBSAS}}(y,r,\theta)&=\sum_{n=0}^{N-1}I_{\text{SAS}}(y,r+c\tau(n),n)\\
&=\operatorname{sinc}\left(\frac{2}{\lambda}\frac{(y-y_T)v\varGamma}{\sqrt{(y-y_T)^2+r^2}}\right)\sum_{n=0}^{N-1}\operatorname{sinc}\left(\frac{2B}{c}(r-r_T+nd_x(\sin\theta-\sin\theta_T))\right)\\
&\quad\cdot\exp\left(\mathrm{j}\frac{4\pi f_0}{c}(r-r_T+nd_x(\sin\theta-\sin\theta_T))\right)\\
&=\operatorname{sinc}\left(\frac{2}{\lambda}\frac{(y-y_T)v\varGamma}{\sqrt{(y-y_T)^2+r^2}}\right)\operatorname{sinc}\left(\frac{2B}{c}(r-r_T)\right)\frac{\sin\left(\dfrac{2N\pi d_x}{\lambda}(\sin\theta-\sin\theta_T)\right)}{\sin\left(\dfrac{2\pi d_x}{\lambda}(\sin\theta-\sin\theta_T)\right)}\\
&\quad\cdot\exp\left(\mathrm{j}\left(\frac{4\pi}{\lambda}(r-r_T)\right)\right)\cdot\exp\left(\frac{(N-1)\pi d_x(\sin\theta-\sin\theta_T)}{\lambda}\right)
\end{aligned} \tag{3-67}$$

经多波束合成孔径成像算法处理得到的复图像结果包含幅度和相位两部分，对式（3-67）重新组合得到

$$I_{\text{MBSAS}}(y,r,\theta)=I_{\text{SAS}}(y,r)I_{\text{MBES}}(\theta) \tag{3-68}$$

$$I_{\text{SAS}}(y,r)=\operatorname{sinc}\left(\frac{2}{\lambda}\frac{(y-y_T)v\varGamma}{\sqrt{(y-y_T)^2+r^2}}\right)\operatorname{sinc}\left(\frac{2B}{c}(r-r_T)\right)\exp\left(\mathrm{j}\left(\frac{4\pi}{\lambda}(r-r_T)\right)\right) \tag{3-69}$$

$$I_{\text{MBES}}(\theta)=\frac{\sin\left(\dfrac{2N\pi d_x}{\lambda}(\sin\theta-\sin\theta_T)\right)}{\sin\left(\dfrac{2\pi d_x}{\lambda}(\sin\theta-\sin\theta_T)\right)}\exp\left(\frac{(N-1)\pi d_x(\sin\theta-\sin\theta_T)}{\lambda}\right) \tag{3-70}$$

由上述公式推导可以发现，多波束合成孔径声呐的成像结果由 $I_{\mathrm{SAS}}(y,r)$ 和 $I_{\mathrm{MBES}}(\theta)$ 相乘得到。多波束测深声呐与多波束合成孔径声呐独立亮点目标成像效果对比如图 3-39 所示，其中航迹向图像切片间距为 25cm。

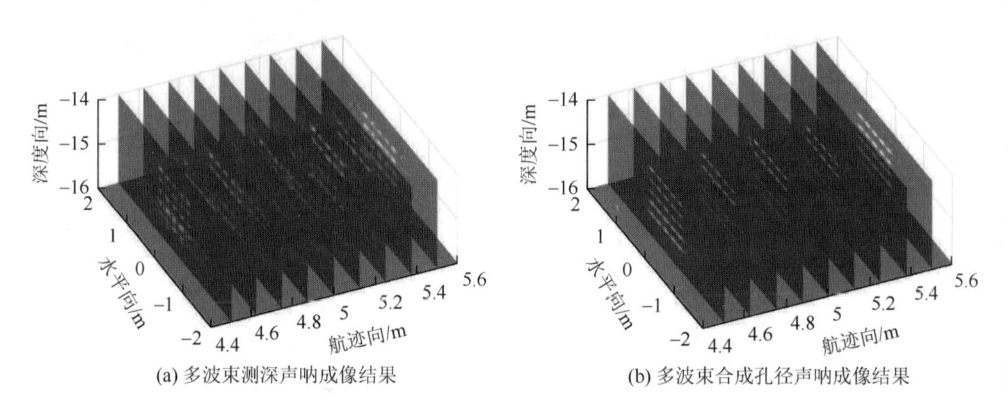

(a) 多波束测深声呐成像结果　　(b) 多波束合成孔径声呐成像结果

图 3-39　多波束测深声呐与多波束合成孔径声呐独立亮点目标成像效果对比

如图 3-39（a）所示，多波束测深声呐成像算法虽然能够在三维空间内成像，但是由于其航迹向成像分辨力受限于航迹向波束宽度，多目标回波不能够被有效分辨，导致声呐图像散焦严重。不但独立亮点的个数无法区分，多个亮点所在的位置也出现了模糊。此外，航迹向的目标回波也对水平向波束形成产生了不利影响，降低了图像质量。经过多波束合成孔径声呐算法处理得到声呐成像结果如图 3-39（b）所示，在三个维度上都能够明显地区分出目标所在的位置及个数。相对于多波束测深声呐成像算法，多波束合成孔径声呐成像算法在保持了水平向分辨力的基础上，兼具合成孔径声呐航迹向的高分辨力优势，实现了三维空间内的高分辨成像。

为了进一步地观察多波束合成孔径算法的成像效果，分别对声呐图像进行了航迹向和水平向切片，如图 3-40 所示。多波束测深声呐成像算法由于受到航迹向分辨力限制，在 15m 深度处的航迹向波束足印过大，导致其回波混叠严重，目标所在方位无法分辨。多波束合成孔径成像算法在航迹向上保持了恒定的分辨力，成像效果不随着作用距离增加而变差，如图 3-40（a）所示。在水平向上进行切片，可以观察到多波束测深声呐成像算法获得了 4 个峰值位置，但是中心波束位置却由于相干累加得到了峰谷，而多波束合成孔径成像算法能够准确地分辨出亮点目标所在的角度位置，并且波束宽度也与多波束测深声呐相当，如图 3-40（b）所示。

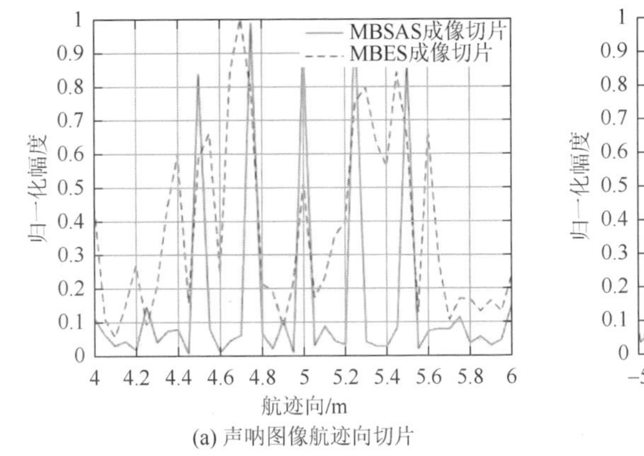

(a) 声呐图像航迹向切片

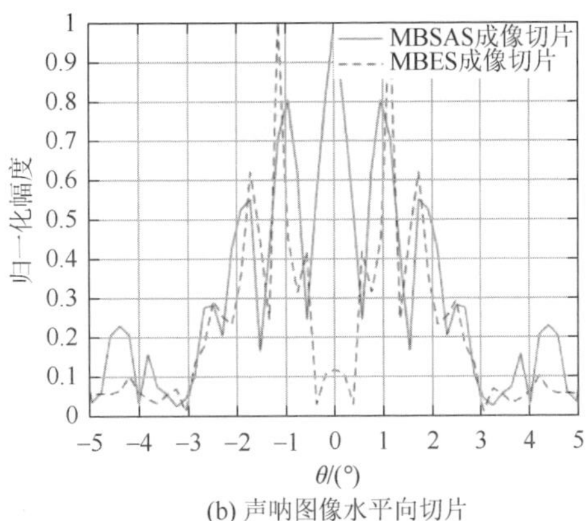

(b) 声呐图像水平向切片

图 3-40　声呐图像切片对比

在点目标基础上进一步开展针对体目标的仿真成像研究。仿真的基本条件：立体目标几何中心位置坐标为(2,5,−15) m，立体目标尺度为 2m×0.8m×2m，表面亮点分割间距为 20cm、10cm、20cm，立方体沉底在水底平面，水底亮点分割间距为 40cm、20cm。分别利用多波束测深声呐成像算法与多波束合成孔径成像算法进行数据处理，对得到的三维声呐图像进行切片显示，航迹向切片间距为 10cm，水平向切片间距为 5cm，分别在深度向−15m 和−16m 处进行切片，观察目标上表面和水底位置的成像效果，如图 3-41 所示。

多波束测深声呐成像结果如图 3-41（a）所示，声呐图像散焦严重，这是因为图像目标不仅包括立方体表面，还包括来自水底的反射回波，其航迹向回波混叠严重，不能清晰地反映出体目标及水底区域。经过多波束合成孔径成像算法处理后的成像结果清晰可见，如图 3-41（b）所示。成像结果不但能够清晰地反映出体目标所在位置及尺寸，表面分割出的声亮点和水底目标的声亮点也清晰可见，航迹向回波未发生混叠，水平向的回波到达方向也能够被有效地分辨，其三维空间

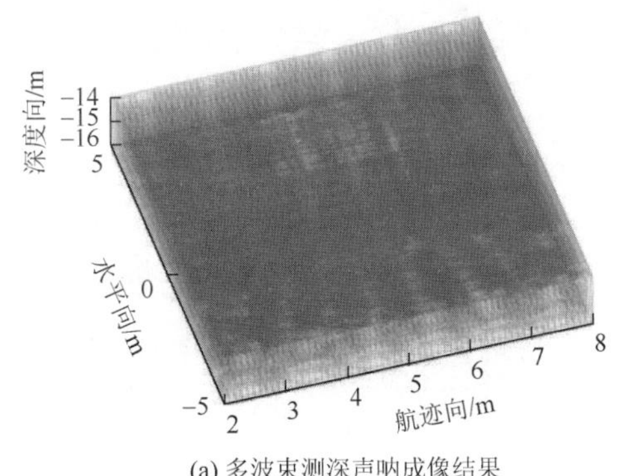

(a) 多波束测深声呐成像结果

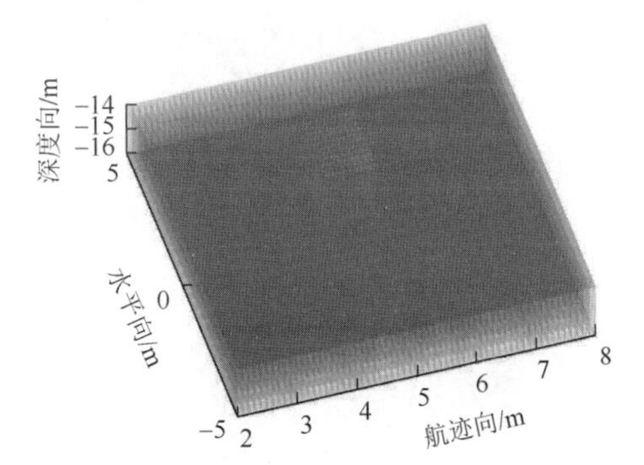

(b) 多波束合成孔径声呐成像结果

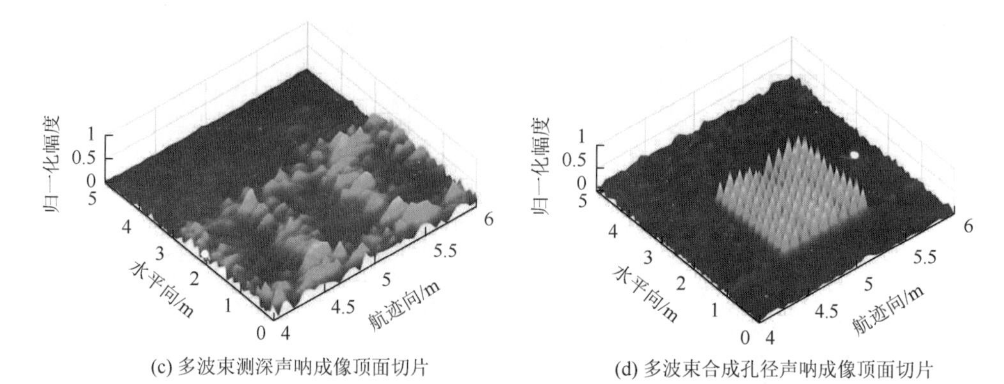

(c) 多波束测深声呐成像顶面切片　　(d) 多波束合成孔径声呐成像顶面切片

图 3-41　多波束测深声呐与多波束合成孔径声呐成像效果对比

成像结果明显优于多波束测深声呐。图 3-41（c）和（d）分别展示了图像的顶面切割结果，可以观察到多波束合成孔径声呐成像结果相较于常规多波束测深声呐成像结果，顶面切片的亮点位置清晰可见，并且回波能量较为集中，说明多波束合成孔径声呐成像算法对声呐回波进行了有效的聚焦。

2. 水池试验

1）试验布局

试验在四面消声水池中开展。消声水池装配有两台可沿水池长度方向运动的行车，行车上配备了可沿水池宽度方向运动的移动平台及沿水池深度方向运动的升降杆。声波发射和接收方向朝向水池长度方向，基阵通过移动平台沿宽度方向运动。移动平台通过行车主控终端进行控制，四面消声水池行车及移动定位装置如图 3-42 所示。

(a) 四面消声水池行车

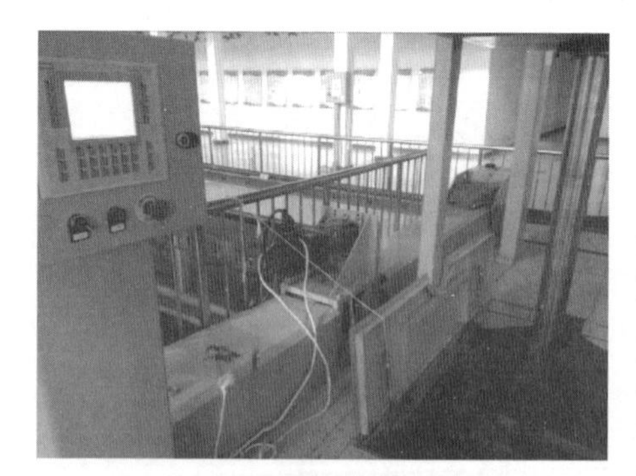

(b) 移动定位装置

图 3-42　四面消声水池行车及移动定位装置

水池试验使用上面所述的二维基阵，通过行车上的移动平台进行多位置走航探测，分别针对立方体目标和双球目标进行探测试验。针对探测目标分别采用侧扫声呐成像算法、侧扫式合成孔径声呐成像算法、多波束测深声呐成像算法及多波束合成孔径声呐成像算法进行目标成像。试验装置及声呐基阵航迹示意图如图3-43所示，在探测距离为13m处分别放置边长为30cm的立方体目标和直径为13cm、球心间距为20cm的双球目标，利用移动平台进行多位置回波信号采集，换能器深入水下2.5m，利用中心波束附近位置进行目标探测试验。

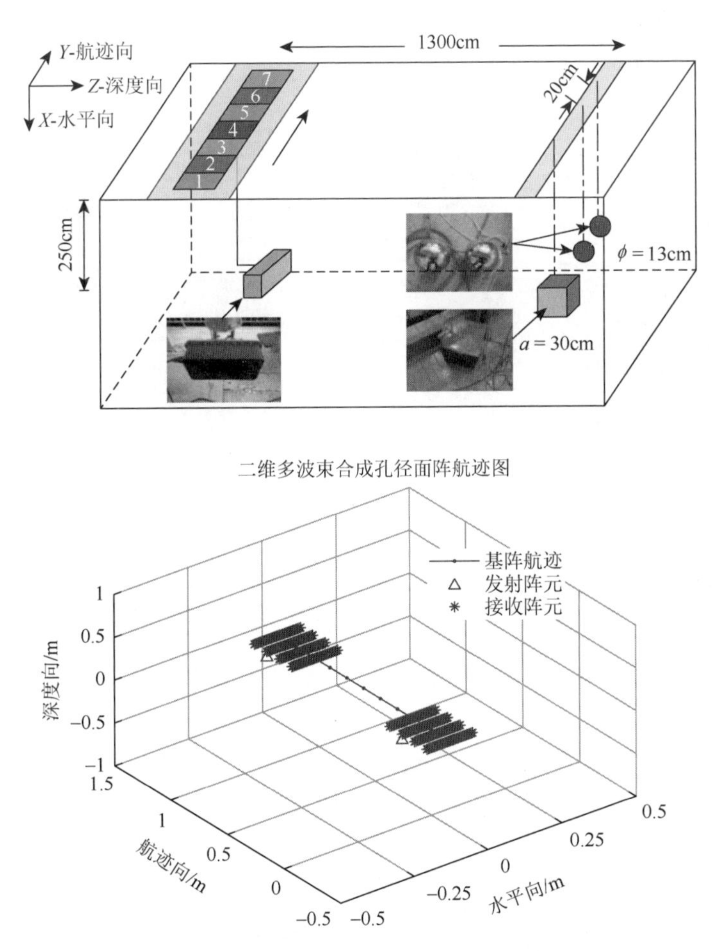

图3-43　试验装置及声呐基阵航迹示意图

试验选取适宜的工作参数对上面的理论分析进行验证，如表3-3所示。为了在相同试验环境下对比不同算法的成像效果，均使用同一次二维平面阵走航试验获得的探测数据，抽取所需的阵元域信号，分别通过不同的算法进行成像处理，验证对比其成像效果。

表 3-3　多波束合成孔径声呐系统试验参数

中心频率	信号带宽	采样间距	接收阵型	发射阵型	发射阵尺寸
135kHz	10kHz	15cm	二维平面阵	单阵元	16cm
虚拟孔径	水平向波束足印	信号形式	相对距离	系统采样率	航迹向波束足印
1.2m	80cm	线性调频	13m	600kHz	30cm

换能器布放现场及探测目标如图 3-44 所示，分别对立方体目标和相邻双球目标进行走航探测试验。

(a) 换能器布放现场

(b) 立方体目标和相邻双球目标

图 3-44　换能器布放现场及探测目标

2）试验结果与分析

（1）小尺寸目标成像。

为了验证多波束合成孔径成像算法对相邻小目标的分辨能力，首先利用双球目标开展探测试验研究，选取直径为 13cm 的空心金属球体，利用铅锤沉入水下 2.5m，两球心间距为 20cm。以 15cm 采样间距在航迹向上走航 9 个位置，形成尺寸为 1.2m 的虚拟孔径。发射信号中心频率为 135kHz，线性调频信号带宽为 10kHz，信号脉冲长度为 10ms，航迹向理论分辨力为 8cm。根据声呐基阵参数计算得到，在探测位置处的常规波束水平向波束足印为 80cm，航迹向波束足印为 30cm。针对同一次走航探测试验采集到的数据，抽取不同的阵元信号，分别对比侧扫声呐成像算法、侧扫式合成孔径声呐成像算法、多波束测深声呐成像算法及多波束合成孔径声呐成像算法的处理结果。

首先，抽取二维基阵在相同水平向位置、沿航迹向排列的四个接收阵元组成一条航迹向接收直线阵，分别进行侧扫声呐和合成孔径成像算法处理，获得航迹向-斜距向坐标系下的二维声呐图像，如图 3-45（a）与（b）所示。侧扫声呐成像算法在航迹向上不能够区分出双球目标所在位置及目标数量，受到波束足印的限制，声呐图像在航迹向上混叠为 40cm 左右的区域；对相同阵列形式的回波数据进行常规合成孔径声呐成像处理，目标能够在航迹向上被分辨，球心所在位置与预设位置相同，并且通过图像半功率点判断目标尺寸与预设球体直径也较为符合，证明了侧扫式合成孔径声呐成像算法在航迹向上的成像分辨率不随着作用距离的增加而降低。然而，侧扫式合成孔径声呐只能够获得航迹向-斜距向坐标系下的二维声呐图像，难以获取目标的三维空间位置及形状信息。

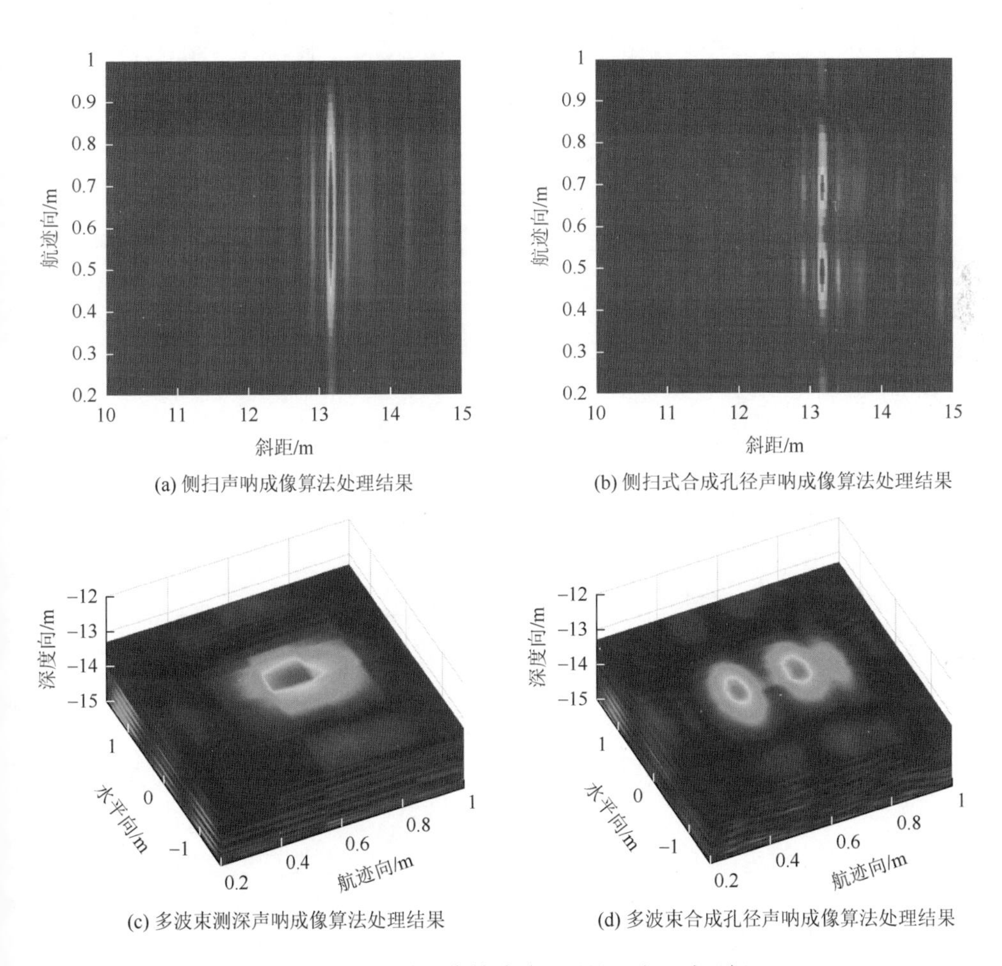

图 3-45　不同声呐成像算法结果对比（小尺寸目标）

其次，利用二维基阵的全部阵元分别进行多波束测深声呐成像算法和多波束合成孔径成像算法处理，针对不同航迹向位置采集到的回波信号进行基阵正下方较窄区域内的三维成像，拼接得到全部探测区域内的目标三维空间成像结果。为了清晰地显示三维空间内的成像效果及其能量分布，采用三维图像顶部切片的方式进行显示观察。多波束测深声呐成像算法处理结果如图 3-45（c）所示，声呐图像能够标识目标所在位置，但是由于受波束足印限制，多波束测深声呐成像算法在航迹向上不能够有效地区分目标，双球目标图像发生混叠。多波束合成孔径声呐成像算法处理结果如图 3-45（d）所示，多波束合成孔径声呐在航迹向上能够保持恒定的分辨力，可以区分双球目标，其中心间距与目标布放位置相吻合，并且其航迹向目标尺度也能够被准确地表征。

为了详细地观察对比多波束合成孔径声呐成像算法在航迹向上的目标分辨能力，对三维声呐图像选取相同水平向和深度向位置进行航迹向一维切片，对比多波束测深声呐和多波束合成孔径声呐的航迹向相邻目标分辨能力，如图 3-46（a）所示。多波束测深声呐成像算法由于受波束足印限制，双球目标图像发生混叠。多波束合成孔径算法能够在航迹向上保持恒定的目标分辨力，双球目标的位置能够被清晰地分辨，目标检测算法结果及其俯视图如图 3-46（b）所示。可见，多波束合成孔径声呐成像算法水平向成像分辨力与多波束测深声呐成像算法相同，航迹向成像分辨力与合成孔径声呐成像算法相同，对于水下相邻小目标具有较好的探测效果。

（2）体目标成像效果分析。

为了评估多波束合成孔径成像算法对于目标形态的三维精细化探测能力，将边长为 30cm 的立方体作为目标，分别利用不同成像算法进行数据处理，对比图像输出及其目标检测结果。立方体目标位于水下 2.5m，将立方体目标放置在距

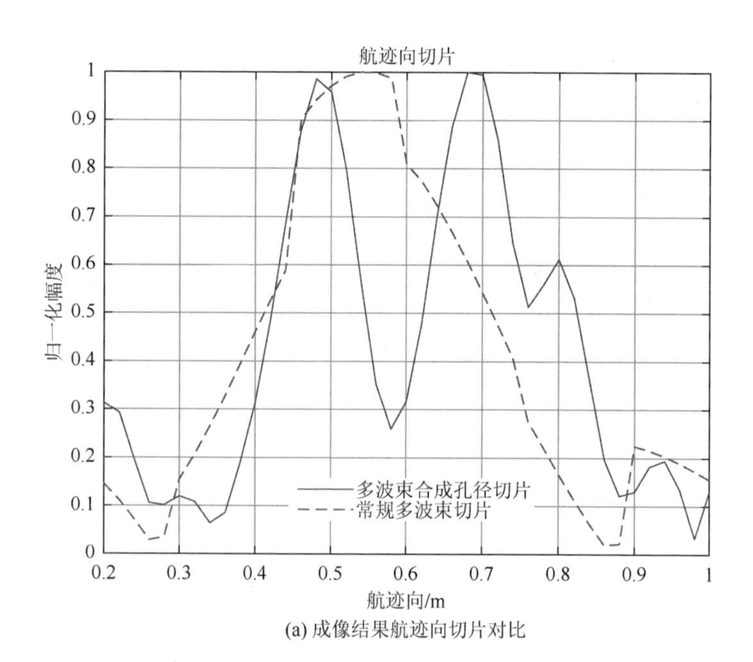

(a) 成像结果航迹向切片对比

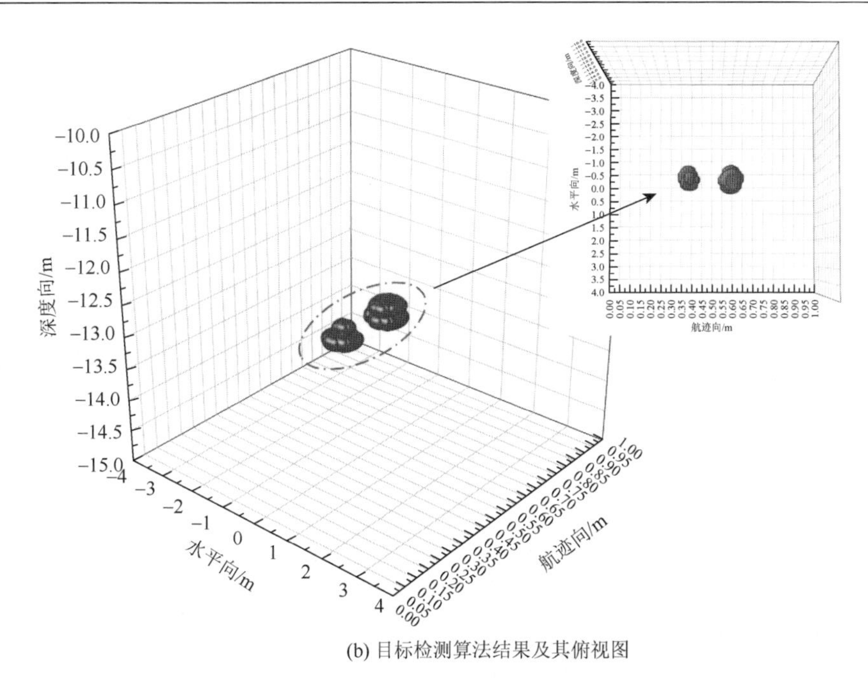

(b) 目标检测算法结果及其俯视图

图 3-46　航迹向切片对比及目标检测结果

离换能器位置 13m 处。声呐基阵以 25cm 采样间距在航迹向上走航 5 个位置，形成尺寸为 1.0m 的虚拟孔径。发射信号参数同上，不同成像算法处理结果对比如图 3-47 所示。侧扫声呐和侧扫式合成孔径声呐只能进行航迹向-斜距向的二维成像，由于立方体目标的尺寸相较于上面的圆球目标明显增大，其航迹向的回波是多个角度的亮点目标回波的累积。侧扫声呐的成像结果受波束足印的限制，混叠成一片亮点区域，不能够区分出独立的亮点像素位置，如图 3-47（a）所示。侧扫式合成孔径声呐成像结果虽然能量更集中，但由于不能对各水平向亮点目标的回波进行有效区分，导致航迹向成像结果较为模糊，也不能够表征目标在三维空间内的尺寸，如图 3-47（b）所示。通过多波束测深声呐成像算法能够获得目标的三维成像结果，但是由于航迹向分辨力随着作用距离的增大而下降，其航迹向声呐图像混叠严重，虽然在尺度上该位置的波束足印与目标尺寸相同，但是不能够区分出目标多个亮点的位置，不能够表征目标的真实位置及尺寸，如图 3-47（c）所示。使用多波束合成孔径声呐成像算法对回波数据进行处理，成像结果如图 3-47（d）所示，目标能够在三维空间内被表征出来，并且具有三个明显的图像亮点，再根据立方体目标边长为 30cm、系统航迹向分辨力为 8cm 可知，理论上成像结果应当具有 3 个或 4 个亮点存在，实际成像结果与理论分析较吻合。

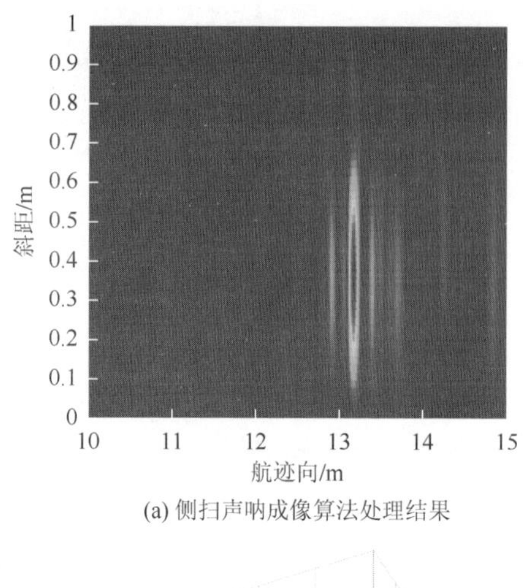

(a) 侧扫声呐成像算法处理结果

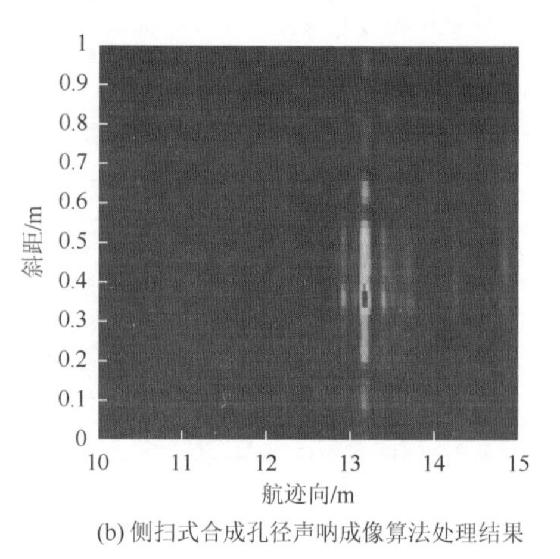

(b) 侧扫式合成孔径声呐成像算法处理结果

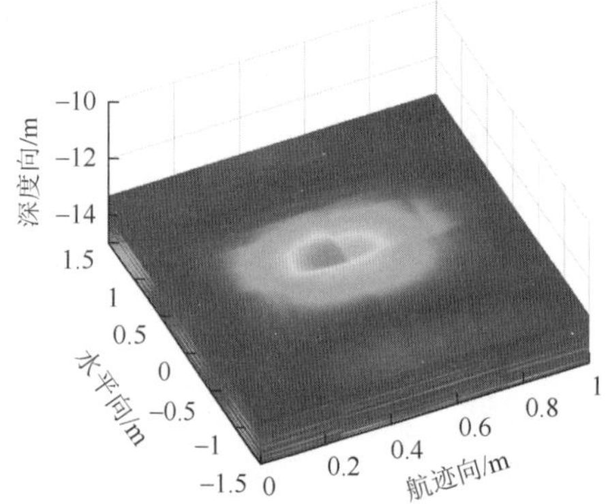

(c) 多波束测深声呐成像算法处理结果

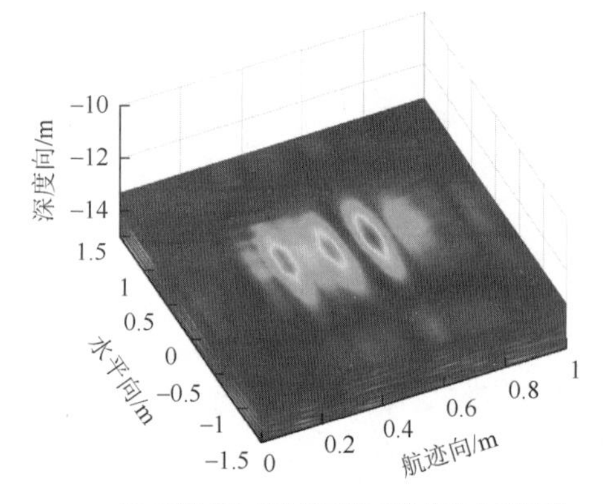

(d) 多波束合成孔径声呐成像算法处理结果

图 3-47　不同成像算法处理结果对比（体目标）

参 考 文 献

[1] 王永良，陈辉，彭应宁，等. 空间谱估计理论与算法[M]. 北京：清华大学出版社，2004.

[2] 王永良，丁前军，李荣锋. 自适应阵列处理[M]. 北京：清华大学出版社，2009.

[3] 周天，欧阳永忠，李海森. 浅水多波束测深声呐关键技术剖析[J]. 海洋测绘，2016，36（3）：1-6.

[4] 陈宝伟. 超宽覆盖多波束测深技术研究与实现[D]. 哈尔滨：哈尔滨工程大学，2012.

[5] Yang T C. Deconvolved conventional beamforming for a horizontal line array[J]. The Astronomical Journal IEEE Journal of Oceanic Engineering，2017（43）：160-172.

[6] Lucy L B. An iterative technique for the rectification of observed distributions[J]. The Astronomical Journal，1974，79（6）：745-754.

[7] Huang J，Zhou T，Du W D. Smart Ocean：A new fast deconvolved beamforming algorithm for multibeam Sonar[J]. Sensors，2018，18（11）：4013.

[8] Zhou T，Huang J，Du W D，et al. 2-D deconvolved conventional beamforming for a planar array[J]. Circuits Systems and Signal Processing，2021，40（5）：5572-5593.

[9] Christoffersen J T M. Multi-detect algorithm for multibeam sonar data[C]. Proceedings of IEEE Oceans，San Diego，2013：1-4.

[10] 周天，徐超，陈宝伟. 声呐电子系统设计导论[M]. 北京：科学出版社，2021.

[11] Jin G L，Tang D J. Uncertainties of differential phase estimation associated with interferometric sonars[J]. IEEE Journal of Oceanic Engineering，1996，21（1）：53-63.

[12] Lurton X. Swath bathymetry using phase difference：Theoretical analysis of acoustical measurement precision[J]. IEEE Journal of Oceanic Engineering，2000，25（3）：351-363.

[13] Vincent P，Maussang F，Lurton X，et al. Bathymetry degradation causes for frequency modulated multibeam echo sounders[C]. IEEE Oceans，Hampton，2012：1-5.

[14] Vincent P，Maussang F，Lurton X，et al. Impact of FM pulse compression sidelobes on multibeam bathymetry measurements[C]. Proceedings of ECUA，Edinburgh，2012：918-925.

[15] 鲁东. 浅水多波束测深声呐若干关键技术研究[D]. 哈尔滨：哈尔滨工程大学，2015.

[16] 李东洋. 基于多波束声呐的水下喷发目标检测[D]. 哈尔滨：哈尔滨工程大学，2019.

[17] Ladroit Y. Amélioration des méthodes de détection et de qualification des sondes pour les sondeurs multifaisceaux bathymétriques[D]. Rennes：Université de Rennes，2013.

[18] 孙超. 水下多传感器阵列信号处理[M]. 西安：西北工业大学出版社，2007.

[19] 李海森，魏波，杜伟东. 多波束合成孔径声呐技术研究进展[J]. 测绘学报，2017（10）：1760-1769.

[20] 魏波. 多波束合成孔径声呐探测技术研究[D]. 哈尔滨：哈尔滨工程大学，2021.

[21] Wei B，Zhou T，Li H S，et al. Theoretical and experimental study on multibeam synthetic aperture sonar[J]. The Journal of the Acoustical Society of America，2019，145（5）：3177-3189.

[22] 汤渭霖. 声呐目标回波的亮点模型[J]. 声学学报，1994，19（2）：92-100.

第4章　多波束海底地形高效率探测技术

多波束测深概念提出的初衷是突破单波束测深技术在测绘效率方面的局限，而经历半个多世纪的技术发展与需求牵引，多波束测深声呐在高效率海底地形测绘方面又有新的提升。这主要体现在三个方面：①海底地形宽覆盖扫测技术；②声呐系统可以对运动姿态信息进行实时补偿以实现目标测绘区域的连续稳定、无遗漏覆盖[1, 2]；③新的声呐类型——三维前视声呐，实现从线-面测量向面-面高密度、大范围测量的技术突破。

4.1　海底地形宽覆盖扫测技术

多波束测深声呐海底地形扫测范围的能力，本质上受限于海底回波信号的信噪比。受海底反向散射强度随角度变化规律、传播损失、基阵增益与角度关系等因素影响，多波束测深声呐外侧回波信噪比降低，影响小掠射角下的探测能力，限制了覆盖宽度。从信号处理的角度，我们可以从发射信号形式、波束形成技术、回波检测算法等角度来提升声呐系统的回波检测能力，扩大覆盖宽度，其中部分内容已在第2章与第3章有所介绍。本节从声呐基阵设计的角度出发，对宽覆盖能力的实现进行介绍。

4.1.1　宽覆盖声呐基阵设计

限制多波束测深声呐覆盖性能的主要因素是外侧海底回波信噪比降低及波束变宽导致的回波波形展宽，而外侧信噪比低会引起检测精度下降、有效测绘覆盖范围降低等问题。从换能器的角度来说，解决手段是可以通过阵型设计，提高发射阵在外侧的覆盖宽度，而体现的指标是覆盖范围，定义为水平探测距离与垂直探测深度之比，或用垂直于航迹向的发射波束扇面宽度来表示，决定了多波束测深声呐的实际测量效率，尤其是在浅水区域，宽覆盖和超宽覆盖是多波束测深优越性的集中体现。常见的多波束测深声呐发射阵为弧形阵，波束扇面宽度为120°～140°[3]，对应的覆盖范围为3.5～5.5倍水深。多波束测深声呐的宽覆盖/超宽覆盖能力可以通过对接收或发射阵型进行设计实现得到。首先，最常见、实现起来相对容易的方式是不改变声呐基阵孔径或外形，只是将声呐探头设计成V形阵就可以实现超宽覆盖的能力。文献[4]提出由多条多元发射直线阵组成弧形发射阵的方案，且使用 V 形阵进一步实现了超宽覆盖探测能力，这是目前国内外相对常见的一种超宽覆盖基阵设计技术[5, 6]。V 形阵技术是将两套具有独立收发能力的基阵呈 V 形安装，并合理设置其水平夹角，以增强边缘波束方向的能量，有利于接收边缘波束的海底回波信号。此外，为了简化方案，可以单独将发射阵或接收阵设计成 V 形（双探头），相对应的接收阵或发射阵不变（单探头）。例如，EM2040D 最大可以达到 10 倍水深的覆盖，其发射阵为单探头，而 2 套接收阵呈 V 形固定。另一种超宽覆盖基阵的设计方案是 U 形阵结构。2004 年德国 Atlas 公司推出的 Fansweep30 是一种 U 形基阵多波束测深声呐[7]，其充分地利用 U 形发射阵物理形状特性来补偿边缘波束方向的声源级，据厂商公开的理论测试曲线可知其可以补偿 12dB，较好地弥补了边缘波束区域信号弱的缺陷。该声呐收/发基阵均为 U 形设计，信号处理复杂度较高。而从研制的角度来说，更容易实现发射阵呈 U 形、接收阵为直线阵的多波束测深声呐且效果良好。图 4-1 为多波束测深声呐垂直航迹向覆盖扇面几何示意图，图 4-2 为 Seabeam1180 的 V 形阵及处理单元，图 4-3 为 Fansweep30 多波束测深声呐基阵。图 4-4 为 SMB-200-SW 多波束测深声呐 U 形发射阵及其水平方向指向性图，其 3dB 波束开角可以达到 160°的范围，其接收阵为直线阵。此外，对于中/深水多波束测深声呐而言，受体积与重量影响及满足船体航行安全与结构需要，通常需要考虑基阵流线型设计方案。在这种情况下，为实现宽覆盖扫测能力，发射阵一般设计成平面阵，通过发射多个相互衔接的扇区波束实现宽覆盖。例如，EM710 发射阵为平面阵，单探头的波束扇面可以达到 140°的覆盖能力[8]。图 4-5 为 EM710 多波束测深声呐平面发射阵及其覆盖宽度性能。

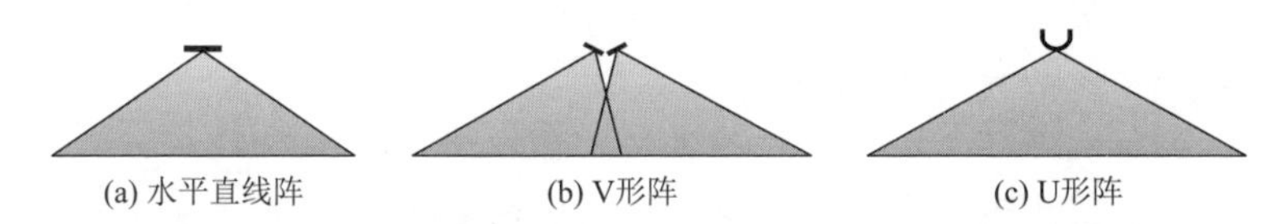

图 4-1　多波束测深声呐垂直航迹向覆盖扇面几何示意图

图 4-2　Seabeam1180 的 V 形阵及处理单元

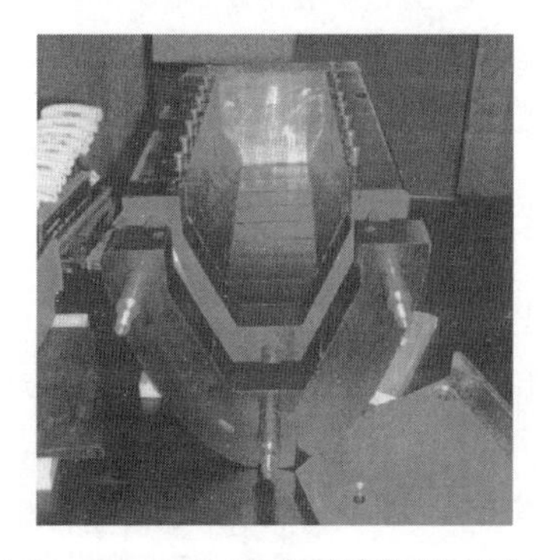

图 4-3　Fansweep30 多波束测深声呐基阵

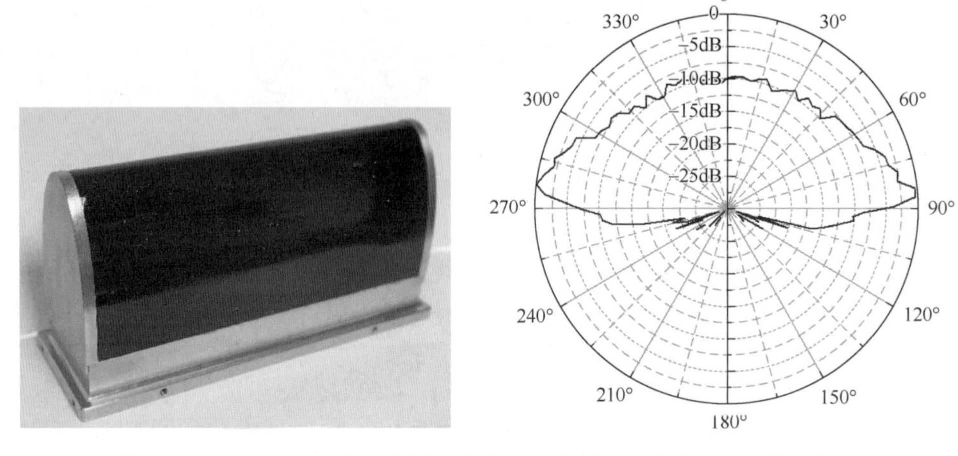

图 4-4　SMB-200-SW 多波束测深声呐 U 形发射阵及其水平方向指向性图

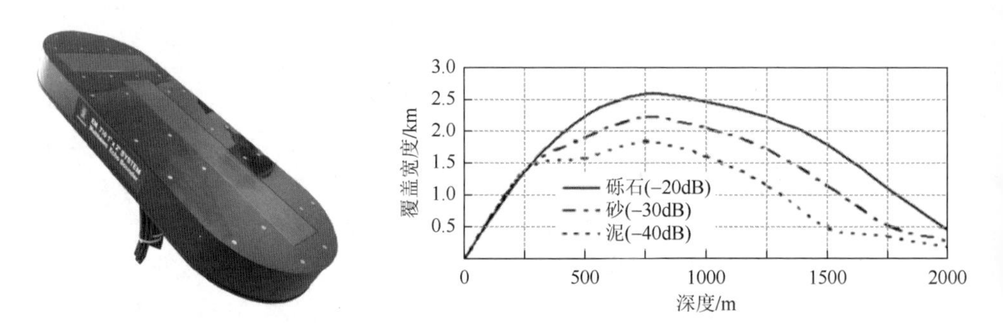

图 4-5　EM710 多波束测深声呐平面发射阵及其覆盖宽度性能

4.1.2　影响覆盖宽度的因素分析

不只是多波束测深声呐，对大多数的扇扫型声呐（还有如侧扫声呐、前视声呐、合成孔径声呐等）而言，都需要考虑该声呐的覆盖宽度这一指标及该指标的适用条件。4.1.1 节介绍的多波束测深声呐的覆盖宽度是根据波束扇面开角计算的理想型数值，而在实际外场测量时，该指标性能可能会有所下降，因此目前一些声呐厂商在公开指标里用覆盖扇面角度代替覆盖的水深倍数关系，或者发布覆盖宽度指标时标注水文条件。例如，当水中的声速剖面随深度是负梯度变化（声速随深度增加逐渐减小）时，声线会向海底下方弯曲而降低，使覆盖宽度减小。图 4-6 为声速剖面对覆盖宽度的影响。

回想一下主动声呐方程中传播损失、声源级、指向性、脉冲宽度、海底反向散射强度、环境噪声级等物理量。当作业的海域及海况确定后，能改变声呐探测性能的主要手段包括：①通过调节频率来改变传播损失；②调整发射功率来改变声源级；③控制参与计算的接收/发射通道数或调整参数、设计阵型来改变波束指向性；④选择不同脉冲宽度的信号来改变反向散射强度数据的大小。例如，低频因吸收损失小而具有更远的探测距离，但低频信号在距离与角度分辨率方面相对较低。为了清晰地探测目标，我们期望尽可能高的频率；为了远距离探测，我们希望更低的频率。这也决定了浅水、中水、深水多波束测深声呐的工作频率范围及其在探测距离和目标分辨力方面的能力。

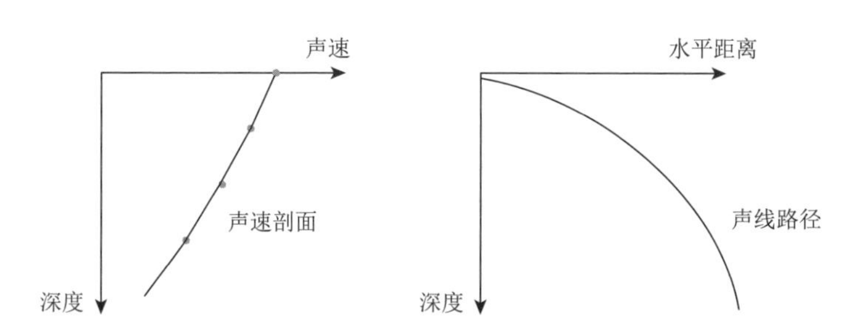

图 4-6　声速剖面对覆盖宽度的影响

多波束测深声呐的有效覆盖宽度与传播损失、海底反向散射、波束扇面宽度等都有关系。如图 4-7 所示，受上述因素影响，当水深超过一定距离时，多波束测深声呐的外侧波束将很难检测到回波信号，使水平覆盖宽度随深度增加持续减小。为了保证足够的覆盖宽度，我们能采取的方案是采用频率更低的声呐系统来实现更远距离探测的需求。此外，从图 4-7 可以看出，声呐的正下方的探测距离表现得要更优秀一些，这是海底正下方的反向散射强度与其他角度相比要大很多的缘故。

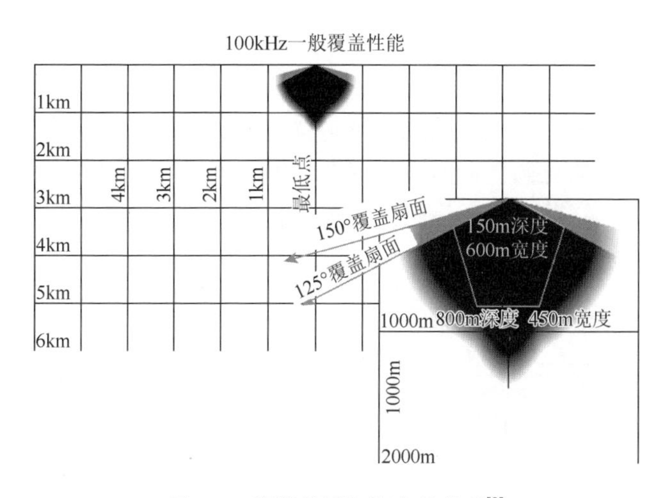

图 4-7　探测范围与深度的关系[9]

这里进一步考虑不同频率范围及深度条件下声呐的有效覆盖宽度问题。如图 4-8 所示，不同大小频率下合成的有效覆盖宽度曲线会产生类似台阶的现象。该曲线可以为多波束测深声呐的选择提供参考。例如，考虑一个 200～370m 水深内的测量区域，如果采用 100kHz 近岸浅水多波束测深声呐，其覆盖宽度会降低，进而需要在测量时对测线间距进行减小处理，使测线数量增加。当选用更低频的声呐时覆盖宽度得以保证，但目标探测分辨力会有所下降。此外，两种方式导致的作业成本也是需要考虑的另一个重要因素。

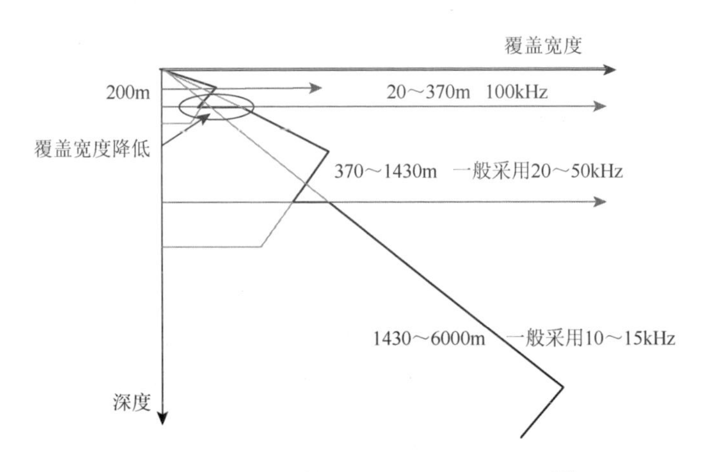

图 4-8 不同频率下的有效覆盖范围对比[9]

4.2 运动姿态主动稳定技术

当利用多波束测深声呐进行海底地形测绘或目标检测任务时，我们希望在规划航线下实现对测量区域海底的 100%覆盖。从上述两个任务角度来说，100%覆盖可以包含两方面含义：在垂直于航迹向方向实现预期扫测区域的全覆盖；船速稳定的前提下，在航迹向方向实现扫测条带间的间隔尽量相同。此外，通常选择等距模式以保障单次条带内各测量点间距尽量相同，即在航迹与垂直于航迹两方向实现局部区域海底检测点数据密度相近且均匀。而事实上，由于风、海浪、载体平台等因素影响，多波束测深声呐在行进过程中的运动姿态也存在横摇、纵摇、偏航等情况，使得多波束数据中的覆盖条带左右发生横向偏移，条带间距及数据密度也不均匀（图 4-9），从而影响声呐覆盖性能。例如，受平台横摇的影响，多波束数据条带会在扫测扇面方向产生横向位移；受船舶纵摇和偏航的影响，航行方向测量条带间隔会产生测量间距（前后）不均匀与左右不均匀等现象。虽然可以通过后处理软件对运动姿态进行补偿，但只能改正测深结果，而无法改变实际的扫测覆盖效果。为了解决上述问题，需要多波束测深声呐根据实时接收的横摇、纵摇、艏向等姿态信息进行发射或接收角度的相控调节，达到稳定测量的目的，而该类技术统称为运动姿态主动稳定或实时姿态补偿。当然，这些姿态稳定技术能力的实现也增加了声呐系统的复杂度与成本，同时也体现了该声呐的技术先进性。

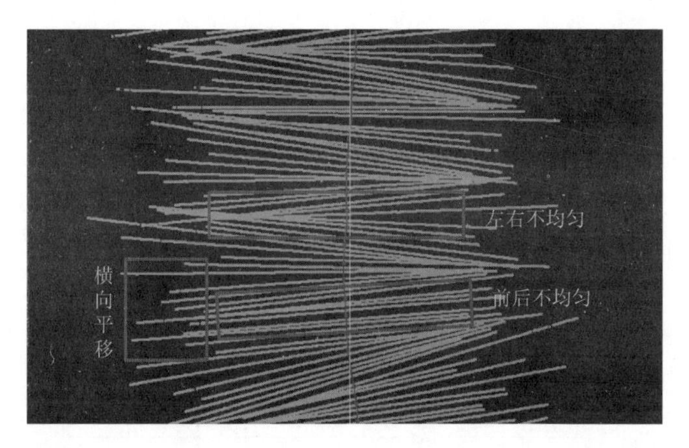

图 4-9　未做运动姿态主动稳定的多波束测深声呐扫测覆盖图

4.2.1　横摇稳定

1. 未实时横摇稳定对测深效率的影响

受风浪等因素影响，测量船在行进过程左右摇摆，导致横摇角随之变化。随着测量船的左摇右摆，测绘条带参差不齐，测绘条带的有效宽度变窄，导致有效覆盖范围减小，降低了测绘效率。为了方便测深效率分析，以平海底为研究对象，并设覆盖宽度为 N 倍，船横摇后覆盖线的变化图如图 4-10 所示。图 4-10 中 AB 为零横摇角时的覆盖线，DE 为 θ 横摇角（非零）时的覆盖线。

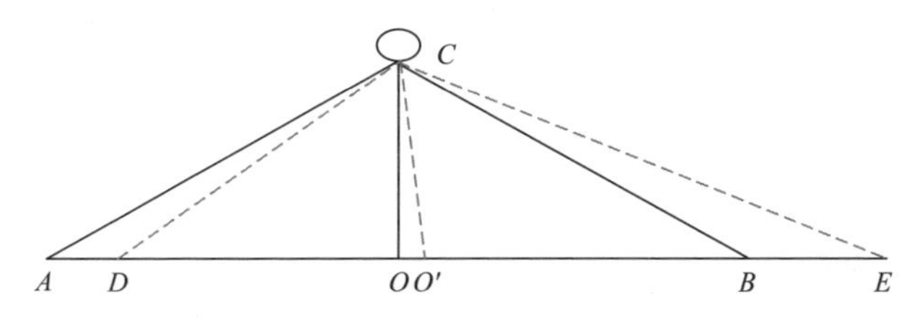

图 4-10　船横摇后覆盖线的变化图

由图 4-10 可看出，横摇导致覆盖线产生了偏移，使 AD 不能被有效覆盖。考虑船左右随机摇晃，近似认为有效覆盖线长度仅为 DO 的两倍。从整条测线来看，为了实现海区的全覆盖测量，影响有效覆盖率 η 的主要因素是最大横摇角 $\theta_{\max}$，两者的关系如下[10]：

$$\eta=\frac{2DO}{AB}=\frac{2\tan\left(\arctan\left(\frac{N}{2}\right)-\theta_{\max}\right)CO}{N\times CO}=\frac{2\tan\left(\arctan\left(\frac{N}{2}\right)-\theta_{\max}\right)}{N} \quad (4\text{-}1)$$

假设覆盖倍数 N 为 4，$\theta_{\max}$ 为 0°～10°，根据式（4-1）可以得到有效覆盖率 η 与最大横摇角 $\theta_{\max}$ 的关系如图 4-11 所示。由图 4-11 可以清晰地看出，随着 $\theta_{\max}$ 变大，有效覆盖率 η 降低，进而导致测量效率也降低。

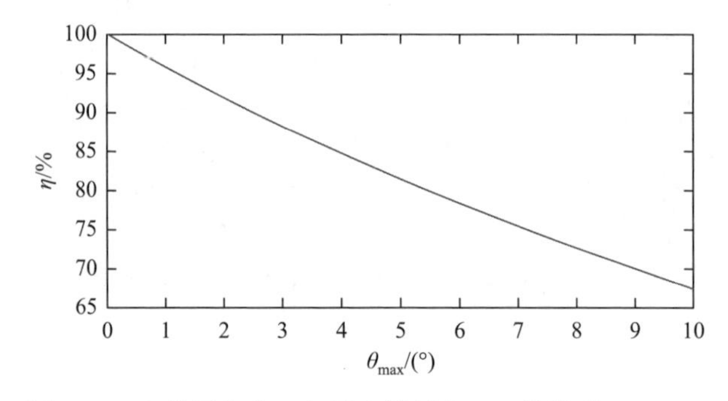

图 4-11　有效覆盖率 η 与最大横摇角 $\theta_{\max}$ 的关系（$N=4$）

此外，由于在常规多波束测深声呐中常使用等距模式，期望相邻检测点均匀分布，但受横摇影响，未实时横摇稳定处理检测点分布不均匀，测量船两边检测点分布可知一边稀疏一边密集，横摇角度越大，该现象就越明显。

2. 实时横摇稳定技术

实时横摇稳定技术的基本原理是在波束形成时实时更新波束角，即把预成波束角进行实时横摇，再针对补偿后的波束角做波束形成，达到横摇条件下覆盖线稳定的目的。

浅水多波束测深中，由于 DFT 的运算量较大，传统波束形成技术常倾向于采用 FFT。但实时横摇稳定时预成波束角往往不能正对 FFT 所指波束角，这样会带来较大误差，因此需要采用 DFT 等具有可实时改变相控角能力的技术来实时实现波束形成。DFT 公式如下：

$$V(k)=\sum_{i=0}^{N-1}V_i\left(\cos\left(\mathrm{i}\frac{2\pi d}{\lambda}\sin(\theta_0(k))\right)-j\sin\left(\mathrm{i}\frac{2\pi d}{\lambda}\sin(\theta_0(k))\right)\right) \quad (4\text{-}2)$$

式中，N 为阵元数；d 为阵元间距；λ 为信号波长。由式（4-2）中的 $\mathrm{i}\times(2\pi\times d/\lambda)\times$

$\sin(\theta_0(k))$ 可知，其唯一的变量 $\theta_0(k)$ 和横摇角有关，因此，为了补偿横摇影响，在波束形成前需要不断地更新时间延迟或者相位，以确保实际相控波束与海底保持恒定的角度序列，且不受横摇角度影响。而一般来说，如果没有进行横摇补偿，接收波束控制角度也是相对恒定的，只不过是以接收阵法线方向为参考的。由于 DFT 的运算量较大，且需要实时计算波束角，因此对于多波束测深声呐系统来说实时处理难度较大。文献[10]与[11]中详细讨论了具有横摇稳定的波束形成器的实时实现方法，本节不再赘述。

这里首先通过仿真方法进一步分析横摇稳定在提高测绘方面的优势。假设被测水域为 100m 水深平海底，多波束测深声呐的有效覆盖为 4 倍，提取某型浅水多波束测深声呐在湖上测量试验中采集的横摇数据，分别将未实时横摇补偿和实时横摇稳定技术的覆盖线进行对比，如图 4-12 所示。图 4-12 中左右起伏曲线代表未实时横摇补偿的覆盖线分布，粗直线为实时横摇稳定后的覆盖线分布。由图 4-12 可以清晰地看到，未实时横摇补偿的覆盖线边缘随着横摇角度变化而变得不规则。为了实现全覆盖，两条测线间的交叠率要求较高，而实时横摇稳定的覆盖线边缘却很规则，相应的交叠率较低，测量效率大大提高，分析横摇数据可知最大横摇角度为 5.5°，根据式（4-1）可知未实时横摇补偿的有效覆盖率 η 为 79.8%。而实时横摇稳定技术的有效覆盖率 η 接近 100%，因此有效地提高了测深效率。

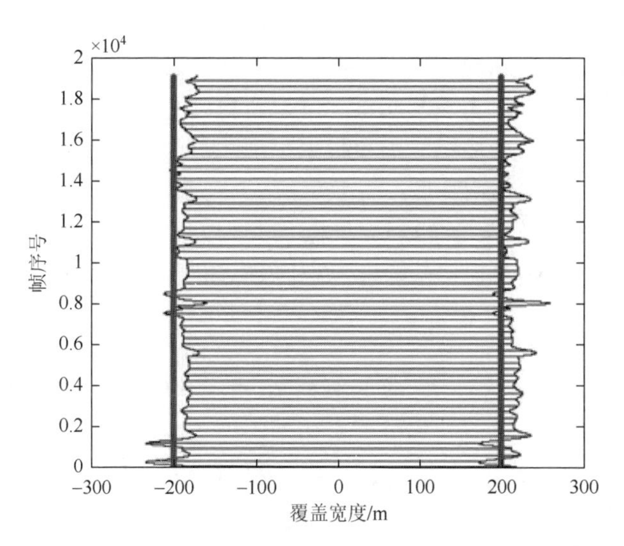

图 4-12　实时横摇稳定与未实时横摇稳定的覆盖线对比

为了更清晰地理解实际多波束测深声呐的姿态稳定效果，这里以具备横摇与纵摇稳定能力的国产 SMB-2040-SW-E 型浅水多波束测深声呐系统采集的海上数据为例进行分析。图 4-13 绘制了相近两条测线数据的覆盖情况，包括声呐系统测量时开启/未开启横摇实时稳定功能的处理结果。对比两组结果可以看出，采用横摇实时稳定的多波束测深声呐测量时，可以得到不受载体横摇影响的测绘条带分布。

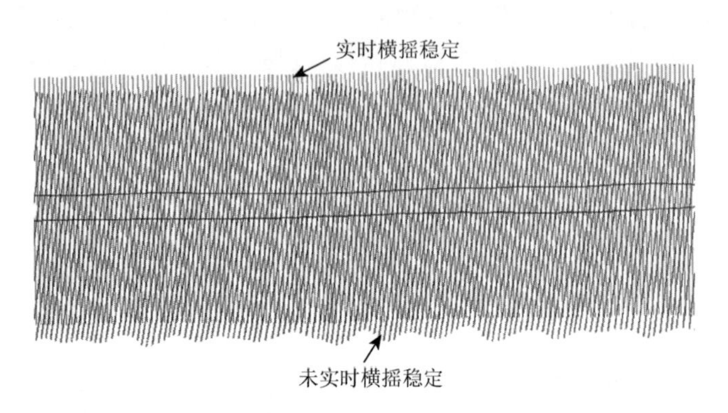

图 4-13 实时横摇稳定与未实时横摇稳定覆盖范围对比

4.2.2 纵摇稳定

在多波束的测量过程中，测量船的姿态是不断变化的，当纵摇角较大时，发射波束无法作用到船体正下方，这样测绘条带会随着测量船的“前俯后仰”，在航行方向上呈“深一脚、浅一脚”的不均匀分布[12]。具体原因是，如果没有补偿，俯仰角会导致沿航迹向测线间距可变，使间距变大或重叠。因此，为了保证测量过程中对测区地形或目标无遗漏测量，需要考虑使用纵摇补偿手段，使测绘条带在航行方向上的分布比较均匀。需要根据纵摇角对发射波束角进行实时补偿，使补偿后的发射波束垂直指向海底，而不受测量船纵摇影响。在多波束测深声呐中，实时实现的方法是发射阵每个通道的驱动信号以姿态传感器输出的纵摇值为参考，并通过改变相邻两路输出信号的发射时延 τ 来形成不同角度的波束：

$$\tau = \frac{d\sin\theta}{c} \tag{4-3}$$

式中，d 为阵元间隔；c 为声速；θ 为纵摇角。在实际的工程应用中，还应该考虑在发射阵长度确定的情况下，相控波束角度与栅瓣角度的夹角关系，这也是限制最大相控角度的约束条件之一。当然，纵摇稳定技术的应用也会增加发射系统的电路复杂性和成本。因此，对于浅水多波束测深声呐，也有部分产品采用高 Ping 率工作方式来获得近似等价纵摇稳定的效果。

对于单波束测深声呐及窄覆盖扇面的多波束测深声呐而言，纵摇稳定功能所带来的好处是显而易见的。而当多波束测深声呐的覆盖扇面较宽时，根据上述原理实现的纵摇稳定能力会存在缺陷[13]。这是因为传统的多波束测深声呐发射阵在垂直于航迹向通常为单通道，只能产生单一的发射波束图，覆盖从左舷到右舷的整个覆盖扇区。所以当进行纵摇稳定时，如果我们选择与姿态传感器数据相同的角度进行反向补偿，则发射扇面会由平面变成曲面，使得中央角度区域发射波束可向海底正下方照射，但外侧波束会补过[图 4-14（b）与（c）]，此时可以称为过补偿。当然，也可以如图 4-14（a）所示，远离中央波束角度区，而根据其他接收波束方向角度调整发射相控角度，这样该接收波束角度处俯仰补偿将是准确的，内侧的波束将被补偿不足（欠补偿），而外侧的接收波束仍会过补偿。

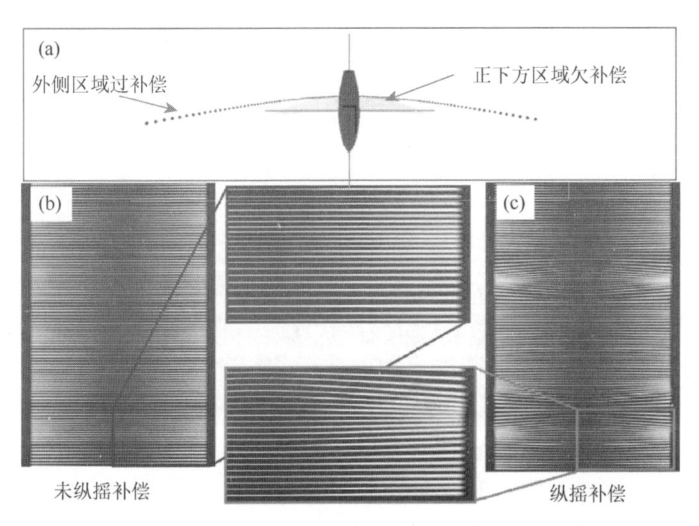

图 4-14 单发射扇面多波束测深声呐纵摇补偿影响[9, 13]

为了解决纵摇稳定后仍然会存在的过/欠补偿问题，中/深水型多波束测深声呐系统通常会被设计成具有多扇区扫测能力。每个扇区都有一个单独的波束控制角，旨在独立优化特定扇区内的俯仰和偏航稳定性的综合效果。由于艏向稳定技术和纵摇稳定技术类似，并且在实际中，常常两者被一起考虑，因此多扇区技术将在 4.2.3 节结合艏向稳定内容进行介绍。

4.2.3 艏向稳定

当测量船因海流、风等因素影响而发生偏航时，多波束测深声呐的条带测量数据在偏航方向一侧会加密或发生重叠，而在另一侧会变得稀疏，也就是说，受偏航影响，数据密度随航向而变化，同时也会影响条带外侧的覆盖范围。目前的解决方案是将发射波束分离为两个或更多离散且相互衔接的扇区，并通过使用不同的发射转向角来补偿，达到艏向与纵摇稳定的效果。文献[9]给出了艏向稳定前后的测线分布对比图（图 4-15），从中可以看出，基于姿态传感器的艏向信息进行主动补偿后，测线数据密度分布不均的问题得到明显改善，达到了海底地形地貌及水下目标无遗漏探测的目的。

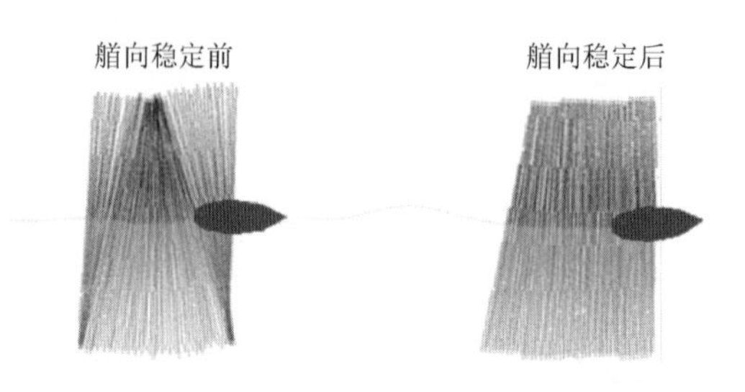

图 4-15　艏向稳定前后的测线分布对比图[9]

对于艏向补偿，除了要求声呐发射阵每个通道的驱动信号独立可控，还要求发射的宽扇面由多个窄的发射扇面组成。为了避免接收混叠引起检测错误，这些窄发射扇面对应的声波频率各不相同。例如，中/深水多波束测深声呐 EM710、EM302、EM122 等就采用多扇区设计，目的是消除测量船纵摇与艏向姿态的影响。这里以三扇区设计为例对姿态稳定性能进行分析。假设某中水型多波束测深声呐由三个发射子阵构成，每个子阵发射不同频率的探测信号，分别覆盖左中右三个探测区域。图 4-16 中矩形框 A 为理想±70°覆盖区间，B 为引入横摇、纵摇、艏摇后的理想±70°覆盖区间。中间上中下依次为仿真的三个频率各自的波束图案。如图 4-16（a）所示，当三个频率的波束图案拼接在一起可以超出或达到矩形框 A 的长度时可以认为能够覆盖整个探测区域。如图 4-16（b）所示，当三个频率的波束图案拼接在一起未达到矩形框 A 的长度时可以认为不能够覆盖整个探测区域。可以看出，通过姿态稳定技术，可以将波束条带范围尽量控制到矩形框 A 中。

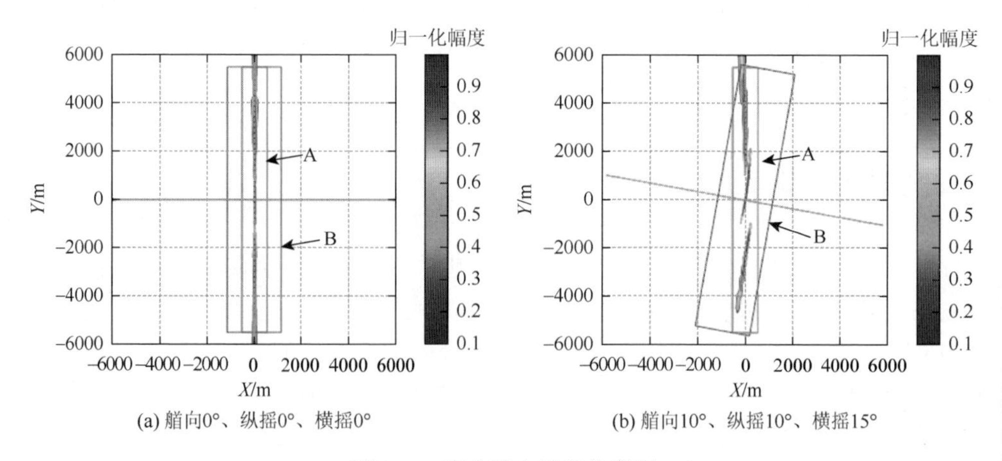

图 4-16　姿态稳定效果仿真图

而从图4-17中可以看出，多扇区的实现，使得测量船发生俯仰与偏航时，测量条带能保持在目标扫测区域内，而减小偏移。扇区越多，姿态稳定的效果越好，即各扇区中间间隙减小，且整体覆盖范围在垂直于计划线方向更窄。

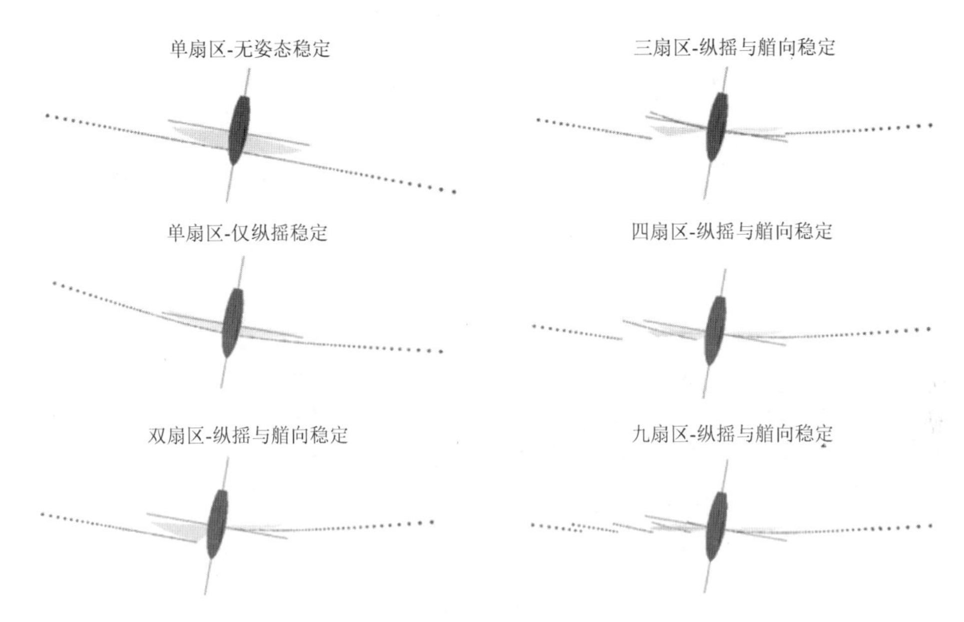

图4-17　多扇区多波束测深声呐纵摇与艏向稳定示意图[9]

那是不是我们会尽可能多地增加扇区呢，事实上并非如此。当换能器发射信号中心频率及带宽确定后，本节所设计扇区的数量会直接影响水下探测时的距离分辨力。具体来说，扇区增加会相应地减小各扇区内发射信号的带宽，进而降低所能发射信号的距离分辨力。以EM710多波束测深声呐为例（图4-18），其工作频率为70～100kHz，可用的换能器带宽为30kHz。EM710多波束测深声呐为了保证在远距离探测时仍然具有高密度探测能力（此时回波时间较长，且发射单一频率信号，Ping率提高条件受限），会采用多条带技术（或称为多Ping技术），相邻两探测周期发射不同的信号频率，为此，该系统每个测深范围内，都设计4频率发射扇面，共组成两组宽覆盖扇面组合。其中，每组宽覆盖扇面都由三个窄扇面组成。对于极浅水条件（2～100m）来说，为了使频率不混叠，发射频率间隔为8kHz，带宽为5kHz。而此时如果增加扇面个数，那么会降低带宽，进而使距离分辨力变差，影响探测精度。虽然远距离探测时，我们对精度的要求可以适当降低，即增大脉冲宽度（CW脉冲）或减少带宽（LFM信号），但此时仍然不能盲目地增加扇区个数。这是因为高频的声衰减较为强烈，当远距离探测时，发射信号的中心频率范围也需要相应地下移，即可用的带宽范围变窄了。

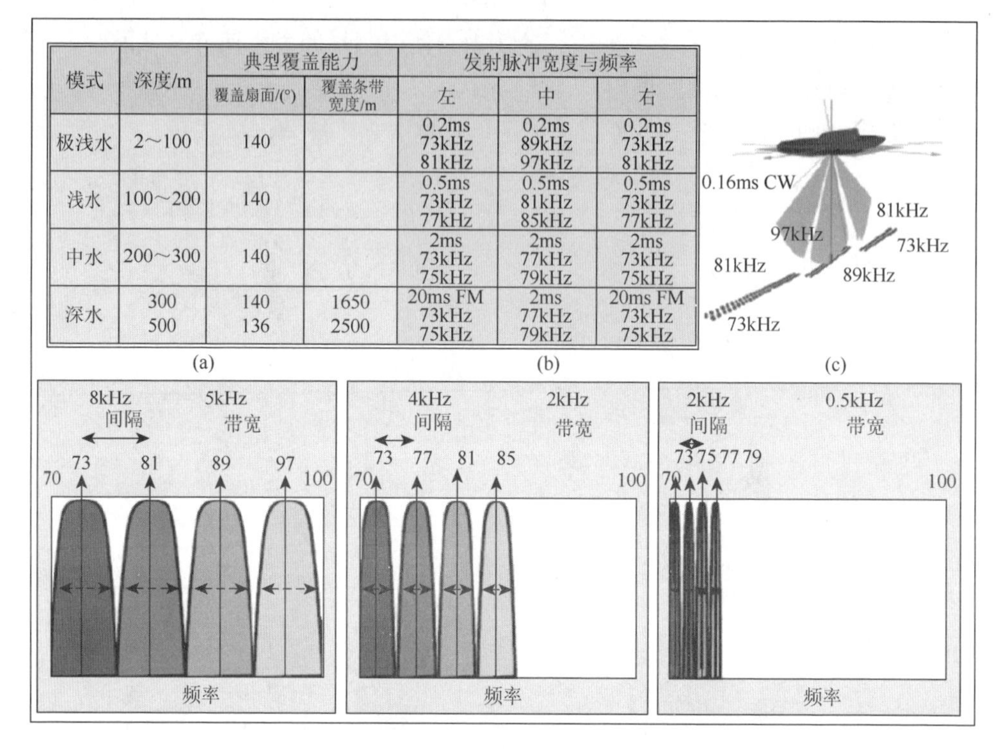

模式	深度/m	典型覆盖能力		发射脉冲宽度与频率		
		覆盖扇面/(°)	覆盖条带宽度/m	左	中	右
极浅水	2～100	140		0.2ms 73kHz 81kHz	0.2ms 89kHz 97kHz	0.2ms 73kHz 81kHz
浅水	100～200	140		0.5ms 73kHz 77kHz	0.5ms 81kHz 85kHz	0.5ms 73kHz 77kHz
中水	200～300	140		2ms 73kHz 75kHz	2ms 77kHz 79kHz	2ms 73kHz 75kHz
深水	300 500	140 136	1650 2500	20ms FM 73kHz 75kHz	2ms 77kHz 79kHz	20ms FM 73kHz 75kHz

图 4-18　EM710 多波束测深声呐扇区数量、带宽及脉冲宽度的设计[14]

上述方法通过将每个扇区分配不同的频段来实现扇区分离，因此可以称为频分技术（frequency-division techniques，FDT）。由于多波束测深声呐与频率高度相关，受目标、环境频响特性等因素影响，FDT 也存在一定缺点[15]：①与单扇区多波束测深声呐相比，FDT 还降低了最大脉冲带宽，损失了一定的距离分辨力；②海底或目标的散射强度与频率相关，不同频率的扇面会影响对相同目标环境的一致性表征能力，因此通常需要后续复杂的频响偏差修正算法的配合；③从发射、接收硬件系统的角度来说，每个扇区的辐射效果可能会在声源级、增益等方面存在差异，需要校正处理。而由于吸收损失的频率差异也会引起时间可变增益（time variable gain，TVG）补偿的差异，也需要进行偏差校正。为了弥补上述缺点，可以使用码分技术（code-division technique，CDT）及多载波码分技术（multicarrier code-division technique，MC-CDT）作为该问题的解决方案[15]，基本原理是使用正交波形将相同频带分配给多个扇区，在同一频带内接收一组正交编码脉冲，每个扇区用匹配滤波器分开。与 FDT 相比，本节所介绍的设计提供了更好的距离分辨率，并大大降低了影响不同扇区的频率偏差。还可以采用空分方案，如 SeaBeam 3030，采用空间扫描发射，不仅可以更充分地利用带宽，而且发射声源级相对更高，从而获得更高的测深能力，但是其总发射时间不可避免地要增加，并且波束空间控制也相对更复杂[16]。

4.3　面地形探测技术

常规的多波束测深声呐的接收阵多采用一维直线阵形式，其仅可在垂直于航迹向上形成覆盖条带。通过行进方式将单 Ping 测量的线状水深点组合成一定面积的水深地形，即线-面测量。由于有些场合需要对水下目标或地形进行即时的三维显示，以服务自主水下航行器（autonomous underwater vehicle，AUV）等水下航行器的避障、导航、水雷识别等任务要求，走航式的三维地形与目标形态拼接方式显然在探测时效上难以满足上述需求，需要寻求更高效的面地形探测技术。

4.3.1　二维均匀平面阵面地形探测技术

由阵列信号处理基础知识可知，接收阵采用二维均匀平面阵可使声呐在水平、垂直、距离 3 个方向上直接获得分辨力。即在每个独立 Ping 周期下均可获得较大范围的海底水深地形测量（即面-面测量）能力。该声呐通常也称为三维成像声呐或三维前视声呐等。

具有代表性的二维平面阵声呐是 Coda Octopus Echoscope® 3D 声呐，其利用相控阵技术产生 16384 个接收波束（128×128），形成了相控阵二维平面阵声呐波束能量分布图（图 4-19）。每秒 20 次的数据更新，每 Ping 的三维图像的瞬时结合，让整个三维场景可以实时地可视化显示出来。图 4-20 是利用该声呐对海底管线的监测效果图，可以看出该声呐可以在一次探测周期内直观地显示水下物体的相对位置与海底二维地形。

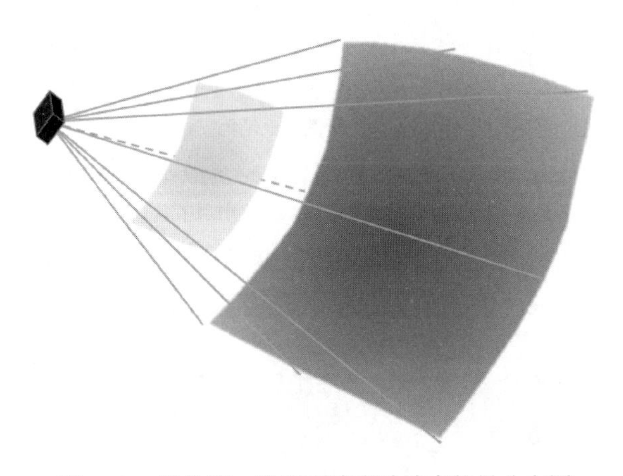

图 4-19　相控阵二维平面阵声呐波束能量分布图

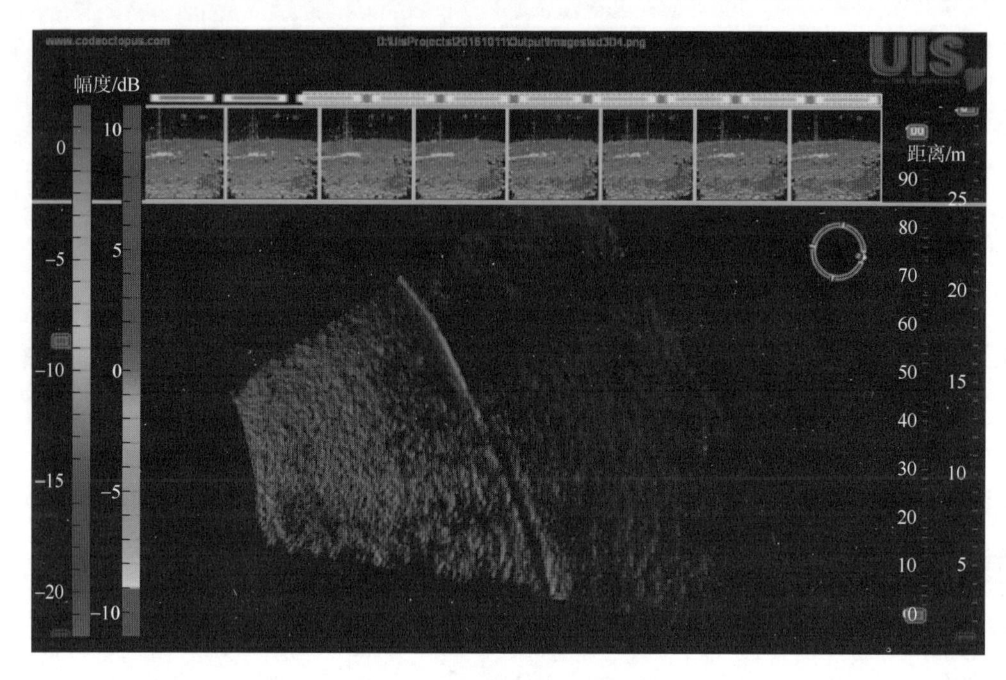

图 4-20　海底管线的监测效果图

三维成像声呐成像速度快，但由于采用了平面阵，因而阵元数和相应的电子通道数远远超过直线阵，使得硬件复杂度大大增加。

4.3.2　二维稀疏阵面地形探测技术

2013 年，Yufit 和 Maillard[17]在稀疏布阵前视声呐的基础上，在不同接收直线阵同号波束间采用相干法，基于垂直向相位差序列获得海底深度信息，该技术的优势在于：①常规多波束测深一次探测可以获得数百个水平向的检测点，而该技术利用整个垂直向相位差序列的回波点表示海底深度，可以实现一次探测获得一个面地形，极大地提高了测绘效率；②传统多波束测深声呐可以通过高密度波束形成的方法提高水平向分辨率，但垂直向分辨率却难以突破，而该技术一次探测可以在垂直向获得高密度的检测点，进而提高了多波束测深声呐的垂直向分辨率。下面我们将介绍这种成阵方式更为简单、性能相近的面地形探测技术。

1. 三维相干测深技术原理

接收阵布阵示意图如图 4-21 所示，共三条直线阵，其中，1、2 号线阵组成短基线阵，2、3 号线阵组成长基线阵[18, 19]。

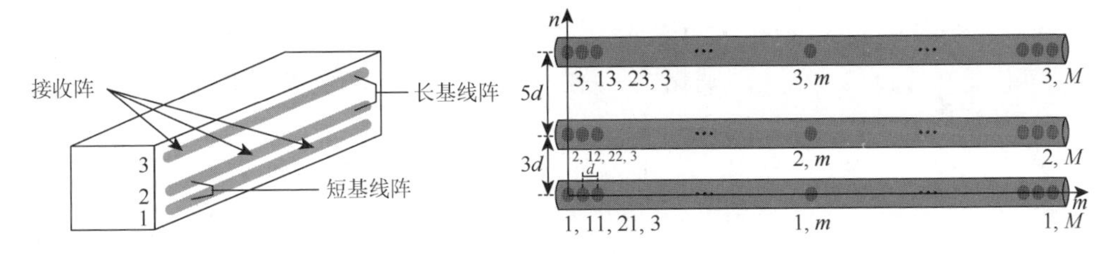

图 4-21　接收阵布阵示意图

三条直线阵对接收到的海底回波信号进行多波束形成，将产生三组数百个接收波束，以实现水平条带覆盖。三组接收波束中相应的波束具有相同的波束角，相同波束角波束（同号波束）输出信号的相位成分不同，因为该相位随垂直向角度变化。由于相应波束之间的相位差与海底反向散射信号的到达方向有关，因此通过相位差可以获得每个时间样本的垂直角。

三维相干测深技术原理几何示意图如图 4-22 所示，两个空间上相隔一定距离的直线阵进行波束形成后形成两组接收波束，假设 S_a 和 S_b 分别是两组接收波束中同号波束的接收信号（复信号），相位差可由 $S_aS_b^*$ 计算，ψ 为基阵的倾斜角度，*表示共轭复数，δR 表示声程差。相位差 $\Delta\phi$ 和 θ 之间的关系由式（4-4）给出：

$$\Delta\phi=\frac{2\pi D\cos(\theta+\psi)}{\lambda}=\frac{2\pi\delta R}{\lambda} \tag{4-4}$$

式中，D 为两传感器间隔（也称为基线长度）；λ 为波长。则被测海底与基阵底端所在水平面的深度 h 为

$$h=r\cdot\cos\theta \tag{4-5}$$

式（4-4）和式（4-5）给出了三维相干测深原理及其深度计算公式。利用上述相位差曲线内所有值进行海底深度计算，即可得到整个声波照射区域面地形。

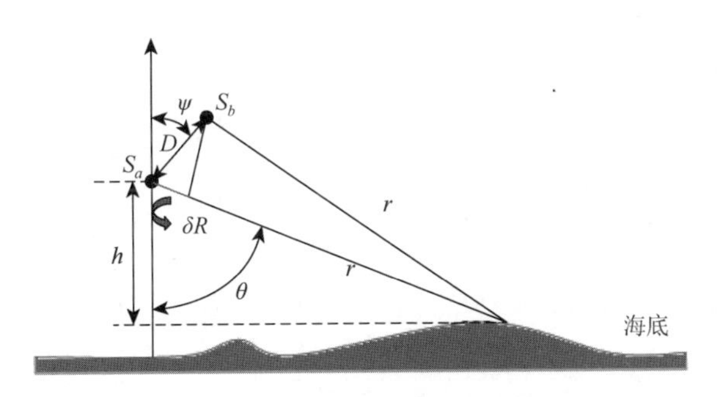

图 4-22　三维相干测深技术原理几何示意图

2. Vernier 法解缠绕算法

当得到相位差序列后，为了准确地计算各采样时刻对应的入射角，还需要对

其进行相位差解模糊处理。由于实际测量的相位差根据式（4-4）只能估计出 $\Delta\phi$ 的相位主值，若 $D/\lambda=1/2$，则相位差在 $[-\pi,\pi]$ 内随入射角 θ 单调变化，即从相位差估计值中可以唯一地确定 θ；但当 $D/\lambda>1/2$ 时，相位差的变化会超过 $[-\pi,\pi]$，即所计算的一个相位差值对应多个入射角，即产生了相位模糊。因此需要采用合适的相位差解模糊算法得到 $\Delta\phi$ 真实的全相位值。

上述特殊设计的稀疏阵型可以采用 Vernier 算法进行相位解缠绕。两同号接收波束之间的相位差可能存在 2π 模糊，Vernier 算法是用 3 个接收阵组成两个相干对来消除这种相位模糊问题，其中每一个相干对的相位差测量可以表示为

$$\mathrm{mod}(\Delta\phi,2\pi)+2n\pi=\frac{2\pi d\cos(\theta+\psi)}{\lambda} \tag{4-6}$$

式中，$\mathrm{mod}(\Delta\phi,2\pi)$ 表示含有相位模糊的相位差测量值，这样每一个相干阵对测量得到的相位差都对应几个波达方向，但是实际中的海底回波到达方向是确定的，两个子阵对观察到的海底回波方向也应该是相同的。因此如果把两个相干对计算得到的回波到达角的可能方向画出来，两个互相重合且属于不同的相干对的回波到达方向才对应于真实的相位差测量，因此满足：

$$\frac{\mathrm{mod}(\Delta\phi_1,2\pi)}{2\pi d_1}+\frac{n_1\lambda}{d_1}=\frac{\mathrm{mod}(\Delta\phi_2,2\pi)}{2\pi d_2}+\frac{n_2\lambda}{d_2} \tag{4-7}$$

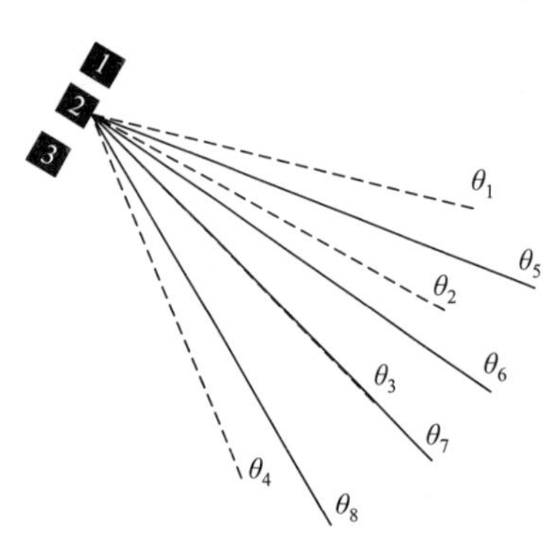

图 4-23　两相干对计算的可能的回波到达方向

式中，n_1 和 n_2 分别对应两个相干对的相位模糊数。例如，对于同一次测量，相干对 1 测量的相位差值 $\Delta\phi_1$ 可能对应于不同的入射角度 $\theta_1,\theta_2,\theta_3,\theta_4$，如图 4-23 中虚线所示。相干对 2 测量的相位差值 $\Delta\phi_2$ 可能对应于不同的入射角度 $\theta_5,\theta_6,\theta_7,\theta_8$。如果 θ_3 和 θ_7 是相同的，而其他角度是不相同的，那么很明显不模糊的相位差对应的入射角度就是 θ_3。

事实上，实际测量信号的回波到达角是不可能完全重合的。图 4-21 所示的情况只在理想情况下存在，在实际测量中要找的是在两个相干对中方位估计最接近的两个回波到达方向，即使得式（4-8）中 ε 最小的 n_1 和 n_2。

$$\varepsilon=\frac{\mathrm{mod}(\Delta\phi_1,2\pi)}{2\pi d_1}-\frac{\mathrm{mod}(\Delta\phi_2,2\pi)}{2\pi d_2}+\frac{n_1\lambda}{d_1}-\frac{n_2\lambda}{d_2} \tag{4-8}$$

如果得到的 ε 大于等于 Vernier 有效阈值，那么很有可能对相位差的解模糊处理是错误的，因为此时由于噪声的存在不能分辨出真实的和错误的回波到达方向，Vernier 有效阈值用式（4-9）表示：

$$\frac{1}{2}\min\left(\left|\frac{n_1\lambda}{d_1}-\frac{n_2\lambda}{d_2}\right|\right),\quad (n_1,n_2)\neq(0,0) \tag{4-9}$$

这个值在声呐系统设计时就确定了，可以寻找一对基线长度来得到最大的 Vernier 有效阈值，但是一般来说，Vernier 有效阈值的增加伴随着相位差序列质量的下降，大的基线长度有更强的抗干扰能力，但是降低了 Vernier 效率，因此这种算法的缺点在于对噪声的敏感性，即噪声的存在会大大降低 Vernier 法解缠绕算法的性能。

假设短基线阵 1-2 间距为 Md ，其相位差为 $\Delta\varphi_{12}$，长基线阵 2-3 间距为 Nd ，其相位差为 $\Delta\varphi_{23}$ ，其中 d 为半波长，真实方位 θ 具有如下的形式：

$$\sin\theta\in\Delta\hat{\varphi}_{12}=(2\pi m+\Delta\varphi_{12})/(\pi M) \tag{4-10}$$

$$\sin\theta\in\Delta\hat{\varphi}_{23}=(2\pi n+\Delta\varphi_{23})/(\pi N) \tag{4-11}$$

式中，式（4-10）和式（4-11）右侧集合可以根据式（4-12）来计算：

$$\Delta\hat{\varphi}_{12}=\{(2\pi m+\Delta\varphi_{12})/(\pi M)|m\subseteq\lfloor -M/2,M/2\rfloor\} \tag{4-12}$$

$$\Delta\hat{\varphi}_{23}=\{(2\pi n+\Delta\varphi_{23})/(\pi N)|n\subseteq\lfloor -N/2,N/2\rfloor\} \tag{4-13}$$

式中，$\lfloor\cdot\rfloor$ 为向下取整函数。依据互质特性，匹配上述两个集合，搜索集合中最为接近的元素作为真实相位。Vernier 法相位解缠绕原理如图 4-24 所示，可见唯一锁定了真实相位。

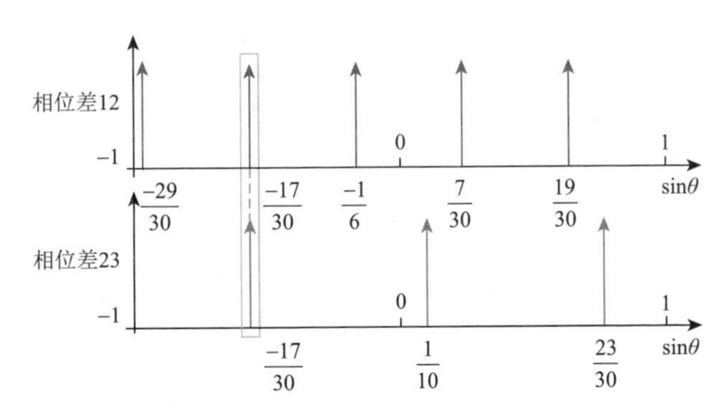

图 4-24　Vernier 法相位解缠绕原理

3. 面地形测量试验

1）试验一：目标探测水池试验

试验用声呐工作频率为 150kHz，三条直线阵的阵元数均为 48，各直线阵间距与图 4-21 中一致。基阵置于水面以下 2.5m，距离声呐基阵 2.5m、5.2m、6.1m

处分别放置三个直径为 280mm 的塑料球目标，各目标距离水面深度分别为 2.0m、2.3m、2.5m。以声呐基阵原点所在位置为参考原点，则水池试验场景声呐图像如图 4-25 所示。

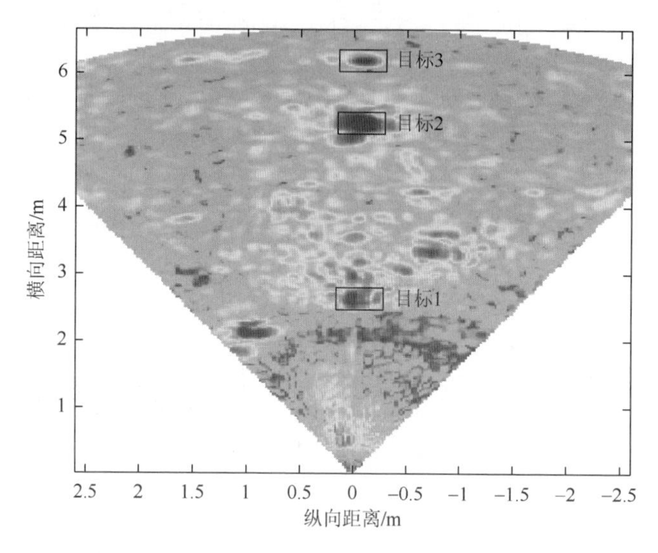

图 4-25　水池试验场景声呐图像

由图 4-26 可见，结合目标的水平角与垂直角估计值及回波到达时间，可以完成目标的三维定位。

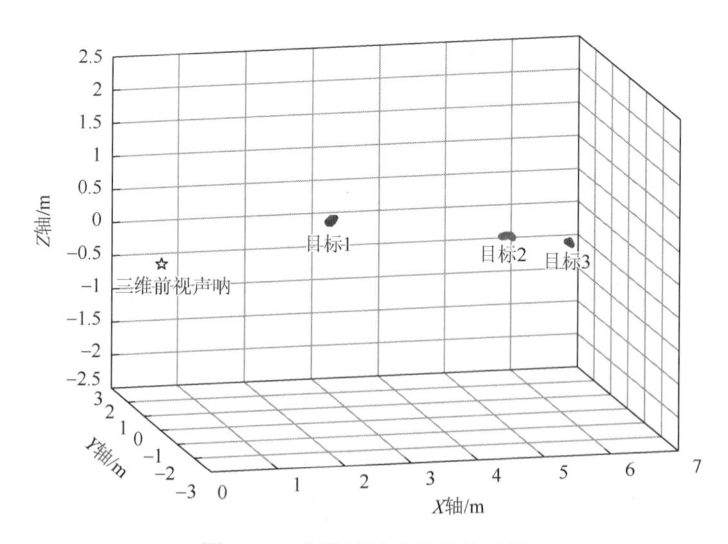

图 4-26　水池试验目标估计结果

2）试验二：面地形探测湖上试验

湖上试验时，利用水面无人船搭载声呐系统，声呐基阵置于水面以下 0.4m，声呐基阵与水平面夹角约为 60°。如图 4-27 所示，通过湖上试验现场显控界面的地形单帧检测结果窗口可以看出，该系统可以实时进行海底地形测量。如图 4-28 所示，声呐系统在单次测量周期内就可以获得水底面地形。图 4-29 为通过无人船在设定航线上行进测量后获得的两个测区的水下三维地形测量结果。

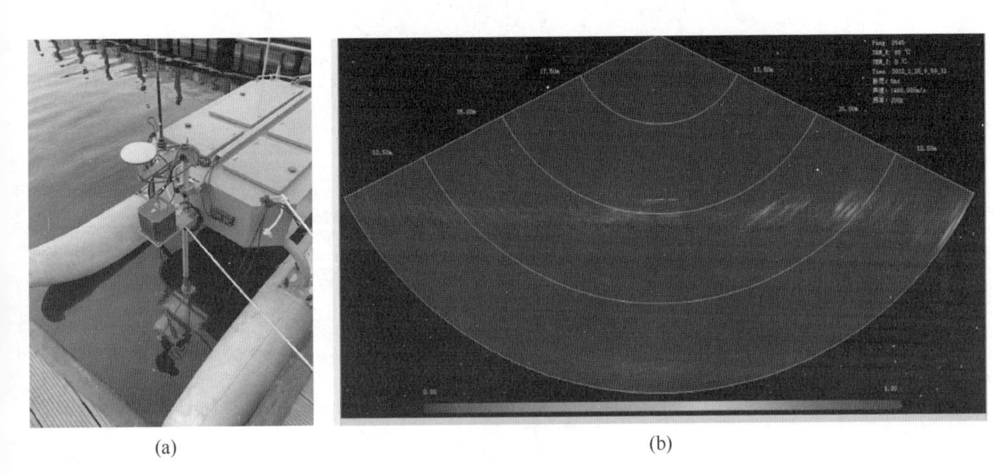

图 4-27　试验用无人船与显控界面的地形单帧检测结果窗口

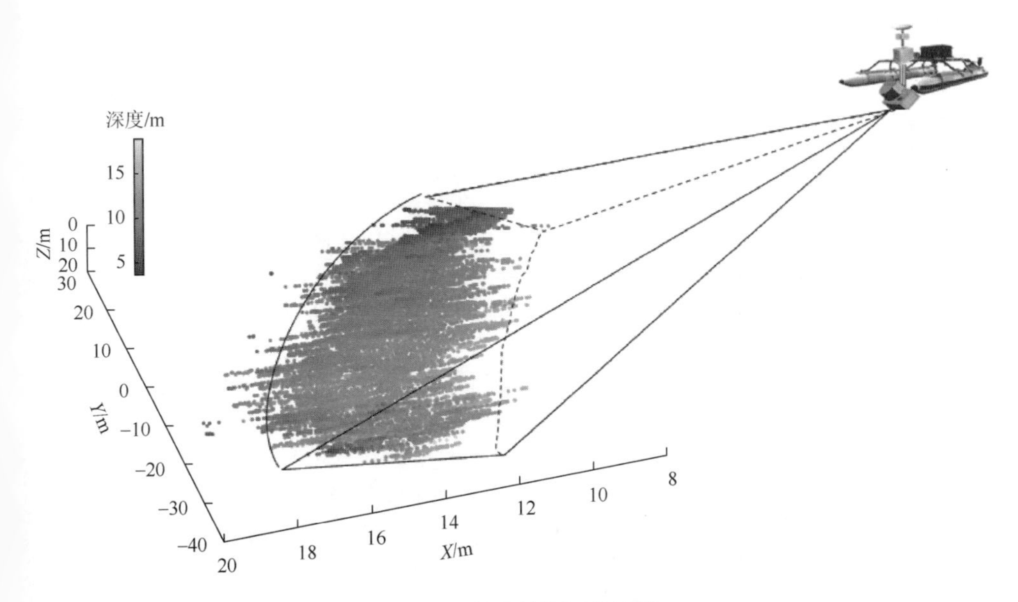

图 4-28　某单帧检测结果图

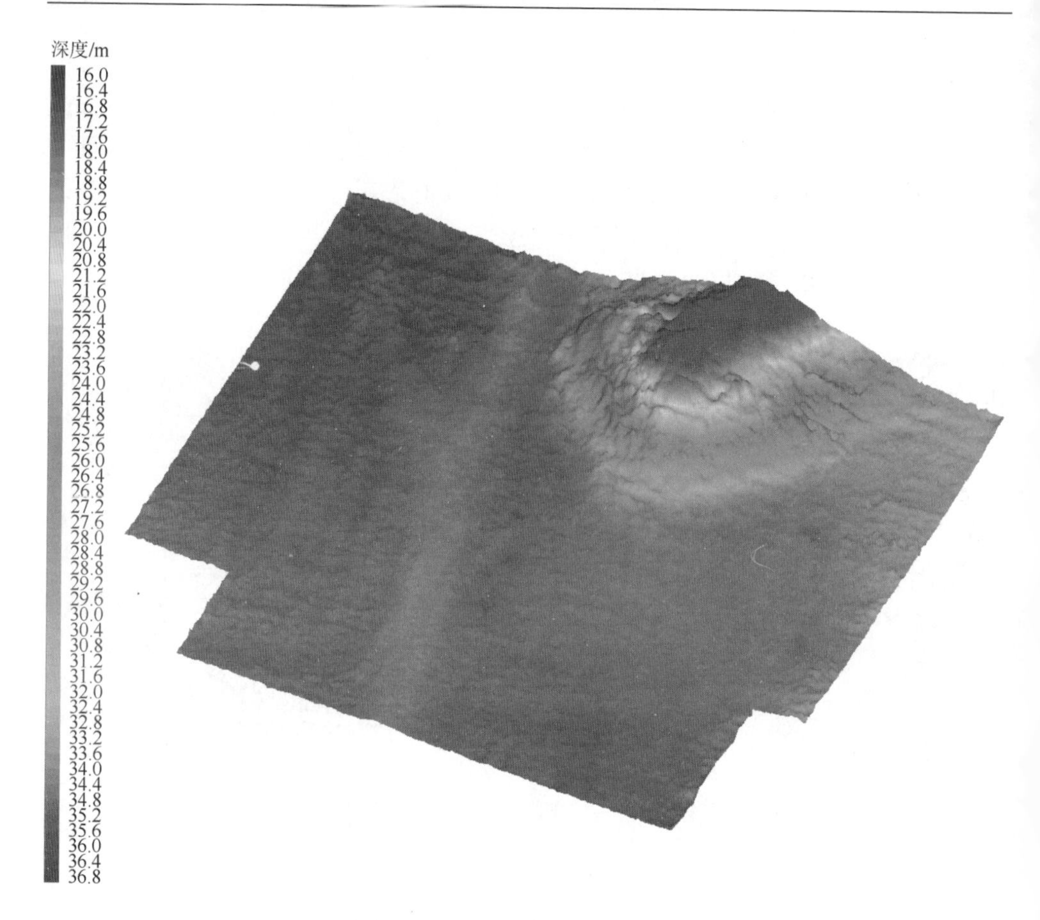

图 4-29　水下三维地形测量结果

参 考 文 献

[1] Zhang Y H，Xiao F M，Jin S H，et al. A new method of multi-beam real-time attitude compensation data processing[C]. Proceedings of E3S Web of Conferences，Tianjin，2020：01014.

[2] Kiesel K C. A new pitch/yaw stabilized bathymetric survey system[C]. Proceedings of IEEE Oceans，Providence，2000：201-205.

[3] Lurton X. An Introduction to Underwater Acoustics：Principles and Applications[M]. 2nd ed. Chichester：Springer，2010.

[4] 周天，李海森，么彬，等. 具有超宽覆盖指向性的多线阵组合声基阵：CN101149434[P]. 2008-03-26.

[5] L-3 ELAC Nautik. SeaBeam 1180/1185 shallow water multibeam systems[EB/OL]. [2022-07-05]. https://data.ngdc.noaa.ov/instruments/remote-sensing/active/profilers-sounders/acoustic-sounders/L3_ELAC_Nautik_SeaBeam_1180_1185.pdf.

[6] ATLAS HYDROGRAPHIC GmbH. ATLAS fansweep 20 shallow water multibeam echosounder[EB/OL]. [2022-07-05]. https://www.geotechsystem.com/PD_IMG/1275959748_ATLAS_FANSWEEP_20.pdf.

[7] Könnecke S. The new ATLAS fansweep 30 coastal：A tool for efficient and reliable hydrographic survey[C].

Proceedings of 25th International Conference on Offshore Mechanics and Arctic Engineering，Hamburg，2006：257-261.

[8] Maritime K. EM710 multibeam echo sounder product description[EB/OL]. [2022-07-05]. https://data.ngdc.noaa.gov/instruments/remote-sensing/active/profilers-sounders/acoustic-sounders/kongsberg_em710_data_sheet.pdf.

[9] Clarke H J E. GGE 3353 Lecture Notes Department of Geodesy and Geomatics Engineering[R]. Fredericton：University of New Brunswick，2010.

[10] 鲁东. 浅水多波束测深声呐关键技术研究[D]. 哈尔滨：哈尔滨工程大学，2015.

[11] 陈若婷，刘晓东，刘治宇，等. 一种基于横摇稳定的多波束测深方法[J]. 声学技术，2013，32（5）：368-372.

[12] 陈宝伟. 超宽覆盖多波束测深技术研究与实现[D]. 哈尔滨：哈尔滨工程大学，2012.

[13] Capell W J，Zabounidis C，Talukdar K. Pitch and yaw effects on very wide swath multibeam sonars[C]. Proceedings of IEEE Oceans，Victoria，1993：353-358.

[14] Teng Y T. Sector-specific beam pattern compensation for multi-sector and multi-swath multibeam sonars[D]. Frederictonl：University of New Brunswick，2012.

[15] Blachet A，Austeng A，Aparicio J，et al. Multibeam echosounder with orthogonal waveforms：Feasibility and potential benefits[J]. IEEE Journal of Oceanic Engineering，2021，46（3）：963-978.

[16] Pujol G L. Improvement of the spatial resolution for multibeam echosounders[D]. Brest：Telecom Bretagne-ITI Department-CNRS Lab，2007.

[17] Yufit G，Maillard E P. 3D forward looking sonar technology for surface ships and AUV：Example of design and bathymetry application[C]. 2013 IEEE International Underwater Technology Symposium，Tokyo，2013：1-5.

[18] 周天，沈嘉俊，杜伟东，等. 基于 Khatri-Rao 积的三维前视声呐空间方位估计技术[J]. 电子与信息学报，2021，43（3）：857-864.

[19] 周天，沈嘉俊，陈宝伟，等. 应用二维稀疏阵列的三维前视声呐方位估计[J]. 哈尔滨工程大学学报，2020，41（10）：1450-1456.

第 5 章　多波束测深声呐水下环境探测新能力

对新一代多波束测深声呐来说，其技术内涵已经被赋予了全新的解释。海底地形的高分辨、高精度、高效率测量只是其功能标签之一，海底反向散射地貌成像、水体目标成像、沉底目标加密检测、水中目标多回波检测等新能力[1-4]逐渐被人们熟悉、认可，并已经在海洋科学、海洋工程、国防等领域被广泛应用。

5.1　海底反向散射成像

多波束测深声呐采集的反向散射信号包含了海底检测点的方位与回波强度信息，采用相应的信号处理手段便可以获取能够反映海底底质特征的反向散射强度数据及其对应的地理位置 (x, y) 与入射角度信息 θ 等，而在此基础上生成的海底图像既可用于沉底目标的识别，也是多波束海底底质分类技术中重要的数据源。在 5.1.1 节中介绍几种典型的海底反向散射成像方法[5]。

5.1.1　海底反向散射成像方法

1. 波束-强度法

基于多波束测深声呐的海底成像方法中通常都需要利用海底检测点回波的 TOA-DOA 联合信息以估计其对应的回波强度、水平位置与入射角度信息。如第 2 章所述，目前多波束测深声呐系统海底回波检测方法中典型的有基于幅度的 WMT 及相位差过零检测法等。其中，在固定波束方向上，WMT 检测法通过幅度加权平均的方式搜索波束内幅度时间序列的能量中心来估计海底回波的 TOA 值，而相位差过零检测法通过估计两子阵同向波束信号相位差序列的过零点位置来估计回波的 TOA 值。这些方法的共同特点是每个波束只能得到一个来自波束主轴方向海底检测点回波的 TOA 值。而波束-强度法则是一种在上述海底回波检测方法基础上实现的成像方法，原理示意图如图 5-1 所示。波束-强度法是利用波束内幅度时间序列并结合波束主轴方向海底检测点回波的 DOA-TOA 信息得到回波强度值的(平均值或者最大值[6])。因此在忽略海底检测算法估计误差的前提下，得到的回波强度数据所对应的空间位置与波束主轴方向海底检测点的地理信息一致。

波束-强度法计算简单，所获得的回波强度数据与测深数据在地理位置上能实现一一对应，便于后期地形校正算法的实现，并有利于海底地形、地貌的一体化联合显示。而且从数据构成上看，波束-强度法可以同时得到海底反向散射强度数据及其对应的入射角度及空间地理位置信息。但是，波束-强度法在每个波束内的一个连续的幅度时间序列中只能缩减得到一个方向的强度值，因此在一个测量周期得到的数据点个数受波束形成数目的限制，使获得结果在空间上较为离散，影响了海底图像分辨率的提高。而且，随着波束角度的增加，波束所照射到的区域也就越大（例如，图 5-2 为接收波束宽度为 1.5°，水深为 50m 的平海底仿真条件下，垂直航迹向上波束足印随波束入射角的变化曲线），这使得波束区域内底质类型或者地貌特征发生变化的可能性也在不断增加，而波束-强度法在幅度时间序列中只计算波束主轴方向强度值的处理方法会丢掉波束内其他方向有用的空间与强度信息，因此不利于对波束内海底的细节特征信息进行描述与显示，并影响了海底图像分辨率的提高。

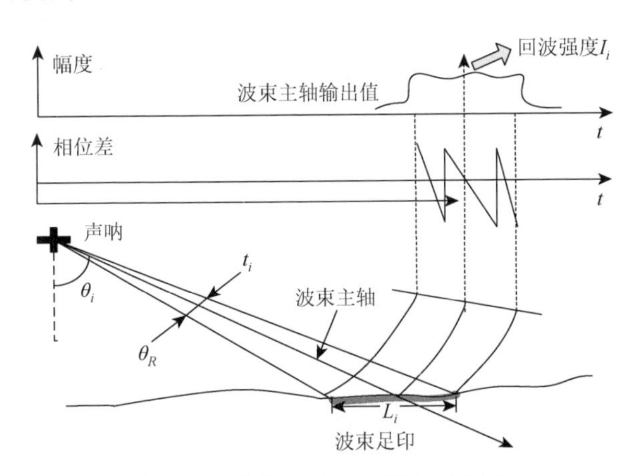

图 5-1　波束-强度法的原理示意图

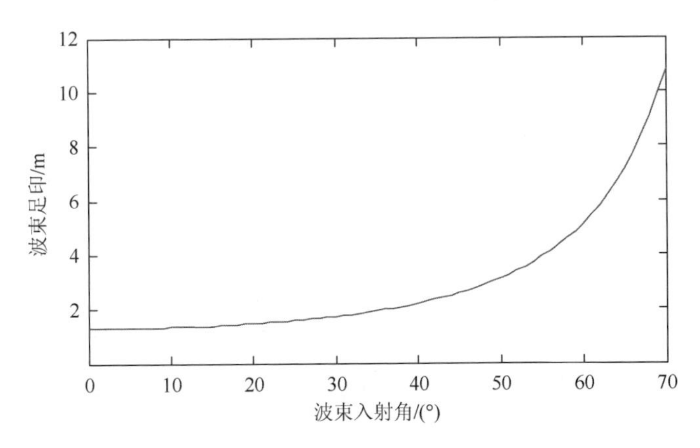

图 5-2　垂直航迹向上波束足印随波束入射角的变化曲线

2. 伪侧扫法

伪侧扫法类似于侧扫声呐成像，所以被称作伪侧扫成像[7]，其原理如图 5-3 所示。伪侧扫法利用多波束测深声呐在左右舷方向分别形成两个宽角度扇面的接收波束以采集海底反向散射数据，通过对波束扇面内幅度时间序列在任意时刻 t 进行采样获得回波强度值，并将其所对应的时间信息（或者用斜距表示）转换成水平距离位置，进而归算到一个像素之中。由斜距向水平距离转换时，其中一种简单的方法是假设整个宽波束照射区域为平海底进行换算，而另一种更为合理的方法是结合已有多波束测深声呐测量的深度剖面数据对回波强度采样样本的水平位置进行估计[8, 9]，其中深度剖面数据是在海底检测算法的基础上得到的，具体包括各海底检测点相对于声呐的水平距离及各波束主轴方向的双程传播时间（two-way travel time，TWTT），也就是 TOA 值。具体步骤如下：

（1）在垂直航迹向上创建一个具有相同分辨率的水平距离条带数组，该分辨率即为像素分辨率，大小可以根据期望设置，并以此形成与其维数相同代表时间信息的数组。然后，根据每个窄波束水平距离偏移量，为其所对应的各 TWTT 值在时间数组上选择一个恰当的单元位置。

（2）对相邻波束两个 TWTT 间进行内插计算。

（3）利用步骤（2）内插得到的所有时刻值对宽波束扇面采集的幅度时间序列进行采样，估计所对应的回波强度值。

（4）利用时间作为索引将得到的回波强度数据转换到水平距离条带数组之中，从而将回波强度值由斜距方向转换到水平距离方向，进而实现了海底成像。

伪侧扫法同侧扫声呐成像相似，可以根据期望的分辨率设置回波强度估计的采样率，从而能获取较高空间分辨率的海底声图像，但这样也同时带来了与侧扫

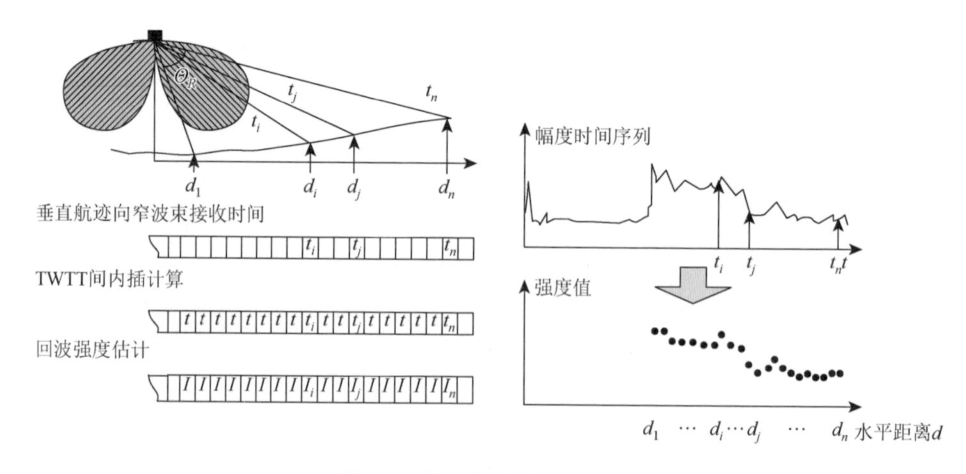

图 5-3　伪侧扫法的成像原理

声呐类似的缺陷：①伪侧扫法成像过程与测深过程相对独立，虽然应用了测得的深度剖面信息，但其余图像像素位置由内插得到，且两者的数据密度相差较大，使得图像像素的空间位置信息不能与多波束检测点方位信息直接建立联系，需要额外的后处理方法对地理位置信息进行修正；②宽角度的接收波束不能辨别出同一时刻来自不同方向的两个回波，而且与窄波束相比，宽波束生成的声呐图像信噪比也会下降；③受到接收波束开角的限制，测量船正下方的回波数据难以测得，从而会在图像中形成一定宽度的盲区。

3. snippet 法

snippet 法通过对多波束测深声呐每个接收波束内的幅度时间序列进行采样生成一系列与水平距离相对应的回波强度值，又称为足印时间序列（footprint time series，FTS）法。snippet 法较好地结合了上述两种方法的优点，是目前国内外多波束测深声呐系统获取海底回波强度数据的常用手段。对于每个窄波束输出的完整信号包络，snippet 法通常只是针对波束足印内的回波进行处理，因此需要以波束主轴方向海底检测点的 TOA 与 DOA 信息（这里分别用 t_r 和 θ_r 表示）为参考对完整的信号包络进行截取，得到一个片断的幅度时间序列，并在此基础上进行回波强度及其水平位置的计算。

由于多波束测深声呐系统的基阵结构、接收波束的束控方式（等角或等距）各不相同，所以每个波束幅度时间序列的截取方式也不尽相同，但原则都是尽量使由各波束截取的时间片断间彼此连续，没有间隙。snippet 数据的采集可以采用两种计算模式：均匀距离模式和平海底模式。这两种模式在 snippet 的时间窗长度（或用采样样本数表示）和窗的起始时刻的计算方式上有差别，但从计算的海底反向散射强度信息来看，由这两种模式得到的结果并没有明显的不同[10]。在均匀距离模式下，每个 snippet 的时间窗长度由波束主轴方向海底检测点对应斜距为参考近似计算[11]，而该检测点对应于该时间窗的中心位置。当多波束测深声呐测量的整个条带范围内海底坡度发生显著变化时将难以精确地计算波束足印的尺寸，此时均匀距离模式较为有用，而由此带来的缺陷是在各 snippet 的空间覆盖区域间可能出现较大的间隙[10]。在平海底模式下，假设波束足印区域内地形是平坦的，起始时刻与时间窗长度由波束足印边缘对应的斜距决定，可以利用海底深度和各波束角度值来计算得到。如起始时刻可以表示为

$$t_{\text{start}} = 2 \cdot \frac{h}{\cos\left(\theta_r - \dfrac{\Theta_R}{2}\right)} \tag{5-1}$$

式中，Θ_R 为波束宽度；h 为该波束检测到的水深。而时间窗的截止时刻为

$$t_{\text{end}} = 2 \cdot \frac{h}{\cos\left(\theta_r + \frac{\Theta_R}{2}\right)} \tag{5-2}$$

则窗的长度为

$$t_{\text{win}} = t_{\text{end}} - t_{\text{start}} \tag{5-3}$$

在计算回波强度时，首先需要设定相邻回波强度的采样时间间隔 Δt，由此可以在时间窗内计算得到一系列回波强度值。该值通常需利用信号幅度平方的积分计算得到，或者是对幅度序列 Amp 进行平方求和，即

$$\overline{I} = \frac{\sum_n (\text{Amp}_n^2)}{\tau f_s} \tag{5-4}$$

式中，τ 为脉冲宽度；f_s 为声呐系统对信号的采样率。回波强度的计算不仅仅是平均强度，同波束-强度成像方法一样，也可以将搜索回波强度的最大值作为另一种可选择的方式进行使用。而此时窗内回波强度样本总数为

$$N_{\text{snippet}} = \frac{t_{\text{win}}}{\Delta t} \tag{5-5}$$

图 5-4 为 snippet 法的成像测量。

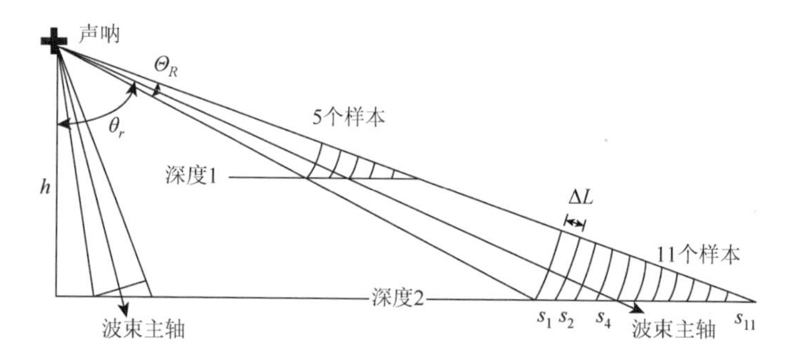

图 5-4　snippet 法的成像测量

当 Δt 固定时，回波强度的样本总数随着波束入射角或水深的增加而增大，反之亦然。根据 Δt 可以得到在斜距方向上回波强度样本的间距 ΔL：

$$\Delta L = \frac{c \cdot \Delta t}{2} \tag{5-6}$$

波束主轴方向海底检测点的水平距离 X_r 可以利用 t_r 和 θ_r 估计得到，而其他回波强度样本的水平距离为（假设波束内为平海底）

$$X_i = X_r + (i - i_r) \cdot \Delta L / \sin\theta_r \tag{5-7}$$

式中，i 为回波强度样本在时间窗内的序号，$i=1,2,\cdots,N_{\text{snippet}}$；而 X_r 对应的序号为 $i_r=(t_r-t_{\text{start}})/\Delta t$。在此平海底模式的假设下，也可以得到各回波强度样本所对应的 DOA 值：

$$\theta_i=\arccos\frac{h\cdot\cos\theta_r}{h+\Delta L\cdot(i-i_r)\cdot\cos\theta_r} \tag{5-8}$$

理论上，如果波束内地形存在坡度 β 且为常数时，式（5-7）的水平距离也可以近似为

$$X_i=X_r+(i-i_r)\Delta L\cos\beta/\sin(\theta_r+\beta) \tag{5-9}$$

但这种假设也较为理想，而且由于波束内只有第 i_r 点的深度值是可靠的，所以单个波束照射区域内的 β 并不能准确获得。而当波束照射区域内地形起伏较大（如海沟、海山）时，通过上述假设计算的回波强度对应的空间位置与真实位置之间则存在较大偏差（图 5-5），从而会使获得的海底反向散射强度数据与假设计算得到位置数据不能准确地融合。

由以上原理可以看出，通过对每个 snippet 时间序列采样计算可以获得一系列的回波强度值，从而获得的声呐图像具有较高的空间分辨能力。当然，snippet 也可与第一种成像方法相同，每个波束内只计算出一个回波强度值。

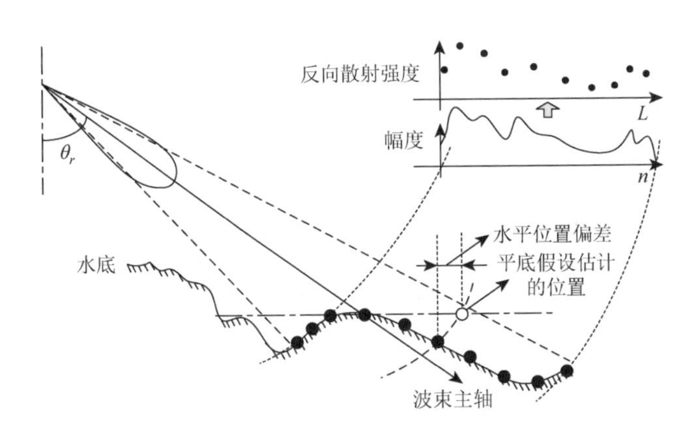

图 5-5　波束内平海底假设示意图

图 5-6 为 SMB-300-AUV1 浅水多波束测深声呐显控软件中的海底地貌窗口及海底图像。该方法分辨率较高，可以更明确地区分出目标与其他地貌。

根据上面对 snippet 法的介绍，其主要优点可以总结如下：

（1）每个 snippet 可以得到一系列回波强度值，使生成的海底图像分辨率可与侧扫声呐相比拟，而多波束形成技术的引入带来了比侧扫声呐更高的空间分辨能力。

（2）因为回波强度测量与地形测量使用了相同的窄波束，所以回波强度的地

理位置信息与接收波束的方位信息能够直接建立联系，有利于后续处理中回波强度采样样本地理位置信息的获取及海底反向散射强度数据与测深数据的融合。

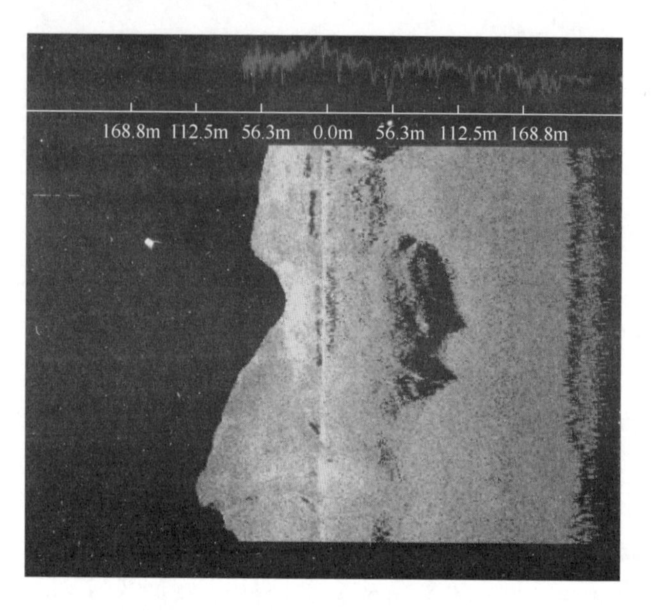

图 5-6　SMB-300-AUV1 浅水多波束测深声呐显控软件中的海底地貌窗口及海底图像

（3）snippet 法是基于窄波束内的回波信号解算强度值，所以与伪侧扫法相比可以较大地提高数据的信噪比。

然而由于 snippet 法是对每个波束内的幅度时间序列采样得到多个回波强度值，而通常的多波束测深方法上只能从每个波束内解算得到一对 TOA-DOA 值，所以其他回波强度值的空间位置只能通过波束内平海底假设的方式得到，而使得强度数据与其空间位置数据不能很准确地一一对应，从而影响了成像的质量。因此，如何获得波束内更详细的形位信息以实现波束内海底回波强度及其对应空间位置的精细探测是非常必要的。

4. 基于相干测深技术的海底反向散射成像方法

针对 snippet 法中除了波束主轴的其他方向回波强度值与地理位置信息不能准确地一一对应获取的问题，本节介绍一种基于相干测深技术的海底声学成像方法[5]。存在上述问题的根本原因是，传统的回波检测法只是探测波束足印中心处的一个检测点的 TOA-DOA 信息，而对于回波强度数据的测量，获取的则是波束足印内的一个回波强度时间序列，其样本个数（与海底声图像的分辨率、水深、波束方向有关）往往要超出检测点数许多，无法实现两种数据的一一对应。而由于相干测深技术在进行海底回波检测时，可以在每个波束足印内得到多个回波检测点的 TOA-DOA 值[12]，所以相干测深技术具有较高的空间分辨率。

与传统相位差检测法仅估计相位差序列过零交叉点的 DOA 值相比，相干测深技术考虑了波束足印内相位差序列的全部信息，从而可以在波束足印内获得更多方向海底回波的 TOA-DOA 值。第 4 章介绍了三维相干测深原理，而本节所用为二维相干测深原理，两者基本原理相近，这里不再介绍。利用相干测深技术可以在各波束内获得较高空间分辨率的 TOA-DOA 估计序列，在此基础上可以对这些海底检测点对应的回波强度进行估计。具体过程如下所示。

同 snippet 法一样，这里只截取 –3dB 波束宽度范围内的波束输出信号进行回波强度估计，而区别是截取的窗的起止阈值直接利用角度信息来代替起止时刻。以直线接收阵为例，当波束控制方向为 θ_r 、基阵倾角为 α 时， –3dB 波束宽度处（半功率点处）的归一化幅度可以表示为

$$R_{-3\text{dB}}(\theta)=\frac{\sin\left(\dfrac{L\pi d}{\lambda}(\sin(\theta-\alpha)-\sin(\theta_r-\alpha))\right)}{L\cdot\sin\left(\dfrac{\pi d}{\lambda}(\sin(\theta-\alpha)-\sin(\theta_r-\alpha))\right)}=\frac{\sqrt{2}}{2} \tag{5-10}$$

式中， L 为全阵的阵元数目。该波束输出半功率点处的角度 θ 分别为

$$\theta_{\text{right}}=\arcsin\left(\sin\theta_r+\frac{0.42\lambda}{Ld}\right)+\alpha \tag{5-11}$$

$$\theta_{\text{left}}=\arcsin\left(\sin\theta_r-\frac{0.42\lambda}{Ld}\right)+\alpha \tag{5-12}$$

式中， θ_{left} 、 θ_{right} 分别为 –3dB 波束角度范围的左右起止阈值，如图 5-7 所示。对相干测深技术获得的 TOA-DOA 序列值中每个 DOA 值进行判断，假设在波束控制方向 θ_r 的角度范围 $[\theta_{\text{left}},\theta_{\text{right}}]$ 内共判断出 N 个 DOA 值，则表示该波束足印范围内共有 N 个有效检测点，并将这些检测点的回波 DOA 记为 θ_j（其中， $j=1,2,\cdots,N$ ），而与之对应的 N 个 TOA 值用 T_j 表示。最后利用 N 个 TOA-DOA 值对幅度时间序列进行采样计算，估计对应的回波强度序列值。其中，第 j 个检测点处的回波强度为

$$I_{rj}=\frac{\sum\limits_{n}(\text{Amp}^2)}{\tau f_s} \tag{5-13}$$

式中， f_s 为采样率；Amp 是以 T_j 时刻为中心、长度等于发射脉宽 τ 的幅度时间序列。本节将相干测深技术估计的 DOA 值和 TOA 值同时用于对波束输出信号的回波强度及其空间位置的解算，也就是两者信息是对同一海底检测点的测量结果，即实现了共点测量。

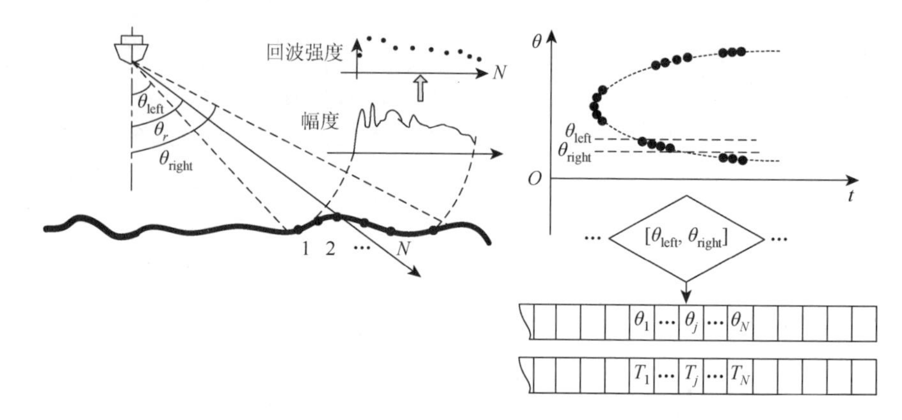

图 5-7　基于相干测深技术的成像数据测量

5.1.2　海底反向散射强度的估计

由于声波在发射、传播和接收过程中受到海洋环境与多波束测深声呐系统参数等多种因素的影响，所以 5.1.1 节中获取的回波强度 I_{rj} 并不能直接反映海底的真实特征，还需要根据声呐方程得到海底反向散射强度 BS，即

$$\text{BS}=\text{EL}-\text{SL}+2\text{TL}-10\lg A \tag{5-14}$$

式中，EL 为接收阵接收的回声信号级；SL 为声源级；TL 为单程传播损失；A 为有效声照射面积，而 EL 由 5.1.1 节计算的回波强度 I 得到

$$\text{EL}=10\log\frac{I_{\text{rj}}}{I_{\text{ref}}} \tag{5-15}$$

式中，I_{ref} 为参考声强。本书按球面扩展方式计算几何衰减，则单程传播损失 TL 为

$$\text{TL}=20\lg r+\alpha r \tag{5-16}$$

式中，r 为传播距离；α 为声吸收系数（dB/m）；$20\lg r$ 为球面扩展损失；αr 为吸收损失。

在平海底假设下，有效声照射面积 A 的计算可以参考第 1 章中的式（1-4）。而当海底地形起伏变化时，实际的海底入射角度受斜坡角（即坡面角）影响而产生变化，有效声照射面积的计算也需要根据局部斜坡角进行修正。假设某一海底区域存在坡面角 β，因此实际的入射角 θ_{ac} 为

$$\theta_{ac}=\theta-\beta \tag{5-17}$$

设坡面上三点的大地空间坐标分别为 $P_1(x_1,y_1,z_1)$、$P_2(x_2,y_2,z_2)$、$P_3(x_3,y_3,z_3)$，且 $z_1>z_2>z_3$，则对应的坡面方程为

$$A(x-x_1)+B(y-y_1)+C(z-z_1)=0 \tag{5-18}$$

系数 A、B、C 可以利用坡面的法线向量得到，则坡面角 β 为

$$\beta=\arccos\frac{|C|}{\sqrt{A^2+B^2+C^2}} \tag{5-19}$$

由于坡面角的存在，有效声照射面积也会随其产生变化，根据坡面角得到实际的有效声照射面积 A'：

$$A'=A/\cos\beta \tag{5-20}$$

5.1.3　海底反向散射强度的角度关系确定与剔除

经 5.1.2 节处理得到的海底反向散射强度 BS 不仅与海底底质类型、粗糙度等海底特征有关，还具有很强的角度关系。而且在垂直入射附近的区域这种角度关系特别显著，若是直接利用海底反向散射强度数据形成海底图像，则难以区分是海底特征还是入射角对图像大小产生了影响，从而影响对海底特征甚至是底质类型的判断。因此，在海底成像前，还需要对海底反向散射强度数据的角度关系进行剔除，以保证形成的声呐图像只与海底底质特征有关。海底反向散射过程的描述方法通常包括模型修正及经验修正。

一个经典的模型修正方法是朗伯（Lambert）模型，它将海底反向散射强度描述为入射角 θ 的函数，即

$$\mathrm{BS}=\mathrm{BS}_b+20\lg(\cos\theta) \tag{5-21}$$

式中，θ 为海底的入射角。Lambert 模型形式简单，便于计算，但对近垂直入射区域（如 θ＜25°）的海底反向散射过程描述不太理想。

利用经验修正法对海底反向散射强度进行归一化修正已成为近些年的研究热点之一，下面对其中四种主要修正方法进行介绍[10]。

（1）全航迹平均法。该方法的基本原理是对全航迹测得的海底反向散射强度数据进行平均计算得到海底反向散射强度的均值 $\overline{\mathrm{BS}}(\theta)$ 随入射角 θ 的变化曲线，并将实测的各 Ping 海底反向散射强度数据与 $\overline{\mathrm{BS}}(\theta)$ 在各个角度上对应相减以得到修正后的数据 $\mathrm{BS}_{\mathrm{cor}}(\theta)$

$$\mathrm{BS}_{\mathrm{cor}}(\theta)=\mathrm{BS}(\theta)-\overline{\mathrm{BS}}(\theta)+\overline{\mathrm{BS}}(\theta_{\mathrm{ref}}) \tag{5-22}$$

式中，$\overline{\mathrm{BS}}(\theta_{\mathrm{ref}})$ 代表参考角 θ_{ref} 处的平均值，当希望与其他修正方法进行比较时可以加入此项，而参考角通常选取海底反向散射强度数据随入射角 θ 变化比较平稳的区域，可选角度通常为 20°～50°。

（2）局部平均法。考虑到在整个航迹测量范围内底质类型可能发生较大变化，利用一个滑动窗 (X,Y) 对海底反向散射强度的角度关系进行局部修正，表达式为

$$\mathrm{BS}_{\mathrm{cor}}(X,Y,\theta)=\mathrm{BS}(X,Y,\theta)-\overline{\mathrm{BS}}(X,Y,\theta)+\overline{\mathrm{BS}}(X,Y,\theta_{\mathrm{ref}}) \tag{5-23}$$

式中，$\overline{\mathrm{BS}}(X,Y,\theta)$ 由滑动窗 (X,Y) 内 θ 方向的全部海底反向散射强度数据计算得到，其他参数定义与全航迹平均法中所述相同。

（3）全航迹平均与标准差法。测量的海底反向散射强度数据本身是起伏变化的，且其起伏特性（如方差）随着入射角的不同也表现出明显的差别[13, 14]。这一现象使得测量数据利用角度响应曲线修正后，仍然可能在图像上残留海底反向散射强度数据更高阶矩的角度关系特征，进而导致同质条件下得到的海底声图像特征也会产生明显的差别。为此，式（5-24）不仅将海底反向散射强度数据减去 $\overline{\mathrm{BS}}(\theta)$，还在此基础上利用标准差进行进一步的归一化处理，表达式为

$$\mathrm{BS}_{\mathrm{cor}}(\theta)=\frac{\mathrm{BS}(\theta)-\overline{\mathrm{BS}}(\theta)}{\mathrm{BS}_{\mathrm{std}}(\theta)}+\overline{\mathrm{BS}}(\theta_{\mathrm{ref}}) \tag{5-24}$$

式中，$\mathrm{BS}_{\mathrm{std}}(\theta)$ 为全航迹 θ 方向上测量的海底反向散射强度数据的标准差。

（4）局部平均与标准差法。针对全航迹平均与标准差法，还可以像局部平均法一样采用更为灵活的滑动窗方式来分区域调整修正曲线，其表达式为

$$\mathrm{BS}_{\mathrm{cor}}(X,Y,\theta)=\frac{\mathrm{BS}(X,Y,\theta)-\overline{\mathrm{BS}}(X,Y,\theta)}{\mathrm{BS}_{\mathrm{std}}(X,Y,\theta)}+\overline{\mathrm{BS}}(X,Y,\theta_{\mathrm{ref}}) \tag{5-25}$$

式中，$\mathrm{BS}_{\mathrm{std}}(X,Y,\theta)$ 为滑动窗 (X,Y) 内 θ 方向的海底反向散射强度数据的标准差。经过角度关系修正后的数据即可用于海底的成像。

5.1.4 试验数据处理

图 5-8 是利用相干测深原理的海底成像方法对某平缓湖底区域的一组数据处理得到的反向散射强度值。每一个反向散射强度值对应了一组湖底回波的 TOA-DOA 值，利用 TOA-DOA 值就能解算出与该反向散射强度值一一对应的水平位置数据（图 5-9）。从图 5-8 可以看出，反向散射强度数据随入射角的增加而减小，尤其在垂直入射区域附近，反向散射强度受入射角的影响更加明显。这里采用局部平均与标准差法对其进行修正（采用 30°作为参考角），并对该航迹的所有修正后数据进行灰度级转化，形成水底声图像，结果如图 5-10 所示。图 5-10 中的平面坐标 (x,y) 单位是 m，像素大小为 0.25m，像素颜色越亮表示该处数值越大。

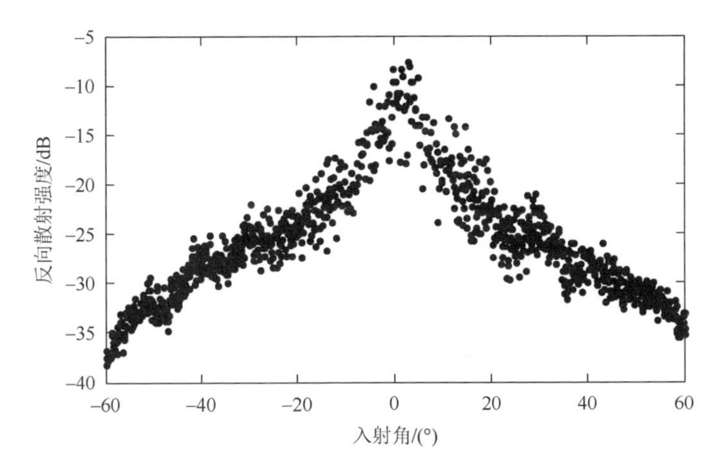

图 5-8　随入射角变化的反向散射强度分布图

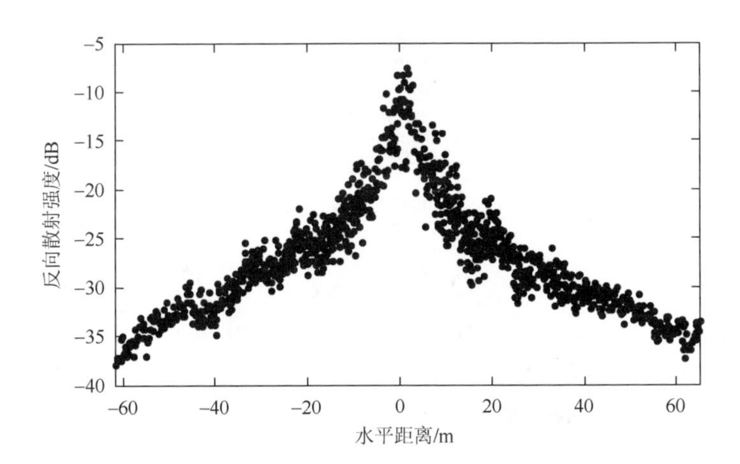

图 5-9　随水平距离变化的反向散射强度分布图

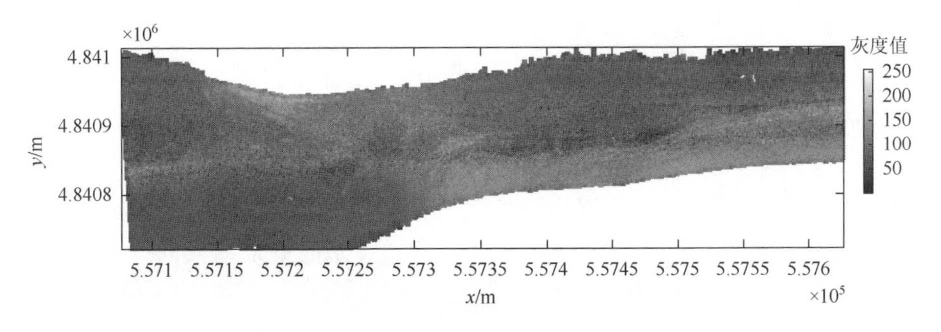

图 5-10　某航迹测区的反向散射图像

图 5-10 的水底地势较平缓，图 5-11 的水底地形更为复杂，由两陡峭的山体相夹而成，该图中像素大小为 0.3m。图 5-11 右侧两幅小图是对应区域的局部放大结果，图像中能够较清晰地显示水底地貌的纹理变化，而陡峭变化的山体散射能力较强，所对应灰度值也较大。图 5-11 充分地表明了基于相干测深技术的海底成像方法能够对水底的地貌变化进行较细致的描述。

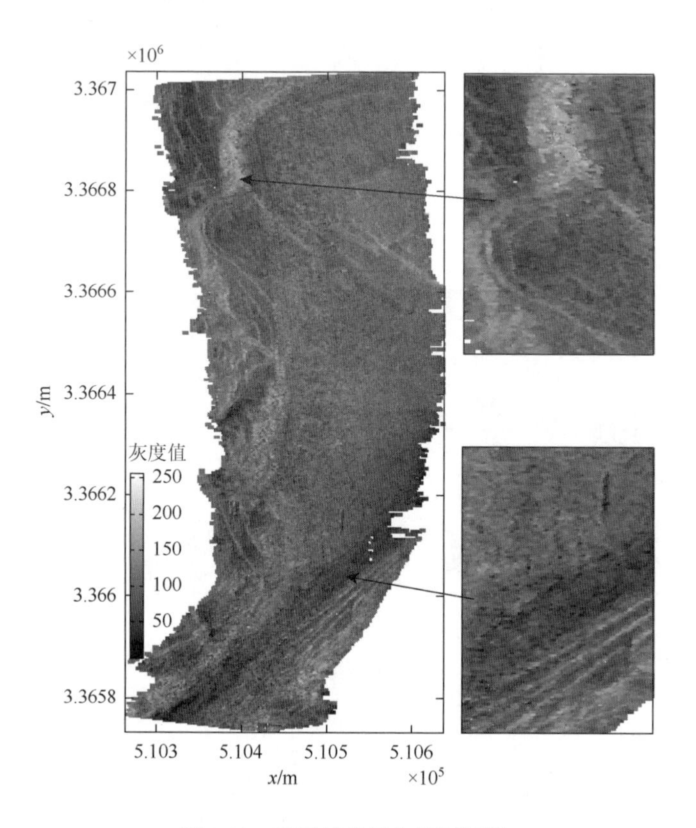

图 5-11　某区域的反向散射图像

在获得水底声图像的同时，利用相干测深技术还可以估计获得高分辨、高精度的水底地形，图 5-12 为利用相干测深技术对图 5-11 区域水底三维地形的测量结果，该区域深度为 40～120m。由于海底地形与声图像的测量均源于对相同的 TOA-DOA 数据进行估计，所以计算的深度数据与海底反向散射强度数据在空间上能实现共点测量，两者信能准确融合，有利于水底地形地貌的一体化显示，且图像具有较高的空间分辨率。图 5-13 是该区域水底地形地貌一体化显示图像，图中 z 轴坐标是各像素中心对应的水底深度值，而图像灰度值表示了对应该像素区域的海底反向散射强度值。

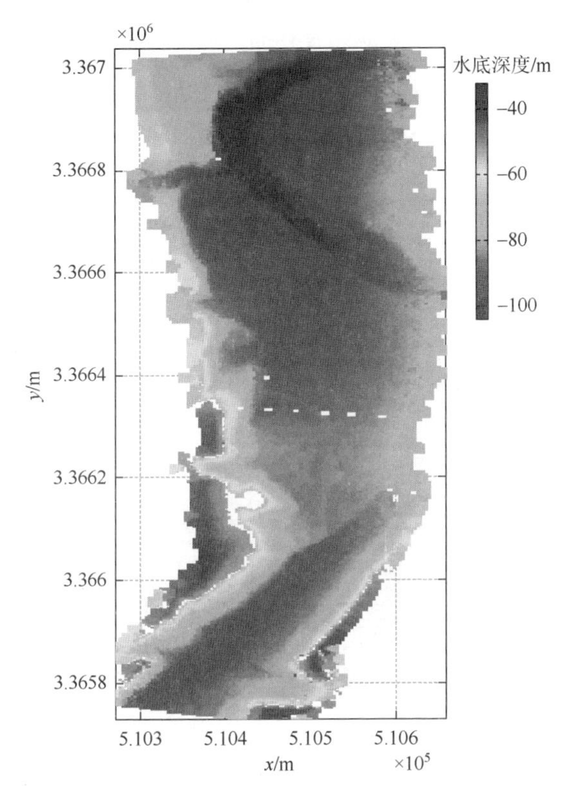

图 5-12　利用相干测深技术对图 5-11 区域水底三维地形的测量结果

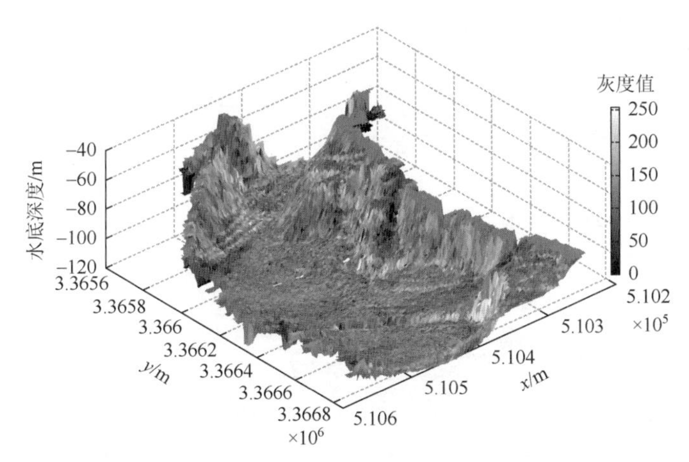

图 5-13　图 5-11 区域水底地形地貌一体化显示图像

5.2　水 体 成 像

多波束测深声呐采集的回波信号不仅包含来自海底的信息，还包含了来自水体中的信息，若是显示回波信号的全部信息，便可对海底轮廓和水中目标进行探测，所获得的图像一般称为水体图像（water column image，WCI）[15]。

多波束测深声呐接收的多通道回波信号经波束形成技术处理可以得到不同波束方位上随时间变化的回波幅度时间序列。由此，我们可以估计回波信号瞬时强度或目标强度。结合实际测量的声速剖面数据，还可以估计不同时刻回波强度数据所对应的空间位置。最后，通过栅格化、内插等处理就可得到以灰度或伪彩形式的水体图像。

水体成像的显示结果一般有两种形式[16, 17]，一种是将强度时间序列直接排列成二维数据矩阵，显示为坐标轴分别为时间和波束角的时间-角度图像（time-angle image，T-A image），简称 T-A 图像。图 5-14（a）为一幅 T-A 图像，通过对多通道的回波信号进行离散傅里叶变换（discrete Fourier transform，DFT）获得幅度时间序列。图 5-14（a）的纵坐标和横坐标对应于回波信号的波束角与双程传播时间（two-way travel time，TWTT）。另一种是将极坐标中的强度时间序列转换为笛卡儿坐标的二维图像，其水平和垂直坐标分别对应水平距离与垂直深度，形成深度向-垂直于航迹向图像（depth-across track image，D-T image），简称 D-T 图像。图 5-14（b）为由图 5-14（a）转换得到的一幅典型的 D-T 图像。图 5-14（b）中坐标变换的复杂性体现在需要考虑多波束不规则空间分布的影响，因此可能需要在 D-T 图像的波束扇区内对没有数据的像素进行插值处理。更复杂的是，当水中声速随深度变化很大时，需要对声线折射进行校正，以通过射线跟踪来估计不同时间的强度数据在笛卡儿坐标系中的空间位置。

上述两种水体图像一般都可以从多波束测深声呐中采集得到，但用途往往不同。T-A 图像一般用来进行海底或水中目标的在线检测，无须从 T-A 形式到 D-T 形式的转换过程，降低了多波束测深声呐硬件平台实时性要求。由于 D-T 图像在视觉上更容易被人们所理解，所以在大多数多波束测深声呐的显控与采集软件中普遍可以加载并显示该图像数据，有利于辅助现场操作人员对声呐状况进行判断与参数调整。

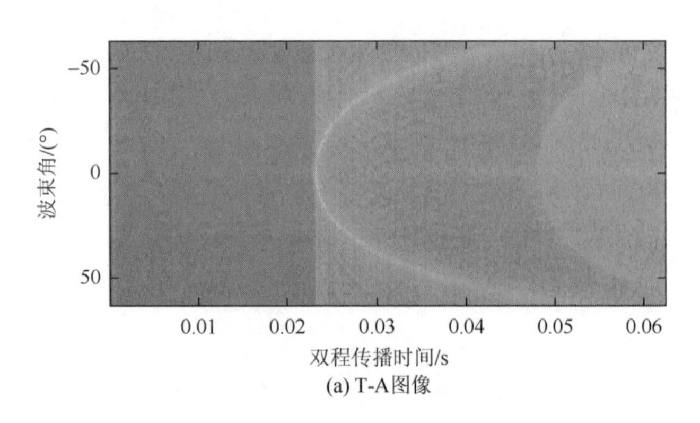

(a) T-A图像

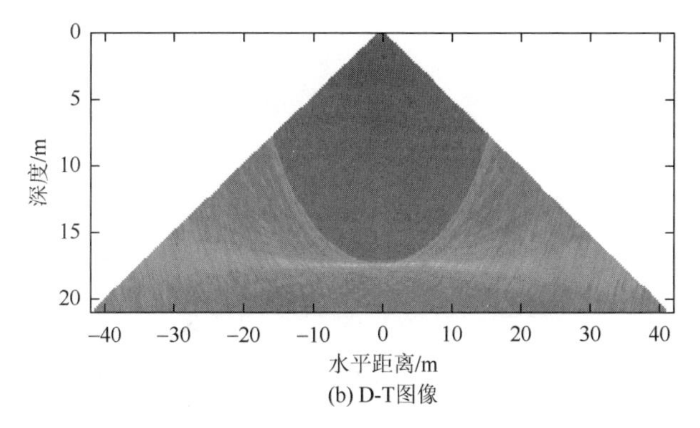

(b) D-T图像

图 5-14　两种水体图像对比结果

多波束测深声呐通常采用 DFT 或 FFT 技术来实现波束形成，而这使得许多水体图像数据中经常能看到旁瓣效应引起的目标假象，而这种影响也称为隧道效应[18]。3.1.2 节中已对该现象与成因进行了详细讨论，这里不再赘述。旁瓣效应在海底地形与水中目标检测时都是一种很强的干扰源，极有可能被错误地认成目标。由图 5-14（a）中可以看到，垂直入射海底波束的回波能量泄漏进入其他所有波束的主瓣方向，以至于在该图中垂直到海底的双程时刻位置处出现了条纹状图案，而由此形成的 D-T 图像中相应地呈现为圆弧状[图 5-14（b）]。

有许多研究都集中在消除旁瓣效应影响这一方面，以期减少对水体中或海底目标的错误检测[19, 20]。这些研究中，从处理的数据源角度来看一般有通道信号、波束输出序列、水体图像三种形式。针对通道信号数据，一般采用旁瓣泄漏抑制的波束形成技术，如最小方差无失真响应（minimum variance distortionless response，MVDR）[21]、dCv[22]等。针对波束输出序列数据，则可以采用自适应滤波器等进行抵消处理[23]。此外，针对水体图像数据，可以通过排除图像中最小斜距（minimum slant range，MSR）之外的数据来抑制旁瓣效应[19]。图 5-15（a）是利用 MVDR 波束形成技术处理与图 5-14（a）相同数据的波束输出结果，图 5-15（b）为由图 5-15（a）转换得到的 D-T 图像，可以看出，MVDR 波束形成器可以相对较好地抑制旁瓣泄漏。

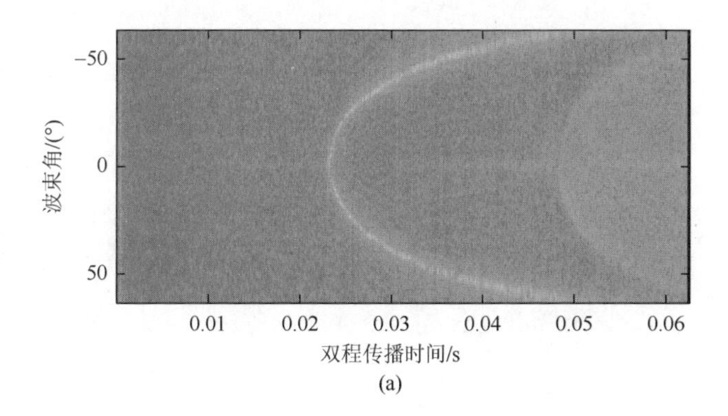

(a)

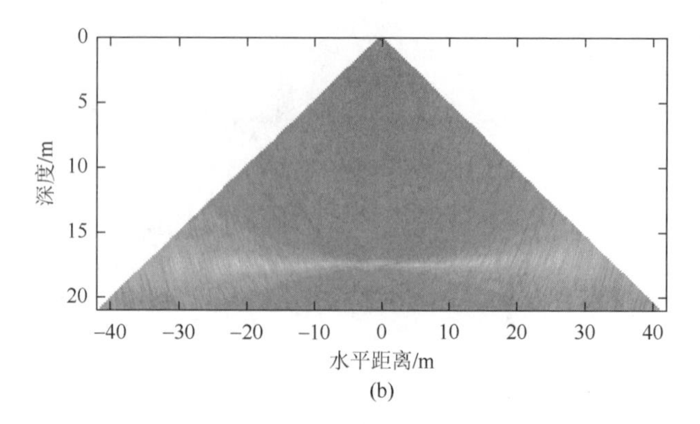

图 5-15　经 MVDR 波束形成处理后的水体图像

5.3　加 密 检 测

5.3.1　水平向加密检测技术

多波束测深声呐的波束数一般来说相对固定，具备等角与等距两种工作模式。该方式对海底地形测绘而言可以满足需求，但如果对沉底管道、小物体等进行常规探测时，往往测得的数据点不够多而无法对上述小目标三维形状进行清晰构图，进而不利于目标的探查与识别。

为此，一些声呐产品开发了加密测量功能包，在水平方向上实现对沉底管道等目标物进行高密度形位检测。例如，Reson 公司开发了 FlexMode 模式，适用于 SeaBat 系列多波束测深声呐系统的管道和小物体检测[24]。图 5-16 为利用 FlexMode

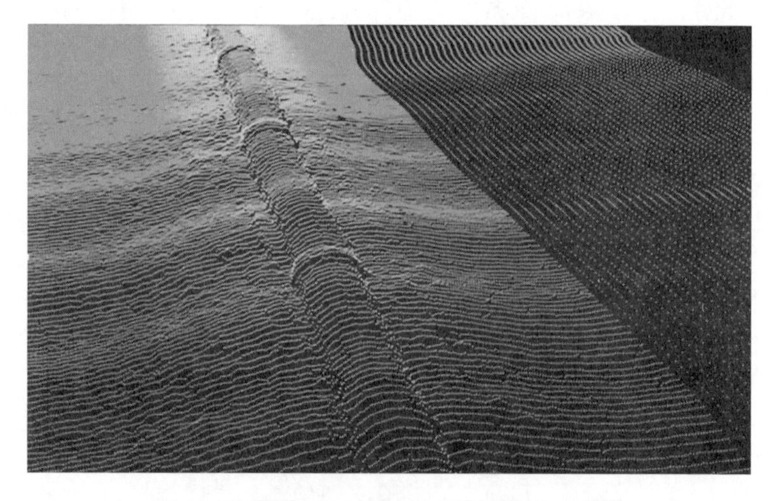

图 5-16　利用 FlexMode 模式的管道测量图[24]

模式的管道测量图。FlexMode 模式可以在配置的中心扇面内形成非常高密度的等角波束，并在全覆盖扇面内的其他区域再以等角波束方式进行相对稀疏测量，从而既保证宽覆盖高效率扫测能力，又具备感兴趣目标精细化测量能力。此外，在该功能的基础上，还可以进行实时管道检测和跟踪，最大限度地减少处理时间。

5.3.2　距离向加密检测技术

传统的多波束测深声呐一般每个接收波束只输出一个检测结果，这样无法满足水中目标与海底同时探测的需求。在 3.2.2 节中介绍的多回波检测算法就能在具有海底三维地形信息探测能力的同时，还兼具水中目标形位的有效检测能力[25, 26]。

由于水体环境复杂，有鳔鱼类和浮游动植物与气泡有相似的回波强度，对水中气体目标检测造成严重的干扰。根据多次检测结果，预先判断并提取水体目标。根据多次检测结果在水平方向上设置宽度为 W 的水平滑动窗口，然后将滑动窗口沿水平方向从左到右进行移动，每次移动距离为 $W/2$。在每次移动中，统计滑动窗口内的检测点数，若检测点数大于设定阈值，则认为该滑动窗口内存在水体目标，并记录该滑动窗口位置及该窗口内的最大、最小测深值。

图 5-17 为多波束测深声呐在水池测量得到的气泡群及其他目标原始图像。多波束测深声呐基阵位于图中坐标原点位置，横坐标与纵坐标分别代表成像点到多波束测深声呐基阵的水平距离和深度。在上述预检测的基础上，以相干测深技术为基础对各波束内从换能器到海底的回波时间序列进行处理，通过相位差序列估计各时刻的方位信息，并通过幅度、相干系数等综合信息对海底、水层中目标进行联合检测，从而实现水下同方位目标的多回波检测。图 5-18 为利用多点检测法对水下含有气泡群目标等的多波束测深声呐数据的处理结果。由图 5-18 中可以看出，该技术不仅能获得气泡群信息，而且能有效地检测水中其他目标——池底池壁轮廓、立方体目标。

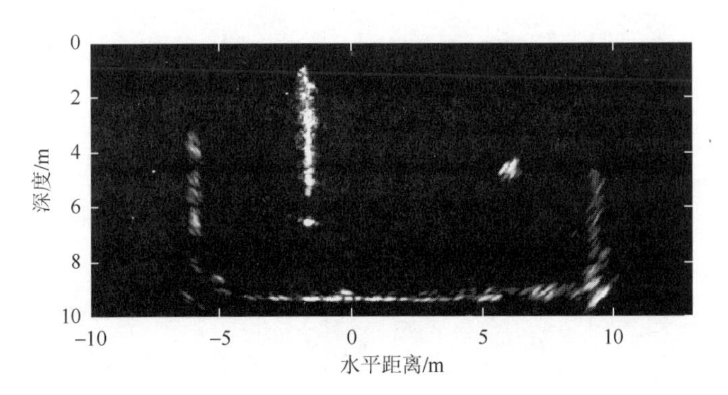

图 5-17　多波束测深声呐在水池测量得到的气泡群及其他目标原始图像

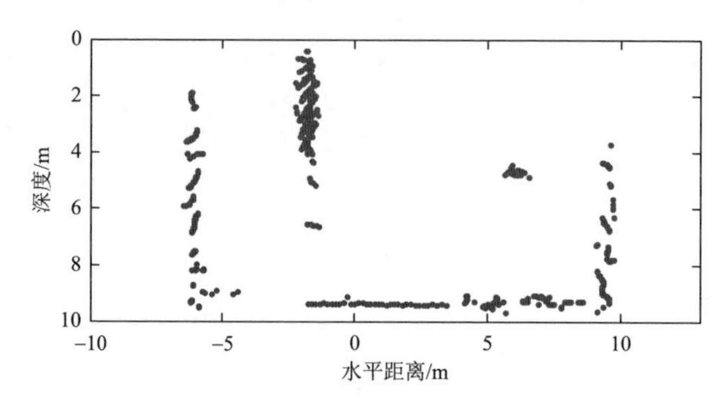

图 5-18　水中目标多回波检测结果

图 5-19 和图 5-20 为湖上试验验证结果。其中，图 5-19 为多波束测深声呐水体图像，图 5-20 为水体目标多回波检测结果。

图 5-19　多波束测深声呐水体图像

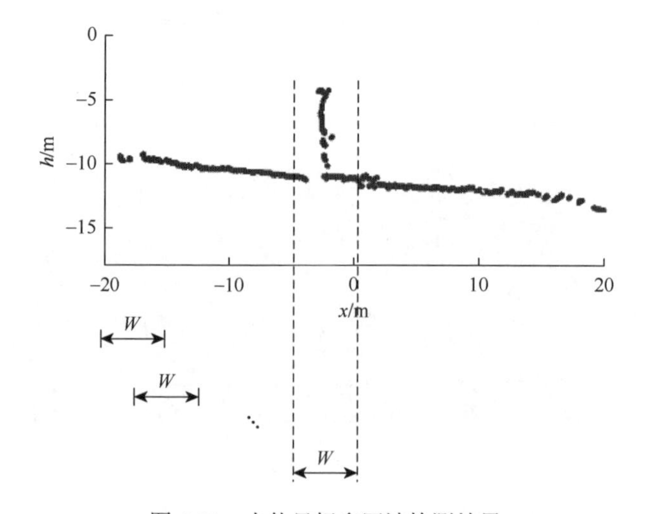

图 5-20　水体目标多回波检测结果

参 考 文 献

[1] Lurton X，Eleftherakis D，Augustin J M. Analysis of seafloor backscatter strength dependence on the survey azimuth using multibeam echosounder data[J]. Marine Geophysical Research，2018，39：183-203.

[2] Trehu A M，Beeson J W，Merle S G. A new approach to processing and imaging multibeam water column echosounder data：Application to a complex methane seep on the southern Cascadia margin[J]. Interpretation：A Journal of Subsurface Characterization，2022，10（1）：93-106.

[3] Misiuk B，Brown C J. Multiple imputation of multibeam angular response data for high resolution full coverage seabed mapping[J]. Marine Geophysical Research，2022，43（1）：1-20.

[4] Porskamp P，Schimel A C G，Young M，et al. Integrating multibeam echosounder water-column data into benthic habitat mapping[J]. Limnology and Oceanography，2022，67（8）：1-13.

[5] 徐超. 多波束测深声呐海底底质分类技术研究[D]. 哈尔滨：哈尔滨工程大学，2014.

[6] 孙文川，肖付民，金绍华，等. 多波束回波强度数据记录方式比较[J]. 海洋测绘，2011，31（6）：35-38.

[7] Lockhart D，Saade E，Wilson J，et al. New developments in multi-beam backscatter data collection and processing[J]. Marine Technology Society Journal，2001，35（4）：46-50.

[8] RESON. SeaBat 8101 Multibeam Echosounder System OPERATOR’S MANUAL[R]. Version 3.02. Goleta：RESON Inc.，2002.

[9] Beaudoin J D，Hughes-Clarke J E，van Den Ameele E J，et al. Geometric and radiometric correction of multibeam backscatter derived from RESON 8101 system[C]. Canadian Hydrographic Conference，Canadian Hydrographic Association，Ottawa，2002：1-12.

[10] Parnum I M. Benthic habitat mapping using multibeam sonar system[D]. Perth：Curtin University of Technology，2007：6-46.

[11] 刘晓. 基于多波束测深声呐的成像技术研究[D]. 哈尔滨：哈尔滨工程大学，2012：45-77.

[12] Llort-Pujol G，Sintes C，Chonavel T，et al. Advanced interferometric techniques for high-resolution bathymetry[J]. Journal of Marine Technology Society，2012，46（2）：9-31.

[13] Parnum I M，Gavrilov A N，Siwabessy P J W，et al. Analysis of high-frequency multibeam backscatter statistics from different seafloor habitats[C]. Proceedings of the 8th European Conference on Underwater Acoustics，Carvoeiro，2006：1-6.

[14] Parnum I M，Gavrilov A N，Siwabessy P J W，et al. The effect of incident angle on statistical variation of backscatter measured using a high-frequency multibeam sonar[C]. Proceedings of Acoustics 2005，Busselton，2005：433-438.

[15] Colbo K，Ross T，Brown C，et al. A review of oceanographic applications of water column data from multibeam echosounders[J]. Estuarine Coastal and Shelf Science，2014，145：41-56.

[16] Veloso M，Greinert J，Mienert J，et al. A new methodology for quantifying bubble flow rates in deep water using splitbeam echosounders：Examples from the Arctic offshore NW-Svalbard[J]. Limnology and Oceanography-Methods，2015，13（6）：267-287.

[17] Clarke J E H. Applications of multibeam water column imaging for hydrographic survey[J]. The Hydrographic Journal，2006（120）：1-33.

[18] Du W D，Zhou T，Li H S，et al. ADOS-CFAR algorithm for multibeam seafloor terrain detection[J]. International Journal of Distributed Sensor Networks，2016，12（8）：1-13.

[19] Urban P，Koser K，Greinert J. Processing of multibeam water column image data for automated bubble/seep detection and repeated mapping[J]. Limnology and Oceanography-Methods，2017，15（1）：1-21.

[20] Moustier C. OS-CFAR detection of targets in the water column and on the seafloor with a multibeam echosounder[C]. Proceedings of 2013 Oceans，San Diego，2013.

[21] Li H S，Gao J，Du W D，et al. Object representation for multi-beam sonar image using local higher-order statistics[J]. Eurasip Journal on Advances in Signal Processing，2017（1）：1-12.

[22] Huang J，Zhou T，Du W D. Smart ocean：A new fast deconvolved beamforming algorithm for multibeam sonar[J]. Sensors，2018，18（11）：4013.

[23] Weng N N，Li H S，Yao B，et al. Tunnel effect in multi-beam bathymetry sonar and its canceling with error feedback lattice recursive least square algorithm[C]. Proceedings of OCEANS'08 MTS/IEEE Kobe Techno-Ocean，Kobe，2008：1-5.

[24] Teledyne Marine. All the sonars you need，in one place[EB/OL]. [2022-07-05]. https://www.m-b-t.com/fileadmin/redakteur/Hydrographie/Multibeam/Teledyne-Marine-Acoustic-Imaging-Product-Guide.pdf.

[25] Christoffersen J T M. Multi-detect algorithm for multibeam sonar data[C]. Proceedings of 2013 Oceans，San Diego，2013.

[26] 张万远，王雪斌，周天，等. 基于多波束测深声呐的水中气体目标检测方法[J]. 哈尔滨工程大学学报，2020，41（8）：1143-1149.

第 6 章　多波束海底分类技术

利用多波束测深声呐接收的海底反向散射数据并结合适当的特征提取与分类方法，可快速、高效地获取海底表层沉积环境信息。同时，多波束测深声呐能提供高分辨、高精度的海底地形地貌数据，可以为海底底质分类工作提供更全面的参考信息，有利于提高海底底质分类结果的可靠性。因此，多波束海底分类技术与原位采样调查的联合应用可以最大限度地提升海底沉积物类型的扫测效率与底质海图分辨率。

6.1　海底底质类型的划分方法

对于海底类型的划分通常也是根据地质调查得到沉积物粒度分布特点而命名的[1, 2]，一般将其分为黏土、粉砂、砂和砾 4 大类。如果将这些单一沉积物类型进行混合，那么需要利用各自类型所占百分比来对整体的沉积物类型进行命名[3]，目前一般有谢帕德（Shepard）分类和福克（Folk）分类两种分类命名方法。图 6-1 为谢帕德 1954 年提出的分类方法，而 1970 年福克又在砾石、砂和泥分类基础上提出了新的分类方法（图 6-2）。

谢帕德分类方法对黏土、粉砂、砂及其混合物的划分描述性好且简单明了。福克分类方法根据沉积物组分比对无砾和含砾两种沉积物粒度情况进行分类命名，可以弥补谢帕德分类方法在沉积物水动力环境及成因描述方面的不足，而且对含砾成分的划分也比较清晰[3, 4]。在如图 6-2 所示的福克分类方法分类中，充分地考虑了沉积物所有可能的组分情况并定义了 20 多种底质类型，如泥、泥质砂、砂质泥、泥质砾、砾质泥、砂质砾、砾质砂等，而在对所需调查测量区域进行分类研究中，很难遇到图 6-2 中所有底质类型都同时出现的情况，通常在一定的区域范围内种类相对较少，因此声学海底分类的研究也是根据实际测区的海底底质调查情况而有针对性地进行分类的。此外，海底沉积物中，不仅仅局限于黏土、粉砂、砂和砾及其各种类型的混合物的探测与划分，还包括了卵石（cobble）、巨砾（boulder）、岩石等粒度更大的底质类型[5]。

对于海底底质类型的取样及调查方法主要包括了原位采样及水下视频观测。

而原位取样设备有蚌式采泥器、箱式取样器、重力取样器、振动活塞取样器及拖网等多种形式[6]。其中，蚌式采泥器与箱式取样器主要用于表层沉积物调查取样，而重力取样器和振动活塞取样器能提取更深范围的沉积样本；对于粗糙度较大的底质类型如砾石、岩石等，则通常采用拖网采样，因此拖网也称为岩石、矿石取样器。

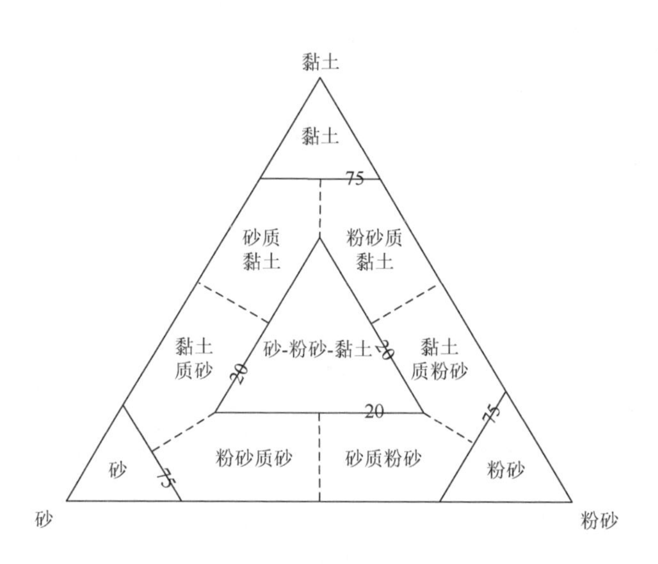

图 6-1　谢帕德分类方法

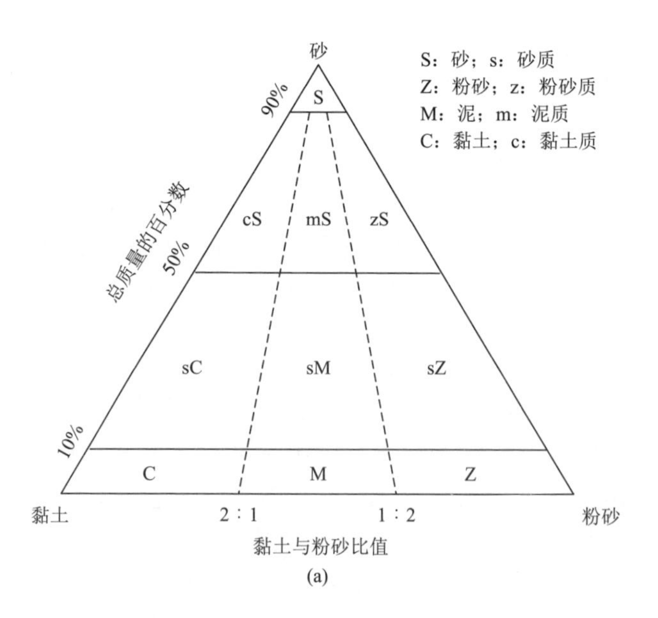

(a)

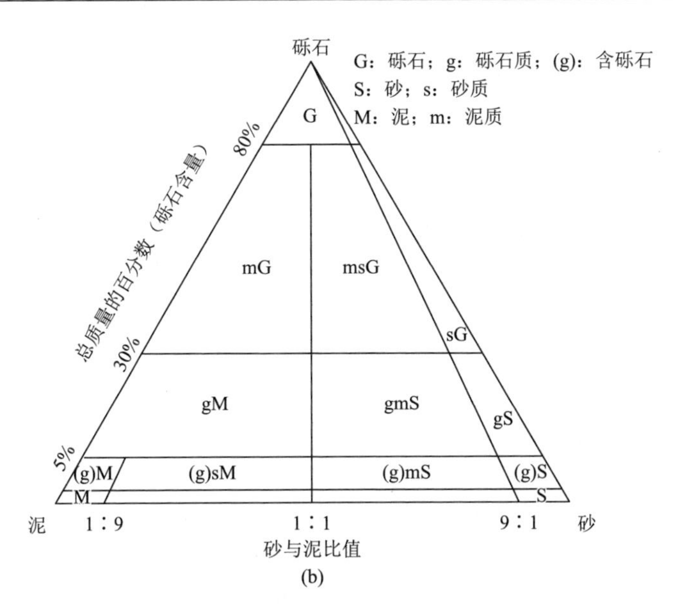

图 6-2　福克分类方法

6.2　多波束分类软件系统概述

目前在海底浅表层底质类型调查中，所应用的声学数据采集设备主要有单波束声呐、侧扫声呐及多波束测深声呐 3 种，并且针对这些声呐设备采集海底回波数据的各自特点而形成与之相应的底质分类方法。现有的大多数底质分类软件也是以此为依据开发出来的，并且一般统称为声学海底分类系统（acoustic seabed classification system，ASC system or ASCS）[1]。不仅局限于以上 3 种声呐类型，随着合成孔径声呐等新型声呐设备在工程应用上的不断成熟与完善，这也将为底质分类研究带来新的选择方式与技术上的挑战。对比单波束测深声呐、侧扫声呐及多波束测深声呐这 3 种海底声学探测设备，从声呐系统本身特点来看，多波束测深声呐在分类中具有以下优势[7-11]：

（1）传统的声学海底分类仪器——单波束测深声呐仅能测量垂直海底的单点底质信息，而且波束宽（大于 10°），而多波束测深声呐大多采用有效的束控技术和信号处理方法，波束角被大大地减小，从而形成一系列窄波束（一般为 1°～1.5°），大幅度地提高了系统对海底目标的识别和分辨率，从而能更加精细地获取海底特定区域的底质特征。

（2）随着近年来多波束测深声呐超宽覆盖技术的成熟完善，其海底探测扇面的覆盖宽度已经可以达到侧扫声呐的水平，并且能弥补传统型侧扫声呐垂直正下方为探测盲区的缺点，提高了多波束测深声呐海底遥感的效率。

（3）多波束测深声呐能同时提供高分辨、高精度的海底地形、地貌数据，可以为海底底质分类工作提供更全面的参考信息，有利于提高海底底质分类结果的可靠性。

（4）随着多波束浅地层探测技术发展与系统研制的不断成熟，多波束测深声呐也具有了对浅地层底质类型进行探测的潜力。

自 20 世纪 90 年代多波束底质分类理论提出以来，经过近三十年的发展，国际上多家公司已推出了基于多波束测深声呐的海底底质分类商业软件，如加拿大 Quester Tangent Corporation 公司的 QTC Multiview 软件，英国 SonaVision Ltd 公司的 RoxAnn Swath 软件，挪威 Kongsberg 公司的 Kongsberg SIS/Triton Neptune C 软件，德国 L-3 Communication ELAC 公司的 L-3 ELAC Nautik Sediment Classification 软件等。此外，国内也开发了如 CLASSMAP、MBClass 在内的多种类型声学海底底质分类软件系统，研发单位主要包括中国科学院声学研究所、自然资源部第一海洋研究所、自然资源部第二海洋研究所、中国海洋大学、武汉大学、山东科技大学、中国地质大学（北京）、哈尔滨工程大学等[12-16]。第一个版本的 Triton 分类软件中，通过对 40 多个特征参数进行测试后，只保留了五个特征参数用于底质分类的研究。而 QTC Multiview 的底质分类方法同 Triton 分类软件相似，也主要是在海底反向散射图像的基础上进行特征提取与底质分类的研究。

在特征空间中用模式识别方法对待识别的目标进行分类判别并将其归为某一类别输出分类结果，这个对应于特征空间向类别空间转化的过程就是分类决策。目前基于多波束测深声呐的底质分类研究领域内主要是将人工神经网络方法、统计学分类方法、聚类分析方法等应用在声呐图像数据上[8, 17-20]。本章重点阐述海底分类技术中的特征提取问题，而针对上述分类器的应用过程，本章不做讨论。

6.3 声学海底分类的依据

声学海底分类的主要思路是通过物理过程描述与数学模型表达等方式使声学特征与海底沉积物特性之间建立联系，或者引入机器学习方法对海底底质类型进行有监督或无监督分类。无论哪种方式，我们都希望声学特征量的选择、提取或设计能得到一定的理论支撑，并且有利于解释在分类过程中遇到的问题。上述两种多波束海底分类的思路，对应了两类海底散射建模过程，本节将分别进行介绍。

6.3.1 海底反向散射模型

海底粗糙界面和海底沉积层内的非均匀介质能引起声波散射而产生海底混响。而对于多波束测深声呐而言，海底混响不属于干扰噪声，而属于需要被检测的信号。

由于多波束测深声呐在记录海底水深的同时也记录下了海底回波的幅度信息，使得利用其得到海底声学特性成为可能。海底散射通常是由海底粗糙界面和海底沉积层内的非均匀介质引起的。因此，任意时刻由粗糙界面引起的散射和沉积层内非均匀介质引起的体积散射是声呐系统接收到的海底混响的主要贡献（如图 6-3 所示，包括海水和海底界面的折射与散射及沉积层内的声吸收和散射）。应用物理实验室（applied physics laboratory，APL）海底散射模型就是根据这一机理将海底散射分为两部分来描述的[21, 22]。该模型结合几种近似方法并对其进行适当的修正，为海底反向散射的物理过程提供了一个合理精确的描述，而且该模型主要描述海底的反向散射并反映了从大掠射角到小掠射角即大角度变化范围的散射情况。

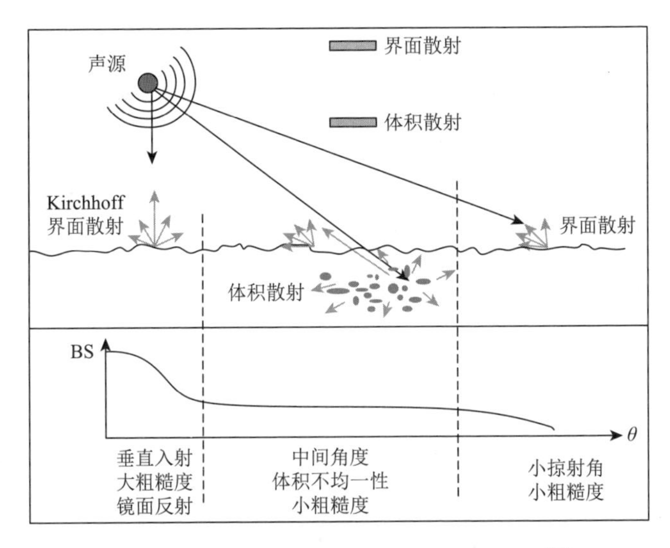

图 6-3　海底反向散射强度与入射角度关系[25]

图 6-4 为利用 APL 散射模型对 95kHz 海底反向散射强度的角度响应曲线进行的预测，可以看出不同底质下海底反向散射强度具有相对不同的角度变化规律，文献[23]根据这一现象将角度响应曲线按其变化快慢程度划分为 3 个区域，并对每个区域分别提取特征。这 3 个区域中，当在镜像入射区域（0°～15°）时，海底反向散射的主要贡献可以用 Kirchhoff 近似描述；在中等角度区域（15°～55°）时，主要贡献是小尺度的 Bragg 散射和海底不均匀介质的体积散射，可用基于微扰法的复合粗糙度近似描述；而当外侧大角度入射时，主要贡献为体积散射，根据常规多波束测深声呐的照射范围来看，该区域的角度为 55°～70°。

从图 6-4 中可以看出，根据海底反向散射强度的强弱关系，大致可以将图中沉积物类型分成三组：①黏土和淤泥，彼此相差很小；②砂砾和四种砂型，其海底反向散射强度依次相差较小；③岩石。大多数情况下，岩石散射能力比砂和砂砾强，砂与砂砾的散射能力又强于淤泥和黏土。因此，在实际的海底底质分类研究中，通常根据海底反向散射强度的强弱能粗略地划分不同沉积物类型。但又由于不同海底类型对应的海底反向散射强度随角度变化曲线有可能相差很小或相交，所以如果仅使用单一的海底反向散射强度与掠射角的关系数据作为分类的特征，将无法更加精细地对沉积物进行区分或者会造成分类错误。由此看来，还需要通过对海底反向散射强度角度响应曲线提取更多特征量来综合使用，才能实现更高精度海底底质类型划分[24]。

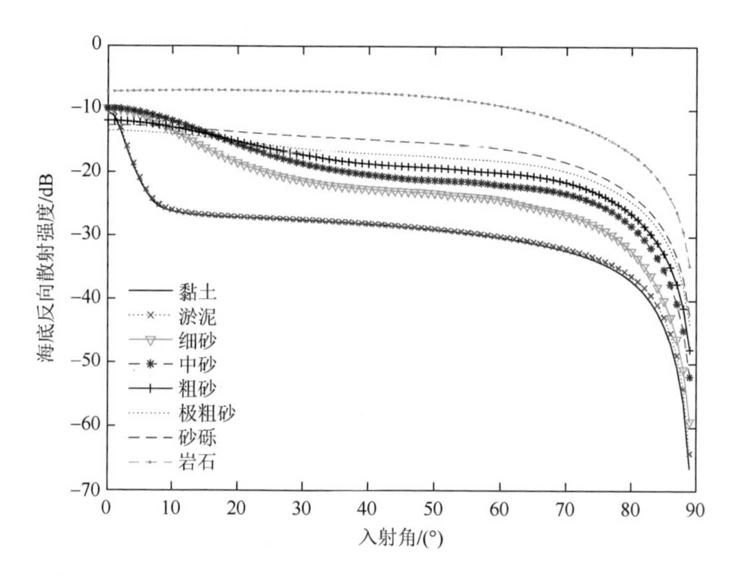

图 6-4　APL 散射模型预测的海底反向散射强度角度响应曲线

6.3.2　海底反向散射数据统计模型

1. 多波束反向散射数据的统计起伏现象

在粗糙界面散射中，海底反向散射通常用单位立体角与面积的反向散射截面 σ 或者与之成对数关系的海底反向散射强度 BS 来进行描述。根据 APL 海底散射模型[21, 22]，海底反向散射强度或者反向散射截面是入射角度的函数（本章分别用 BS_0 和 σ_0 表示），且当入射声波频率 f_0、入射角 θ 及海底类型及坡度等参数确定的情况下，这两个物理量可以认为是确定值。该类散射模型仅仅描述了海底反向散射强度数据在平均意义上的特性[26]或者说只能生成散射场的低阶矩[27]，而在实际的测量中海底反向散射强度数据还具有明显的起伏特性[28-30]，且这种现象与海底底质、微地形、宏观地形的坡度分布等特征也有着密切的联系，也是目前多波束底质分类中特别重要的特征信息源。例如，图 6-5 为文献[28]在两处区域多周期测量的相对海底反向散射强度数据的箱线图统计结果。其中，每处区域的测量周期 N 都大于 50Ping，黑实线是相对软底平滑区域测量的相对海底反向散射强度数据平均值随入射角的变化曲线，对于每一个入射角下测量的 N 个相对海底反向散射强度值表现出明显的随机特性，而矩形盒的上下两端边分别对应这组随机数据的一四与三四分位数位置。另外，黑虚线及围绕其绘制的箱线图是硬底粗糙区域的测量数据统计结果。

图 6-6 为文献[31]测量的 4 种底质类型下的海底反向散射图像，可以看出，如果将多周期测量的海底反向散射强度数据进行海底成图，则形成的海底图像数据表现出了在航迹向与距离向上二维空间与结构的随机变化，且这种图像纹理的随机特性也表现出与海底底质类型有关。

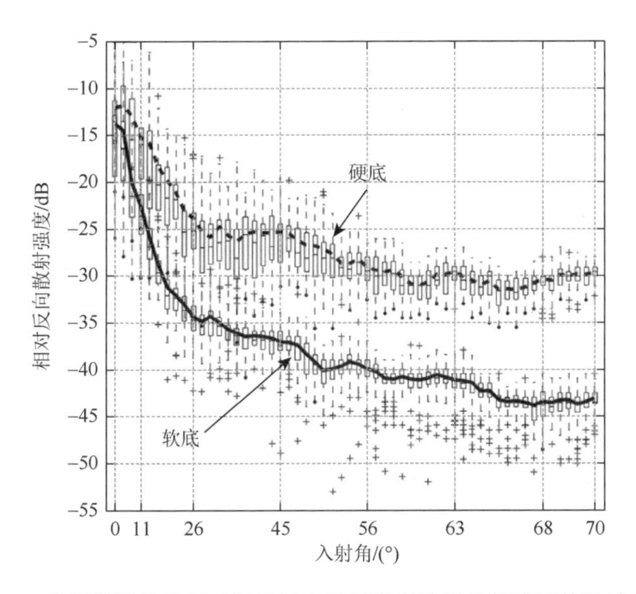

图 6-5　多周期测量的相对海底反向散射强度数据的箱线图统计结果[28]

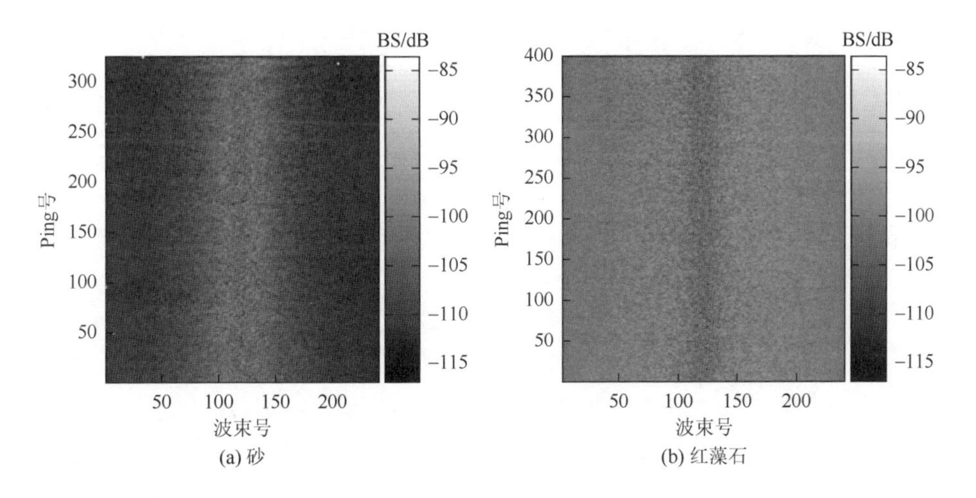

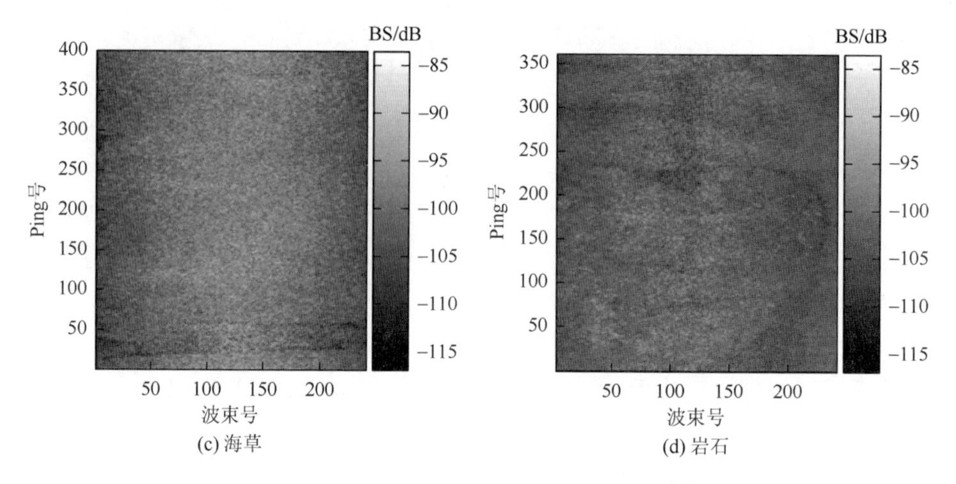

图 6-6　不同底质下的海底反向散射图像[31]

2. 海底反向散射强度数据的统计建模

Ward 等[32, 33]、Oliver[34-36]从海杂波物理形成机制出发，将其起伏特性描述为两种在空间、时间尺度上具有明显差别的随机变量乘积作用的结果。Hellequin 等[37, 38]也根据这一理论对海底反向散射声学数据的随机过程赋予了新的物理解释。根据乘积模型定义，可以认为海底反向散射信号的幅度或瞬时强度的起伏现象是由两个相互独立的随机变量相乘得到的，以瞬时强度为例，可以表示为[39-41]

$$P = R \cdot S \tag{6-1}$$

式中，R 为斑点分量，也称为快变分量，是分辨单元内各散射体随机相位产生的结果，在一个给定的局部均值基础上具有短相关时间的快起伏特性，服从指数分布，且表示为

$$f_R(R) = \exp(-R) \tag{6-2}$$

$E[R]=1$，$E[R^2]=2$。而 S 为慢变分量，与海底界面的物理性质有关，表征了局部均值水平，具有较长相关时间的慢起伏特性，其概率密度可以用 Γ 分布描述

$$f_S(S) = \frac{1}{\Gamma(\nu)\lambda}\left(\frac{S}{\lambda}\right)^{\nu-1} \exp\left(-\frac{S}{\lambda}\right) \tag{6-3}$$

$E[S]=\nu\lambda$，这里令 $E[S]=S_0$。利用反向散射信号瞬时强度在有效声照射区域内采样点的数值平均可以近似代替积分形式得到平均强度，即

$$I = \frac{1}{T}\sum_{m=1}^{M} P_m \Delta t = \frac{1}{M}\sum_{m=1}^{M} P_m \tag{6-4}$$

式中，T 为持续时间；Δt 为采样间隔，并且采样点数 $M = T / \Delta t$。结合式（6-1）可以得到

$$I = \frac{1}{M}\sum_{m=1}^{M} S(m)R(m) \tag{6-5}$$

I 如果是以海底图像做像素平均得到的，则 M 称为像素个数或者视数。在乘积模型假设中，S 是具有较长相关时间的慢变随机过程，在整个分辨单元内是常数，则有

$$I = S\cdot\left(\frac{1}{M}\sum_{m=1}^{M} R(m)\right) = S\cdot\bar{R} \tag{6-6}$$

而斑点分量 R 是各散射体随机相位产生的，在分辨单元内表现出快变的起伏特性，因此当 Δt 较大（或者 $M(M\geqslant 1)$ 较小）时，$R(m)$ 近似统计独立。在这种情况下 $\bar{R}$ 服从 Γ 分布，且可以表示为

$$f_{\bar{R}}(\bar{R}) \approx \frac{M^M \bar{R}^{M-1}}{\Gamma(M)}\exp(-M\bar{R}) \tag{6-7}$$

可以得到平均强度的概率密度函数为

$$f_I(I) = \frac{2}{\Gamma(v)\Gamma(M)I}\left(\frac{M}{\lambda}I\right)^{\frac{v+M}{2}} K_{v-M}\left(2\sqrt{\frac{M}{\lambda}I}\right) \tag{6-8}$$

$E[I]=E[S]=v\lambda=S_0$。如果反向散射信号仅仅是复高斯随机过程，Middleton[42]在假设 P_m 是统计独立的前提下近似得到了平均强度服从 Γ 分布。即当 P_m 的概率密度函数是 $f_{P_m}(P_m)=\exp(-P_m/\lambda_0)/\lambda_0$ 时，有

$$f_I(I) \approx \frac{M}{\Gamma(M)\lambda_0}\left(\frac{MI}{\lambda_0}\right)^{M-1}\exp\left(-\frac{MI}{\lambda_0}\right) \tag{6-9}$$

当 $M=1$ 时，式（6-9）则与式（6-1）瞬时强度的概率分布表达式相同。

海底反向散射通常用单位立体角单位面积的反向散射截面 σ 或者其分贝形式的反向散射强度 BS 表示

$$\mathrm{BS} = 10\lg\sigma = 10\lg\left(\frac{r^2 I}{I_{\mathrm{in}}A_{\mathrm{eff}}}\right) \tag{6-10}$$

式中，I_{in} 为参考声强；A_{eff} 为有效声照射面积，这里 I 表示为与海底散射面相距 r 处接收声波的平均强度。结合式（6-9）与式（6-10）则可以得到海底反向散射强度的概率密度函数：

$$f_{\mathrm{BS}}(\mathrm{BS}) = \frac{2k_0}{\Gamma(v)\Gamma(M)}\left(\frac{\mu_0 M}{\lambda}10^{\frac{\mathrm{BS}}{10}}\right)^{\frac{v+M}{2}} K_{v-M}\left(2\sqrt{\frac{\mu_0 M}{\lambda}10^{\frac{\mathrm{BS}}{10}}}\right) \tag{6-11}$$

式中，$k_0=\ln 10/10$；$\mu_0 = I_{\mathrm{in}}A_{\mathrm{eff}}/r^2$。由于式（6-11）在广义上符合回波幅度的 K 分布规律，为了明确两者的区别，通常称后者为线性域 K 分布，而称前者式（6-11）为对数域 K 分布。

3. 试验数据分析

这里结合湖试数据，对海底反向散射强度数据样本的概率分布进行分析。其中，试验数据利用直方图方法进行描述，并分别利用对数域广义 K 分布和高斯分布理论曲线进行比较。

分别选取泥、砂质泥、岩石 3 种湖底底质区域测量的四个角度方向（入射角分别为 5°、30°、45°、60°）海底反向散射强度数据，处理结果如图 6-7～图 6-9 所示。

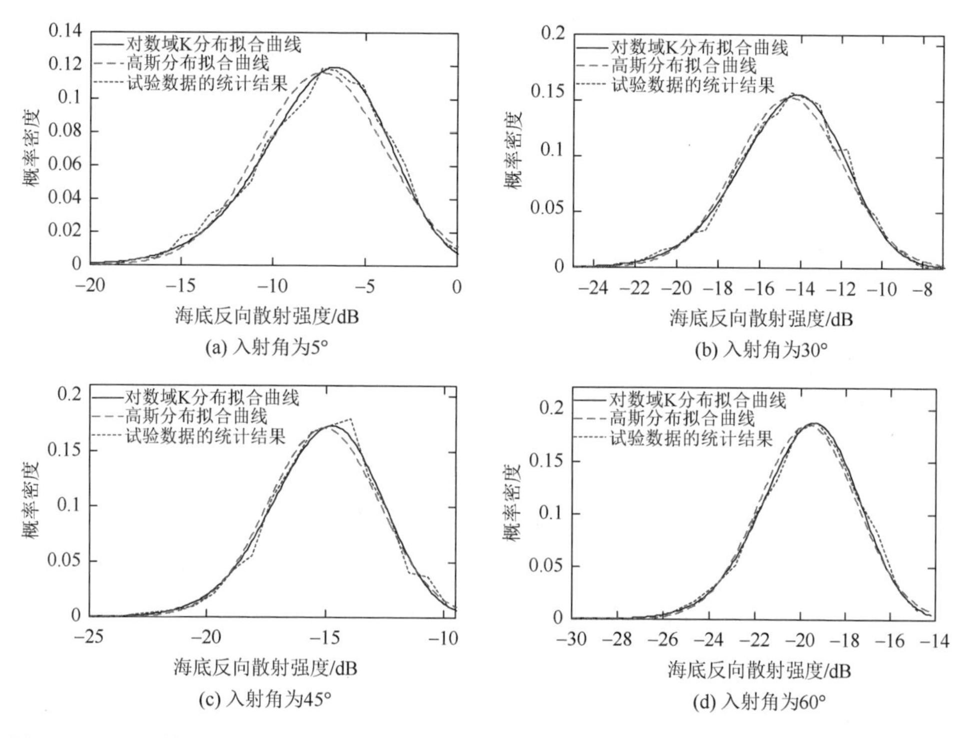

图 6-7　不同入射角情况下海底反向散射强度数据的概率分布统计与理论分布模型的拟合（泥底）

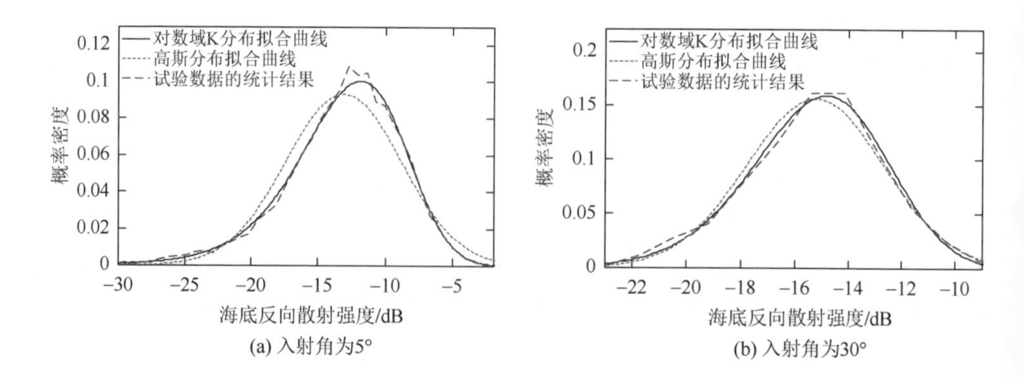

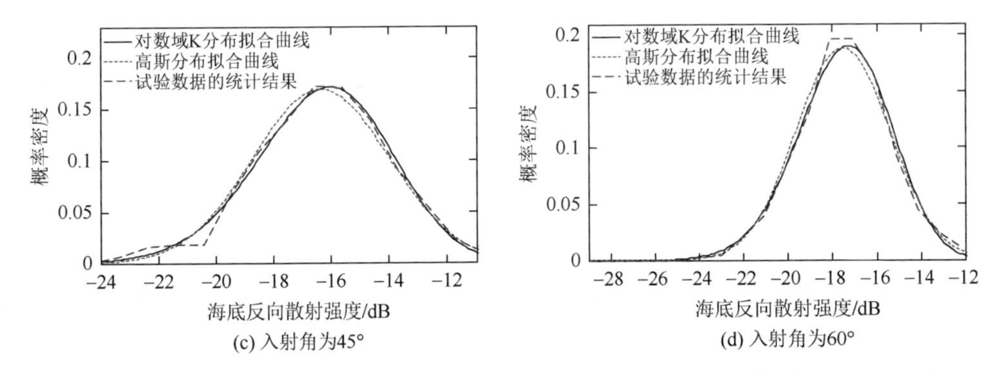

图 6-8　不同入射角情况下反向散射强度数据的概率分布统计与理论分布模型的拟合（砂质泥底）

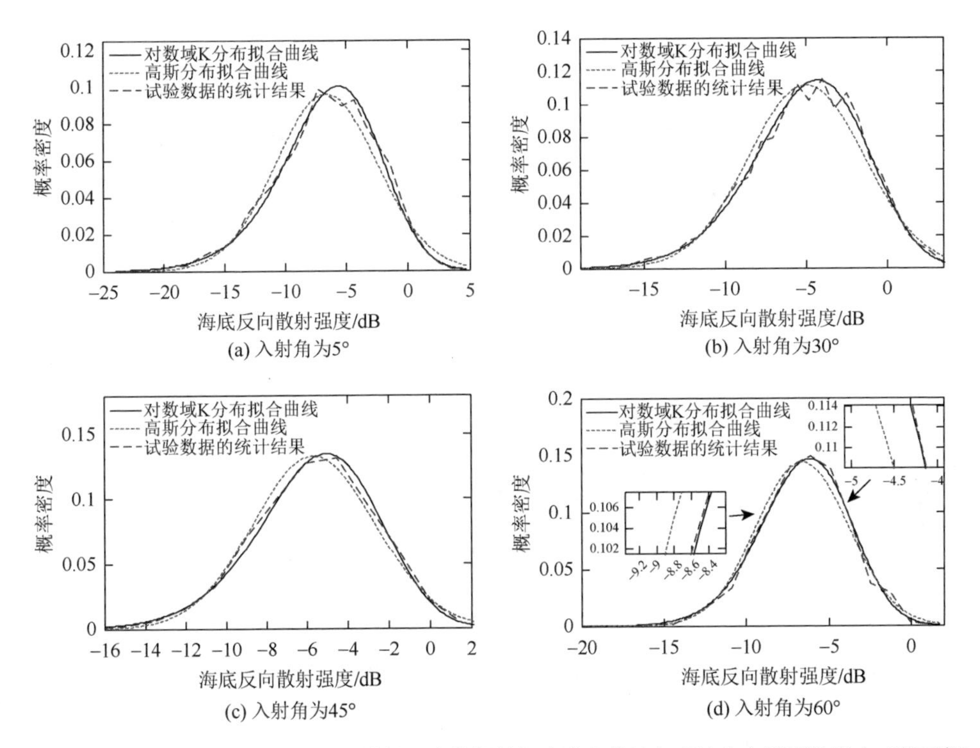

图 6-9　不同入射角情况下海底反向散射强度数据的概率分布统计与理论分布模型的拟合（岩石底）

从图 6-7～图 6-9 中可以看出，在不同入射角与底质情况下，实测海底反向散射强度数据的概率密度曲线与对数域 K 分布理论曲线都较为相近。而对于高斯分布来说，与实际数据的概率分布相比存在一定的偏差，尤其是在近垂直入射区域（入射角为 5°），这种差别尤为明显。此外，不同底质类型下的尺度参数、形状参数及方差也存在一定的差别（图 6-10～图 6-12）。由此可以看出，海底反向散射强度数据的统计特性也可以尝试作为特征进行分类应用。

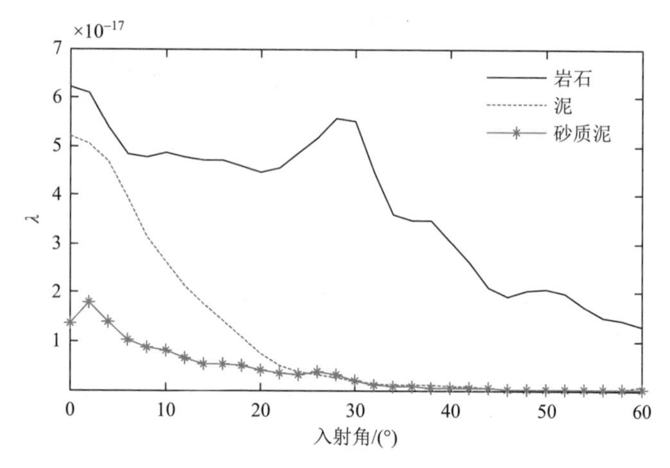

图 6-10　尺度参数 λ 随入射角的变化关系

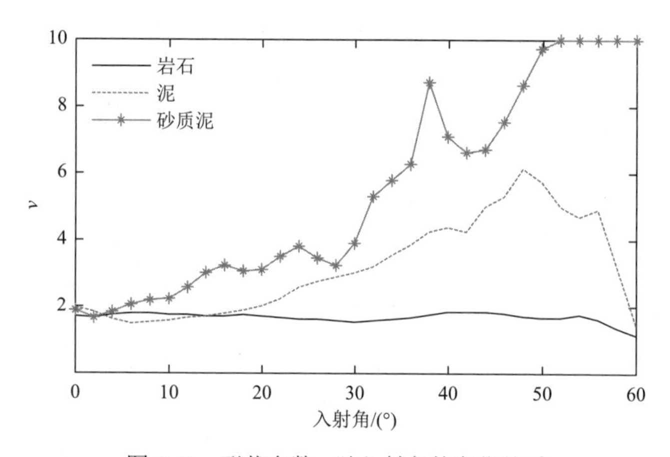

图 6-11　形状参数 v 随入射角的变化关系

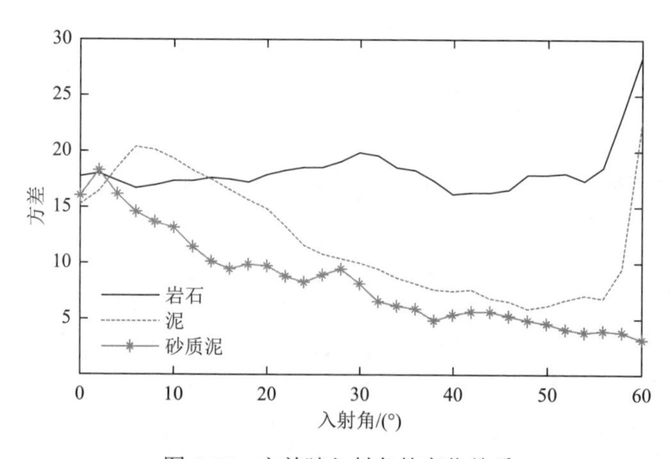

图 6-12　方差随入射角的变化关系

基于海底反向散射强度角度响应曲线及统计特性与沉积物属性间存在的密切联系，目前基于多波束测深声呐的海底底质分类技术中，特征提取所需要的数据源主要包括海底反向散射强度的角度关系曲线与海底反向散射图像（提取统计特征）。下面将围绕这两种数据源的特征提取过程及分类效果进行介绍。

6.4　基于海底反向散射图像的海底分类

基于海底反向散射图像（简称海底图像）的海底分类技术适合应用于多波束测深声呐、侧扫声呐等海底成像声呐。本节以海底图像为数据源，介绍三种应用较多、效果良好的特征提取技术。

6.4.1　基于数据概率分布特性的特征提取

较为简单且有效的特征提取技术是将海底反向散射强度或者海底图像数据计算均值、标准差、偏度、峰度、分位数等作为分类特征量，这些特征在一定程度上都是对数据概率分布特性的描述。假设样本数据集为$\{x_1,x_2,\cdots,x_n\}$，则各基本统计量如下所示。

（1）均值：

$$\bar{x}=\frac{1}{n}\sum_{i=1}^{n}x_i \tag{6-12}$$

式中，n为样本数。由 6.3.1 节知，在底质的粗糙程度相差明显时（如泥底、砂质泥底与岩石底），海底反向散射强度数据的均值可以较好地作为对其判别的特征量。

（2）标准差：

$$s=\sqrt{\frac{1}{n}\sum_{i=1}^{n}(x_i-\bar{x})^2} \tag{6-13}$$

式中，均值$\bar{x}$由式（6-12）估计得到。标准差反映了各海底反向散射强度样本值或者像元灰度值相对平均值的总离散度，是衡量图像信息量大小的重要度量。

（3）偏度：

$$g=\frac{\sum_{i=1}^{n}(x_i-\bar{x})^3}{ns^3} \tag{6-14}$$

偏度表征了数据概率分布曲线相对于平均值的不对称程度。对于高斯分布这一特殊情况，其偏度为 0。

（4）峰度：

$$k=\frac{\sum_{i=1}^{n}(x_i-\bar{x})^4}{ns^4} \tag{6-15}$$

峰度又称峰态系数，表征了数据概率分布曲线在平均值处峰值高低的特性。对于高斯分布而言，其峰度为常数 3，因此在一些应用中，为便于理解与比较通常将峰度值减去 3 处理。

（5）分位数（分位点）：分位数表示了连续分布函数 $F(X)$ 中的一个点，这个点的一侧对应概率 p，即对于任意 $p \in (0,1)$，使 $F(X) = p$ 的 x 称为此分布的分位数。

（6）概率分布模型的参数：对数域 K 分布模型参数也可作为特征量使用。

6.4.2　基于灰度共生矩阵的纹理特征提取

灰度共生矩阵是建立在二阶统计分析基础上的一种经典图像纹理特征，目前已在声呐海底图像、高光谱影像等各种遥感影像数据分类的需求中得到广泛的应用。利用 6.4.1 节中的统计算法可以估计海底图像内所有像素灰度值（海底反向散射强度数据的灰度形式）的统计分布特性，对图像特征进行宏观的描述；而利用灰度共生矩阵可以补充获取图像内灰度值在平面空间上分布与结构的变化信息，进一步描述了图像的微观结构。由于获得的纹理特征具有粗糙度、规则性、对比度、方向性等特性，所以可以将其与已知的海底地物属性建立联系，并用于对未知的海底底质类型的划分。

设图像 I 中水平、垂直方向分辨单元个数分别为 N_x 和 N_y，灰度级为 N_g，则灰度共生矩阵是一个 $N_g \times N_g$ 的矩阵，其矩阵元素 $P(i,j)$ 表示为从图像灰度值为 i 的像元 (x,y) 出发，统计与其距离为 d、方向角度为 θ 条件下，灰度为 j 的像元 $(x+\Delta x, y+\Delta y)$ 同时出现的频度，即

$$P(i,j \mid d,\theta) = \{(x,y),(x+\Delta x, y+\Delta y) \mid I(x,y)=i, I(x+\Delta x, y+\Delta y)=j\} \tag{6-16}$$

式中，$x=1,2,\cdots,N_x$；$y=1,2,\cdots,N_y$；$i,j=1,2,\cdots,N_g$。灰度共生矩阵一般不能直接作为特征使用，还需要在其基础上根据纹理特征的不同特性得到更为具体的特征量。在获取特征参数前，首先需要对灰度共生矩阵做正规化处理，即

$$p(i,j) = \frac{P(i,j)}{R} \tag{6-17}$$

式中，R 是正规化常数，其大小为灰度共生矩阵中全部元素之和。这里列举 6 个代表性较好的特征，分别是能量（角二阶矩）、对比度、熵、均匀性、簇阴影、相关性，具体表达式如下所示。

（1）能量：

$$F_{\text{energy}} = \sum_i \sum_j p(i,j)^2 \tag{6-18}$$

（2）对比度：

$$F_{\text{contrast}} = \sum_i \sum_j (i-j)^2 p(i,j) \tag{6-19}$$

对比度反映了样本图像的清晰程度，对比度越大，图像纹理越清晰。

（3）熵：

$$F_{\text{entropy}} = \sum_i \sum_j p(i,j) \lg p(i,j) \tag{6-20}$$

熵是信息学理论中的概念，反映了海底图像纹理的复杂程度和非均匀性，随着熵值的增加，纹理的复杂程度也在增大。

（4）均匀性：

$$F_{\text{homogeneity}} = \sum_i \sum_j \frac{p(i,j)}{(1+(i-j)^2)} \tag{6-21}$$

均匀性也称为同质性，反映了海底图像纹理的局部变化程度，其值越大，表明图像的不同区域间变化较小，图像分布越均匀。

（5）簇阴影：

$$F_{\text{shade}} = \sum_i \sum_j p(i,j)(i+j-\mu_x-\mu_y)^3 \tag{6-22}$$

（6）相关性：

$$F_{\text{correlation}} = \frac{\sum_i \sum_j (ij) p(i,j) - \mu_x \mu_y}{\sigma_x \sigma_y} \tag{6-23}$$

式中，$\mu_x = \sum_i i \sum_j p(i,j)$；$\mu_y = \sum_j j \sum_i p(i,j)$；$\sigma_x = \sum_i (i-\mu_x)^2 \sum_j p(i,j)$；$\sigma_y = \sum_j (j-\mu_y)^2 \sum_i p(i,j)$。相关性反映了海底图像中各元素之间的相似程度。

6.4.3　基于功率谱比的 Pace 特征

不仅是纹理特征，不同底质图像的功率谱也表现出一些明显的差别。Pace 和 Gao[43]基于这一特性，利用侧扫声呐回波幅度序列的归一化对数功率谱得到了 3 个特征量，文献[44]、[45]又将 Pace 特征直接应用到多波束海底图像数据中。假设样本区域图像由 $M \times N$ 个像素构成，首先计算图像中每行像素序列的功率谱 $P_i(f)$，$i=1,\cdots,M$，并进行平均与归一化处理

$$P_{\text{NL}}(f) = \bar{P}(f) \Big/ \int_0^{f_{\text{NY}}} \bar{P}(f) \mathrm{d}f \tag{6-24}$$

式中，$\bar{P}(f) = \frac{1}{M} \sum_{i=1}^{M} P_i(f)$。

$$
\begin{cases}
D_{f_1} = \int_0^{f_{\mathrm{BA}}} P_{\mathrm{NL}}(f)\mathrm{d}f \Big/ \int_{f_{\mathrm{BA}}}^{f_{\mathrm{NY}}} P_{\mathrm{NL}}(f)\mathrm{d}f \\
D_{f_2} = \int_0^{\frac{1}{8}f_{\mathrm{BA}}} P_{\mathrm{NL}}(f)\mathrm{d}f \Big/ \int_{f_{\mathrm{BA}}}^{f_{\mathrm{NY}}} P_{\mathrm{NL}}(f)\mathrm{d}f \\
D_{f_3} = \int_0^{\frac{1}{8}f_{\mathrm{BA}}} P_{\mathrm{NL}}(f)\mathrm{d}f \Big/ \int_{\frac{3}{4}f_{\mathrm{BA}}}^{f_{\mathrm{NY}}} P_{\mathrm{NL}}(f)\mathrm{d}f
\end{cases}
\tag{6-25}
$$

式中，$f_{\mathrm{NY}} = 1/(2\Delta d)$，$\Delta d$ 为相邻两像素间距。而 $f_{\mathrm{BA}} < f_{\mathrm{NY}}$，通常取 $f_{\mathrm{BA}} = f_{\mathrm{NY}}/2$。

6.4.4　分类结果示例

为了展示基于海底图像的海底底质分类的实际效果，这里以加利福尼亚大学海底测绘实验室提供的麦克可莉乔（MacKerricher）州立保护区内的海底图像为例，对底质分类效果进行分析。该数据扫测范围内的原位采样将底质分为岩石、砂砾、泥沙、沙地及泥土 5 种类型。对每个图像样本提取均值、标准差、能量、惯性矩、逆差距、熵等特征，图 6-13 为海底底质的软硬分类效果图。图 6-14 为 5 种底质类型的分类效果图[16]。在整幅图像上用对比度较强的 5 种颜色各自代表一种底质：红色代表岩石，绿色代表砂砾，深蓝色代表泥沙，深紫色代表沙地，浅紫色代表泥土。通过分类效果图可以看出泥土这种底质分布最为广泛，其次是沙地、泥沙等底质。

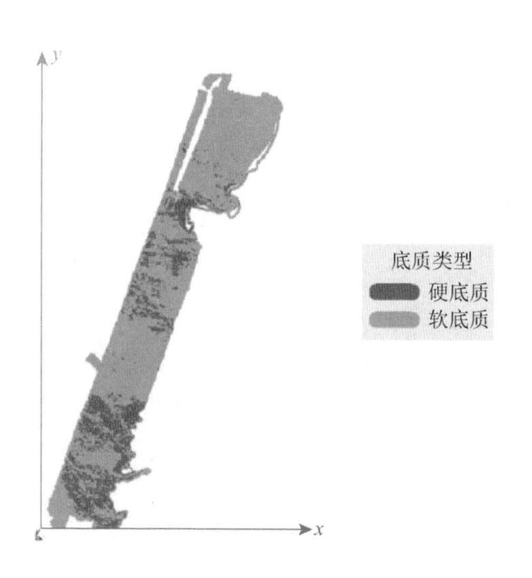

图 6-13　海底底质的软硬分类效果图

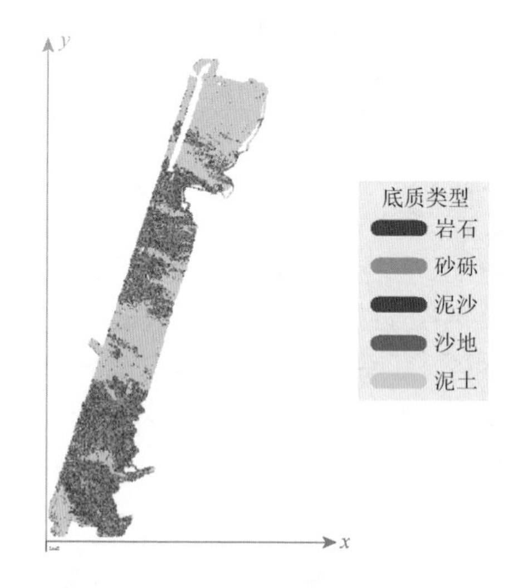

图 6-14　5 种底质类型的分类效果图
（彩图附书后）

6.5　基于海底反向散射强度角度响应的海底分类

6.5.1　海底反向散射强度数据的角度响应特征提取与分类

由第 5 章分析知，海底反向散射强度数据与入射角的关系在海底图像底质分类中能干扰图像特征的判别，需要将其消除；而从另一视角来看，海底反向散射强度数据的角度关系也是海底底质特征对声波散射的一种固有物理现象，在给定声波频率、底质类型及海底微地形结构的前提下，多测量周期平均得到海底反向散射强度平均值随入射角存在特定的规律性变化，因此在多波束海底底质分类中通常作为一种特征数据源予以研究，一般将其称为角度响应曲线（angular response curve，ARC）。而从 ARC 中提取的特征最主要也是相对分类正确率较高的是 ARC 的一阶导数、二阶导数[46-49]。

在 APL 散射模型分析的基础上，文献[41]分析了该规律曲线一阶导数、二阶导数的特性，通过两种特征的联合显示（图 6-15～图 6-17）可以看出，在这二维特征空间中，不同底质的数据都存在一定的聚集性，通过设置适当的超平面可以将其较容易地分开。由于 APL 海底散射模型只适用于 10～100kHz 条件下的海底散射情况，所以该结果也只能定性地进行理解。

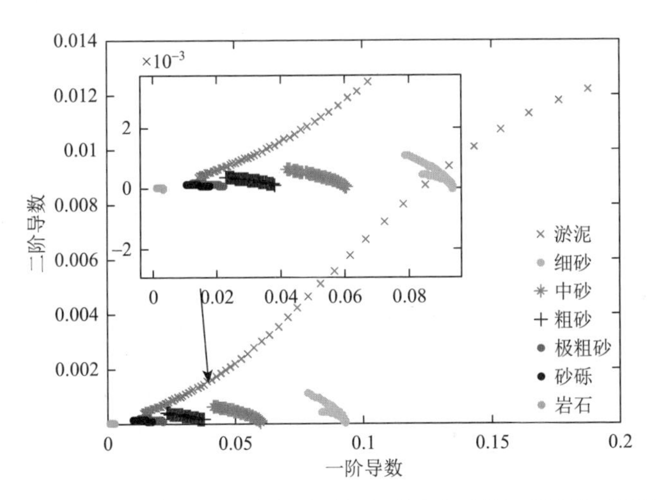

图 6-15　垂直入射区一二阶导数特征的联合分布图（彩图附书后）

在分类问题中，Clarke 等[23]根据海底散射机理将获得的海底反向散射强度数据按入射角大小划分为 3 个区域，并在此基础上提取特征量，如海底反向散射强度角度响应曲线的坡度等多个参数；Huang 等[46]直接利用全角度范围的海底反向散射强度数据均值的变化曲线计算一阶导数（坡度）、二阶导数，并比较其各自的贡献与分类效果。虽然物理意义清晰，但上述的方法子样本区域过大，降低了底质分类的分辨率。实际应用中，ARC 需要通过多个测量周期的平均处理方能获得。由该条曲线提取的特征代表了一种底质类型，其所对应的样本区域大小由水深、船速、多波束测深声呐测量的 Ping 率及覆盖宽度决定，因此最终所得的分类效果图的分辨率较低。此外，由于提取的有效特征相对较少，当海底环境的底质类别较多时，分类的稳健性也会受影响。

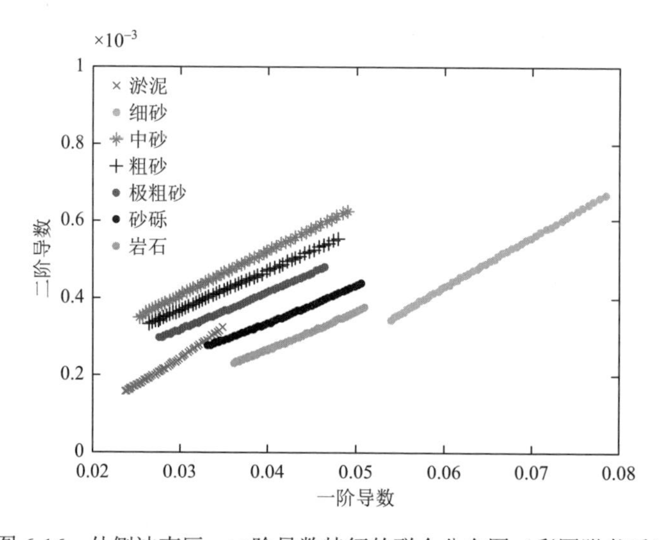

图 6-16　外侧波束区一二阶导数特征的联合分布图（彩图附书后）

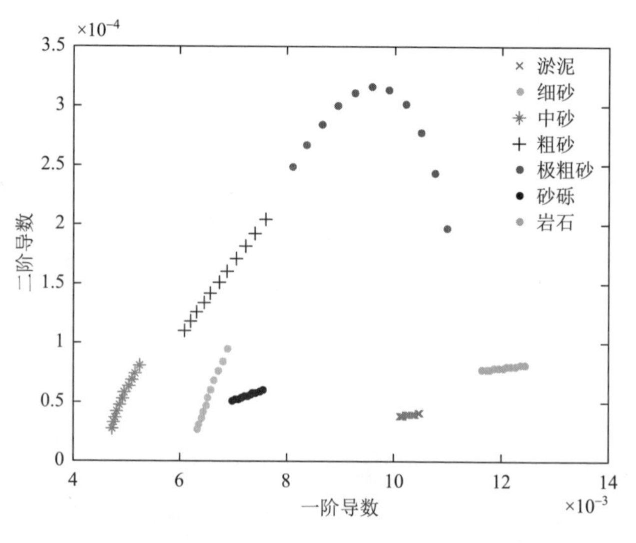

图 6-17　中等角度区域一二阶导数特征的联合分布图（彩图附书后）

6.5.2 基于多角度间隔 ARC 的底质分类技术

为了提高利用海底反向散射强度角度响应特征的多波束测深声呐底质分类图像的分辨率与分类正确率，本节介绍一种基于多角度间隔 ARC 特征的分类[49]。处理流程图如图 6-18 所示，其中，平均海底反向散射强度的角度响应具体计算式是

$$S(\theta_i)=\sum_{j=1}^{N_c}\mathrm{BS}_j(\theta_i) \tag{6-26}$$

式中，N_c 为用于平均计算的测量周期数；$\mathrm{BS}_j(\theta_i)$ 为第 j 个测量周期波束角为 θ_i 时的海底反向散射强度数据；$S(\theta_i)$ 为波束角为 θ_i 时的平均海底反向散射强度的角度响应，$i=1,2,\cdots,N_r$，且 $|\theta_i|>|\theta_{i-1}|$，其中 N_r 为多波束测深声呐单侧接收的波束数目。根据各角距区间将平均海底反向散射强度的角度响应进行分段，并各自提取分类特征量。而角距区间通过式（6-27）得到

$$\beta_m\in\left(\arctan\left(\frac{\tan\theta_{N_r}}{M}(m-1)\right),\arctan\left(\frac{\tan\theta_{N_r}}{M}m\right)\right) \tag{6-27}$$

式中，M 为划分的角距区间总数；$m=1,2,\cdots,M$；β_m 为第 m 个区间的角度范围大小。所提取的分类特征量包括：

$$\begin{cases}F_{1m}=\dfrac{1}{K}\sum\limits_{k=1}^{K}S(\theta_k)\\ F_{2m}=\dfrac{1}{K}\sum\limits_{k=1}^{K}\dfrac{\mathrm{d}S(\theta_k)}{\mathrm{d}\theta_k}\\ F_{3m}=\dfrac{1}{K}\sum\limits_{k=1}^{K}\dfrac{\mathrm{d}^2S(\theta_k)}{\mathrm{d}\theta_k^2}\\ F_{4m}=\dfrac{1}{K}\sum\limits_{k=1}^{K}\dfrac{S(\theta_k)}{F_{2m}(\theta_k)}\\ F_{5m}=\dfrac{1}{K}\sum\limits_{k=1}^{K}\dfrac{1-F_{4m}(\theta_k)}{S(\theta_k)}\end{cases} \tag{6-28}$$

式中，$k=1,2,\cdots,K$，K 为落入第 m 个角距区间范围内的波束数目；θ_k 为该区间的第 k 个波束角度大小。

图 6-19 为三种湖底类型的 ARC 曲线。由于试验区只有三种湖底类型，且图 6-19 的 ARC 差异比较明显，保证了较高的分类精度。通过对水下视频和原位采样结果的分析，试验区湖底主要包括岩石、砂质泥和泥这三种湖底。在计算反向散射强度数据时，声呐系统的固定增益并未完全修改，所以得到的反向散射强

度数据是相对值，但对分类结果没有影响。图 6-20 与图 6-21 分别是 $M=8$ 和 $M=1$ 的两个分类图像。当 $M=1$ 时，可以认为分类结果与基于 ARC 的传统技术等效。两幅图像对比可知，图 6-20 的图像分辨率高于图 6-21，不同底部类型的过渡更加合理。理论上，将每个样本所代表的覆盖区域缩小到传统技术的 $1/M$，大大提高了分类图像的分辨率。

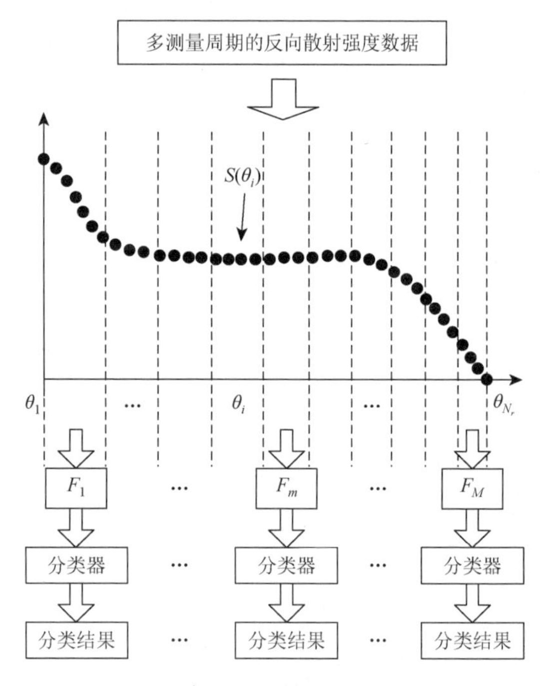

图 6-18　处理流程图

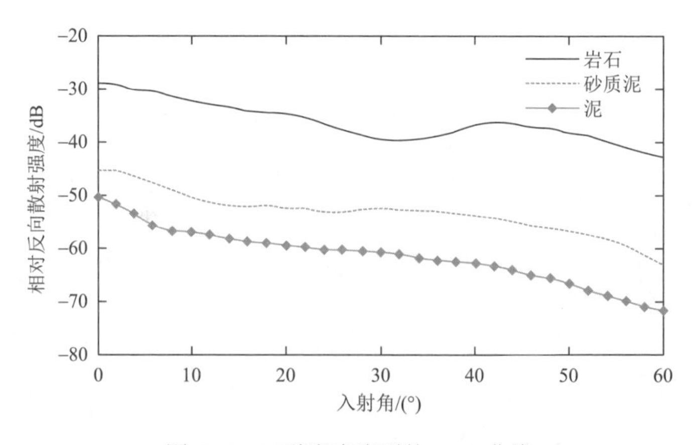

图 6-19　三种湖底类型的 ARC 曲线

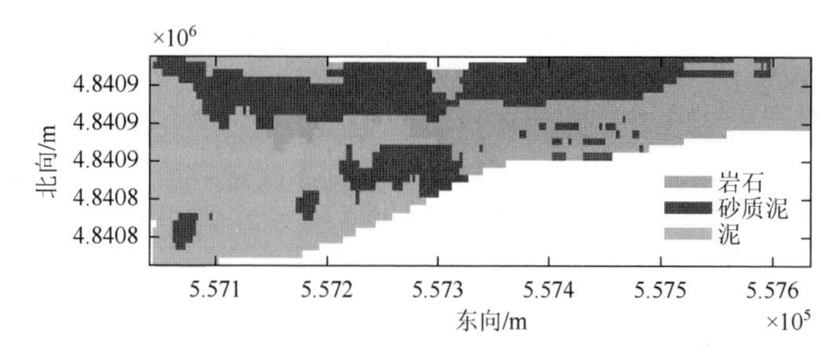

图 6-20　湖底分类结果（$M = 8$）（彩图附书后）

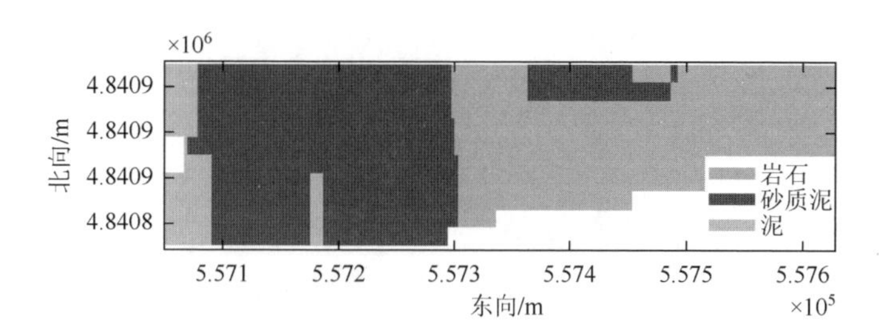

图 6-21　湖底分类结果（$M = 1$）（彩图附书后）

6.6　多波束海底分类应用的延伸——沉底油探测

多波束海底分类技术不仅可以用于海底沉积物类型的划分，还可以根据其原理用于沉底油的探测[50-52]。为检验多波束测深声呐的沉底油探测与识别性能，设计水池试验进行验证。参试单位包括国家海洋局北海环境监测中心、中海油能源发展股份有限公司安全环保分公司与哈尔滨工程大学，合作内容涵盖试验设计、试验环境布置、声呐测试及油品回收等。水池尺寸长为 10m，宽为 3m，深为 2m。为了模拟海底海洋环境，将水池底部用约 10cm 的沙子平铺。沉底油模拟物品由原油、燃料油、重晶石和高岭土按一定比例混合而成，其他干扰物包括砾石、水草、柱状钢管、海底泥等。将上述模拟物按照如图 6-22 所示的布放示意图进行排列，然后注入海水。

图 6-23 为沉底油试验模拟物实际布放图。为了验证沉底油厚度对沉底油识别结果的影响及软件对沉底油识别分辨的能力，试验设计中共有 8 处沉底油目标，其中包括直径为 0.6m、厚度为 5cm 的圆形区域油，大小为 $0.5\text{m}\times0.5\text{m}$、厚度为 3cm 的正方形区域油，随机摊开面积约为 0.64m^2 的沉底油区域，大小为 $0.97\text{m}\times0.5\text{m}$、厚度为 5cm 的长方形区域油，大小为 $0.1\text{m}\times0.1\text{m}$、厚度为 5cm 的正方形区域油，大小为 $0.3\text{m}\times0.3\text{m}$、厚度为 5cm 的正方形区域油，大小为 $0.5\text{m}\times0.5\text{m}$、厚度为 5cm 的正方区域油，大小为 $1\text{m}\times0.2\text{m}$、厚度为 5cm 的长方形区域油。为了验证

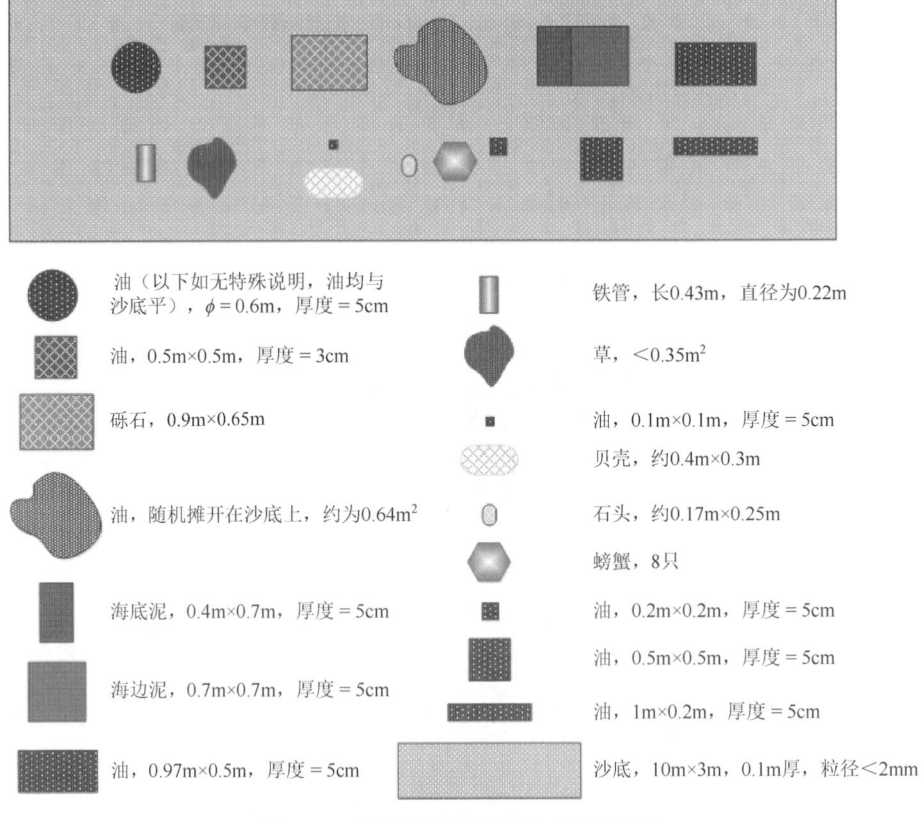

图 6-22　沉底油试验模拟物布放示意图

图 6-23　沉底油试验模拟物实际布放图

海底其他干扰物对沉底油识别的影响，选用了砾石、海底泥、海边泥、水草、钢管、石头、贝壳和螃蟹等海底常见干扰物。试验环境布置后，采用 Kongsberg 公司的 EM2040P 型多波束测深声呐进行数据采集。

图 6-24 为沉底油多波束图像，利用支持向量机分类器对提取的图像特征进行分类识别，识别率结果为89.33%，用训练模型对整个沉底油多波束测深声呐子像素块进行标签预测，结果如图 6-25 所示，其中，黑色表示沉底油目标区域，灰色表示其他类区域。在沉底油模拟物布放示意图中的 8 处预设沉底油目标均被识别出来（图 6-25 中灰色框图区域），同时也有两处较为明显的干扰目标被误认为沉底油区域。通过对比沉底油试验布放示意图，发现两处干扰目标分别为钢管所在附近区域和水草区域（图 6-25 中白色框图区域）。图 6-24 中左下角处的一条亮色线状区域是由钢管回波产生的，而亮线后方的阴影区被误认为沉底油区域。同样水草造成的声影区造成反向散射强度较弱。除了上述两种模拟物对沉底油识别造成一定的干扰，贝壳、石头、砾石和泥等物体均不会对沉底油的识别造成影响。

图 6-24　沉底油多波束图像

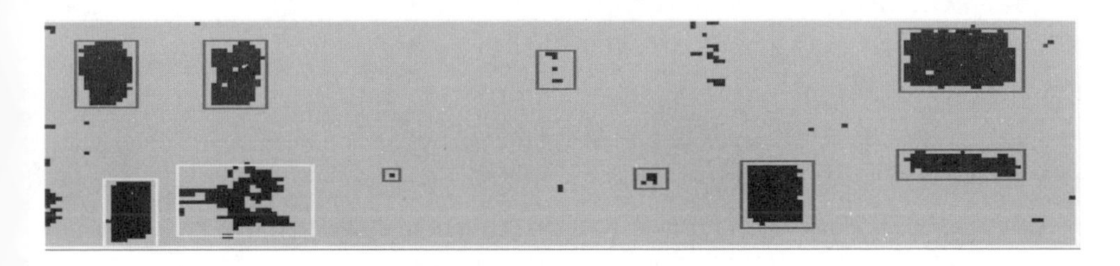

图 6-25　沉底油识别结果

6.7　影响分类正确率的因素分析

基于多波束测深声呐的海底底质分类结果的可靠性，一般需要实测海底底质类型的数据参与比较来进行评价。通常采用总体分类正确率与 Kappa 系数两种评价标准对底质分类性能进行评估。其中，总体分类正确率等于被正确分类的所有样本总数 N_r 除以总的样本数 N，即 $\mathrm{OA} = N_r / N$。

而 Kappa 系数体现了底质分类图像整体的误差性，是遥感分类领域对分类准确性的一种定量评价标准，可以在误差矩阵的基础上计算得到。设底质类型用类别号表示为$1,2,\cdots,k$，则误差矩阵为一个 $k \times k$ 矩阵。矩阵中第 i 行 j 列的数值 $x_{i,j}$ 表示为实际底质类型是 j，而被分成是 i 类型的样本个数，而当 $i = j$，即矩阵主对角线上的值 $x_{i,i}$ 表示为被正确分类的个数。令 x_{i+} 与 x_{+i} 分别表示为对第 i 行和对第 i 列数值求和的结果，则可以将 Kappa 系数表示为

$$\mathrm{Kappa} = \frac{N\sum_{i=1}^{k} x_{i,i} - \sum_{i=1}^{k}(x_{i+} \times x_{+i})}{N^2 - \sum_{i=1}^{k}(x_{i+} \times x_{+i})} \tag{6-29}$$

当 Kappa 数值大于 80%时，说明分类结果图与真实类型间的一致性好，分类正确率高，随着 Kappa 数值的减小，一致性也相应变差。

多波束海底分类技术的实现过程较为复杂，而影响其分类正确率的因素也较为多样，主要包括以下几个方面。

（1）原位采样样本数量不足。过少的原位采样样本数量可能无法实现对测量区域内所有底质类型的全覆盖，以至于原位采样没有找到的沉积物类型被错分成其他底质。为此，首先建议对观测区域先进行海底反向散射成像，通过人工预判或者非监督分类对可能存在的沉积物类型及分布区域进行界定，在此基础上再根据界线图进行沉积物取样位置选点。

（2）原位采样样本数据不准。原位采样样本数据不准主要有两方面含义：①由于海况、取样器现场操作原因，取出的样本在回收过程中有遗漏发生，以至于后续样本类型分析不准确；②在一些特殊的地形上，如珊瑚礁、基岩上或附近，取样器可能只采集其表层上沉积物，以至于原位采样结果可能并不能充分地反映当地实际的海底情况。可以结合水下摄像机的海底行进观测方式实现对采样区附近较大范围的视频观测，以确定该区域沉积物类型分布较为一致。

（3）海底反向散射强度估计的不确定度因素影响。与海底地形数据检测相似，海底反向散射强度数据的估计也应考虑不确定度因素，并对偏差较大数据进行预先滤波处理。不确定度产生的原因除了海底地形检测所涉及的因素（参见第 2 章），还包括在声源级、接收增益、指向性图等测试或校准过程产生的误差。

（4）微地貌形态影响。当测量海区的海底海流较大时，海底沙坡等特殊微地貌受海流影响可能使沉积物纹理发生变化，使得虽然是相同的沉积物类型但微地貌分布可能不同的情况发生。这样相同的航线下两次测量的海底图像纹理可能也不同，进而影响对沉积物类型的判别。

参考文献

[1] Hamilton L J. A Bibliography of Acoustic Seabed Classification[R]. Canberra：Defence Science and Technology Organisation（DSTO），2005：4-50.

[2] 朱艳. 声学方法海底沉积物类型分类研究[D]. 哈尔滨：哈尔滨工程大学，2007：1-13.

[3] 刘志杰，殷汝广. 浅海沉积物分类方法研讨[J]. 海洋通报，2011，30（2）：194-199.

[4] 赵东波. 常用沉积物粒度分类命名方法探讨[J]. 海洋地质动态，2009，25（8）：41-44.

[5] Cutter G R J. Seafloor habitat characterization，classification，and maps for the lower Piscataqua River estuary[D]. New Hampshire：University of New Hampshire，2005：1-25.

[6] 杨鲲，吴永亭，赵铁虎，等. 海洋调查技术及应用[M]. 武汉：武汉大学出版社，2009：1-23.

[7] Bas T P L，Huvenne V A I. Acquisition and processing of backscatter data for habitat mapping：Comparison of multibeam and sidescan systems[J]. Applied Acoustics，2009（70）：1248-1257.

[8] Anderson J T. Acoustic Seabed Classification of Marine Physical and Biological Landscapes[R]. Copenhagen：International Council for the Exploration of the Sea（ICES），2007：10-45.

[9] Penrose J D，Siwabessy P J W，Gavrilov A，et al. Acoustic Techniques for Seabed Classification[R]. Queensland：Cooperative Research Centre for Coastal Zone Estuary and Waterway Management，2005：5-15，20-60.

[10] Tegowski J，Gorska N，Nowak J，et al. Analysis of single beam，multibeam and sidescan sonar data for benthic habitat classification in the southern Baltic Sea[C]. Proceedings of 3rd International Conference and Exhibition on Underwater Acoustic Measurements：Technologies and Results，Nafplion，2009：131-138.

[11] 朱建军. 参量阵浅地层剖面探测技术研究[D]. 哈尔滨：哈尔滨工程大学，2014.

[12] 唐秋华，纪雪，丁继胜，等. 多波束声学底质分类研究进展与展望[J]. 海洋科学进展，2019，37（1）：1-10.

[13] 阳凡林. 多波束和侧扫声呐数据融合及其在海底底质分类中的应用[D]. 武汉：武汉大学，2003.

[14] 王嘉翀，吴自银，王明伟，等. 海底声学底质分类的 ELM-AdaBoost 方法[J]. 海洋学报，2021，43（12）：144-151.

[15] 周平. 声学后向散射数据的成像关键技术与底质分类研究[D]. 武汉：中国地质大学，2021.

[16] 钟绍源. 基于海底声学图像的底质分类软件设计与实现[D]. 哈尔滨：哈尔滨工程大学，2019.

[17] Tang Q H，Li J，Ding D Q，et al. Deep-sea seabed sediment classification using finely processed multibeam backscatter intensity data in the Southwest Indian Ridge[J]. Remote Sensing，2022，14（11）：1-17.

[18] Zhang Q Y，Zhao J H，Li S B，et al. Seabed sediment classification using spatial statistical characteristics[J]. Journal of Marine Science and Engineering，2022，10（5）：1-20.

[19] Snellen M，Gaida T C，Koop L，et al. Performance of multibeam echosounder backscatter-based classification for monitoring sediment distributions using multitemporal large-scale ocean data sets[J]. IEEE Journal of Oceanic Engineering，2019，44（1）：142-155.

[20] Mcgonigle C，Brown C J，Quinn R. Operational parameters，data density and benthic ecology：Considerations for image-based classification of multibeam backscatter[J]. Marine Geodesy，2010，33（1）：16-38.

[21] Darrell R，Jackson D P W A. Application of the composite roughness model to high-frequency bottom backscattering[J]. Journal of the Acoustical Society of America，1986，79（5）：1410-1422.

[22] Laboratory A P. APL-UW High-Frequency Ocean Environmental Acoustic Models Handbook[R]. Seattle：Applied Physics Laboratory，University of Washington，1994：1-45.

[23] Clarke J E H，Danforth B W，Valentine P. Areal seabed classification using backscatter angular response at

95kHz[C]. High Frequency Acoustics in Shallow Water，Lerici，1997：243-250.

[24] 徐超. 海底散射模型与多波束混响信号统计特性研究[D]. 哈尔滨：哈尔滨工程大学，2009：50-59.

[25] 刘晓. 基于多波束测深声呐的成像技术研究[D]. 哈尔滨：哈尔滨工程大学，2012.

[26] 焦培南，张忠治. 雷达环境与电波传播特性[D]. 北京：电子工业出版社，2007：107-116.

[27] Oliver C，Quegan S. Understanding Synthetic Aperture Radar Images[M]. Raleigh：SciTech Publishing，Inc.，2004：85-90.

[28] Kloser R J，Penrose J D，Butler A J. Multi-beam backscatter measurements used to infer seabed habitats[J]. Continental Shelf Research，2010，30（16）：1772-1782.

[29] Parnum I M，Gavrilov A N，Siwabessy P J W，et al. Analysis of high-frequency multibeam backscatter statistics from different seafloor habitats[C]. Proceedings of the 8th European Conference on Underwater Acoustics，Carvoeiro，2006：1-6.

[30] Parnum I M，Gavrilov A N，Siwabessy P J W，et al. The effect of incident angle on statistical variation of backscatter measured using a high-frequency multibeam sonar[C]. Proceedings of Acoustics 2005，Busselton，2005：433-438.

[31] Siwabessy P J W，Gavrilov A N，Duncan A J，et al. Statistical analysis of high-frequency multibeam backscatter data in shallow water[C]. Proceedings of Acoustics 2006，Christchurch，2006：11-16.

[32] Ward K，Tough R，Watts S. Sea Clutter Scattering，the K Distribution and Radar Performance[M]. London：Institution of Engineering and Technology，2013：179-190.

[33] Ward K. Compound representation of high resolution sea clutter[J]. Electronics Letters，1981，16（17）：561-563.

[34] Oliver C J. A model from non-Rayleigh scattering statistics[J]. Optica Acta，1984，31（6）：701-722.

[35] Oliver C J. The interpretation and simulation of clutter textures in coherent images[J]. Inverse Problems，1986，2：481-518.

[36] Oliver C J. The representation of correlated clutter textures in coherent images[J]. Inverse Problems，1988，4（3）：843-866.

[37] Hellequin L，Boucher J，Lurton X. Processing of high-frequency multibeam echo sounder data for seafloor characterization[J]. IEEE Journal of Oceanic Engineering，2003，28（1）：78-89.

[38] Hellequin L. Statistical characterization of multibeam echosounder data[C]. Proceedings of IEEE OCEANS Conference，Nice，1998：228-233.

[39] Abraham D A，Lysons A P. Exponential scattering and K-distributed reverberation[C]. Proceedings of IEEE Oceans 2001，Honolulu，2001：1622-1628.

[40] Abraham D A，Lyons A P. Simulation of non-Rayleigh reverberation and clutter[J]. IEEE Journal of Oceanic Engineering，2004，29（2）：347-362.

[41] 徐超. 多波束测深声呐海底底质分类技术研究[D]. 哈尔滨：哈尔滨工程大学，2014.

[42] Middleton D. New physical-statistical methods and models for clutter and reverberation the KA-distribution and related probability structures[J]. IEEE Journal of Oceanic Engineering，1999，24（3）：261-283.

[43] Pace N G，Gao H. Swathe seabed classification[J]. IEEE Journal of Oceanic Engineering，1988，13（2）：83-90.

[44] Clarke J E H. Seafloor characterization using keel-mounted sidescan：Proper compensation for radiometric and geometric distortion[C]. Canadian Hydrographic Conference，Ottawa，2004：1-18.

[45] de Oliveira J A M. Maximizing the coverage and utility of multibeam backscatter for seafloor classification[D]. New Brunswick：The University of New Brunswick，2007：1-25.

[46] Huang Z，Siwabessy J，Nichol S，et al. Predictive mapping of seabed cover types using angular response curves of

multibeam backscatter data：Testing different feature analysis approaches[J]. Continental Shelf Research，2013（61/62）：12-22.

[47] Hasan R C，Ierodiaconou D，Laurenson L. Combining angular response classification and backscatter imagery segmentation for benthic biological habitat mapping[J]. Estuarine，Coastal and Shelf Science，2012（97）：1-9.

[48] Rzhanov Y，Fonseca L，Mayer L A. Construction of seafloor thematic maps from multibeam acoustic backscatter angular responsedata[J]. Computers and Geosciences，2012（41）：181-187.

[49] Xu C，Li H S，Chen B W，et al. Angular response classification of multibeam sonar based on multi-angle interval division[C]. Proceedings of 2016 IEEE/OES China Ocean Acoustics，Harbin，2016：1-4.

[50] 吴明星. 基于多波束声呐的沉底油识别软件设计与实现[D]. 哈尔滨：哈尔滨工程大学，2021.

[51] Li J W，An W，Xu C，et al. Sunken oil detection and classification using MBES backscatter data[J]. Marine Pollution Bulletin，2022，180：1-9.

[52] 杜伟东，吴明星，徐超，等. 沉底油的高频声探测方法与水池模拟试验[J]. 船海工程，2020，49（2）：21-23.

第 7 章　海底地形辅助导航

水下地形作为地球固有物理属性，可以作为一种辅助导航信息源[1]。由于大多数 AUV 配置了水深探测传感器，当 AUV 航行时，利用自身搭载的水深探测传感器实时获取水下地形信息，并与已存储的水下数字地形图进行匹配，便可估计其位置，为惯性导航系统（inertial navigation system，INS）提供额外的修正。水下地形辅助导航（underwater terrain aided navigation，UTAN）的特点是其误差不随航行时间增加而累积，不需要外部设备，且无须 AUV 升出水面，可以边作业边利用测量的地形进行辅助导航。本书重点介绍基于多波束测深声呐的海底地形辅助导航技术，主要包括基于广义极大似然估计的稳健地形匹配定位与基于递推贝叶斯估计的稳健地形跟踪导航两个方面[2, 3]。

7.1　基于广义极大似然估计的稳健地形匹配定位

针对传统基于极大似然估计的多波束测深地形匹配定位采用不具备稳健性的高斯似然函数作为相似性度量函数易导致地形匹配精度下降甚至出现虚假定位的问题，本节介绍一种基于广义极大似然估计的稳健地形匹配定位技术。同时，针对现有多波束测深地形匹配定位普遍采用网格遍历搜索方式导致计算量大、实时性差的问题，结合智能优化算法的全局快速寻优特性，采用差分进化寻优方式进行快速地形匹配定位，提高地形匹配定位的搜索速度。

7.1.1　广义极大似然估计原理

在地形匹配定位中，以单次测量为例，假设 k 时刻真实位置处 x_k 的多波束测深数据点为 y_k，重写非线性观测模型等式如下：

$$y_k = h(x_k) + v_k \tag{7-1}$$

式中，v_k 表示观测噪声，也称为测量残差。

在极大似然估计中，假设观测噪声满足独立同分布条件，极大似然估计量为

$$\hat{x}_k^{\mathrm{MLE}} = \arg\max_{x_k}\left(\prod_{i=1}^{N} p(v_{i,k})\right) \tag{7-2}$$

式中，$p(v_{i,k})$表示噪声概率密度函数；N 表示测量波束数，注意 $v_{i,k}$ 是关于 x_k 的函

数。实际中，一般取似然函数负对数形式，将最大化似然转换为最小化负对数似然形式，即

$$\hat{x}_k^{\text{MLE}} = \arg\min_{x_k}\left(\sum_{i=1}^{N} -\ln(p(v_{i,k}))\right) \tag{7-3}$$

因此，标准极大似然估计中的最小化代价函数可以表示为

$$J_{\text{MLE}}(x_k) = \sum_{i=1}^{N} -\ln(p(v_{i,k})) \tag{7-4}$$

基于以上形式，Huber 给出广义极大似然估计最小化代价函数形式为

$$J_{\text{GMLE}}(x_k) = \sum_{i=1}^{N} \rho(v_{i,k}) \tag{7-5}$$

式中，$\rho(\cdot)$ 为任意函数。可以看到，当 $\rho(v_{i,k}) = -\ln(p(v_{i,k}))$ 时，广义极大似然估计退化为标准极大似然估计，因此，标准极大似然估计可以认为是广义极大似然估计的一种特例。

通常为了使得估计具有稳健性，$\rho(\cdot)$ 函数需要满足其导数有界且连续的条件。与第 3 章中一样，本章选取具有抗差特性的 Huber 函数作为相应的 ρ 函数[4]，如下：

$$\rho(\hat{v}) = \begin{cases} 0.5\hat{v}^2, & |\hat{v}| < \tau \\ \tau|\hat{v}| - 0.5\hat{v}^2, & |\hat{v}| \geqslant \tau \end{cases} \tag{7-6}$$

式中，$\hat{v}$ 为标准化残差；τ 为可调参数。注意，当 τ 趋于无穷时，式（7-6）为 l_2 范数形式，等价于高斯分布假设下的标准极大似然估计；当 τ 趋于 0 时，式（7-6）为 l_1 范数形式，则等价于拉普拉斯分布假设下的标准极大似然估计。在观测噪声为高斯分布的假设条件下，一般取 $\tau = 1.345$ 可以保证上述广义极大似然估计较高的估计效率[4]。

在给定 $\rho(\cdot)$ 函数形式下，广义极大似然估计量即为下述优化问题的最优解：

$$\hat{x}_k^{\text{GMLE}} = \arg\max_{x_k}\left(\sum_{i=1}^{N} \rho(v_{i,k})\right) \tag{7-7}$$

由 $\rho(\cdot)$ 函数的可导性质可知，目前求解上述非线性最优化问题最常用的一种方式是采用迭代重加权最小二乘估计进行求解，这也是一种基于梯度的局部搜索求解方式。

7.1.2　基于梯度下降的优化搜索

在广义极大似然估计中，当给定 $\rho(\cdot)$ 函数的形式时，由于其导数存在，所以广义极大似然估计量求解可以等效为求解下述隐式方程：

$$\sum_{i=1}^{N} \phi(v_i) \frac{\partial v_{k,i}}{\partial x_k} = 0 \tag{7-8}$$

式中，$\phi(v_i) = \rho'(v_i)$。注意此时 $v_k = y_k - h(x_k)$，即 $v_{k,i}$ 为 x_k 的非线性函数，因此，对地形函数 $h(x_k)$进行一阶泰勒展开将其线性化，则有

$$h(x_k) = h(\hat{x}_k) + H_k \cdot (x_k - \hat{x}_k) \tag{7-9}$$

式中，$H_k = \partial h(x_k) / \partial x_k$ 为地形函数的梯度矩阵。定义 $\psi(v_{k,i}) = \varphi(v_{k,i}) / v_{k,i}$，$\Psi = \mathrm{diag}(\psi(v_i))$，则上述隐式方程可以写成紧致的矩阵形式，如下：

$$H_k^{\mathrm{T}} \cdot \Psi \cdot (y_k - h(\hat{x}_k) - H_k \cdot (x_k - \hat{x}_k)) = 0 \tag{7-10}$$

由于上述权重函数 Ψ 为残差的函数，与 x_k 有关，而 H_k 也与 x_k 有关，因此，求解上述隐式方程可以采用类似高斯-牛顿法进行迭代求解，迭代表达式如下：

$$x_k^{(j+1)} = x_k^{(j)} + (H_k^{(j)\mathrm{T}} \Psi^{(j)} H_k^{(j)})^{-1} H_k^{(j)\mathrm{T}} \Psi^{(j)} (y_k - h(x_k^{(j)})) \tag{7-11}$$

式中，j 表示第 j 次迭代，迭代终止条件可以设为相邻两次迭代估计差值小于给定阈值。

上述求解广义极大似然估计量的迭代方式本质上是基于梯度的搜索，属于一种局部搜索的方式，受初始值和目标函数的模态形式影响较大。只有当选取的初始值接近真实值时，或者在目标函数呈现单模态的情况下，上述迭代过程才能够较好地收敛；而当代价函数模态呈现多模态情况时，或者初始值选取不当时，往往容易陷入局部最优。

在地形匹配定位中，理论上，当测量地形覆盖面足够大及测量波束足够多时，极大似然估计和广义极大似然估计的代价函数都是趋于单模态的。然而，实际中，由于计算量限制，参与匹配的测量 Ping 数是有限的，再加上地形非线性、相似性及观测噪声影响，目标函数常常出现多模态情况。这种情况下，若采用上述迭代求解方式，则容易陷入局部最优，导致虚假定位。

采用网格遍历的全局搜索方式是一种可用的解决方案，这也是目前大多数文献所采用的方案。然而，这种网格遍历的搜索属于穷举搜索方式，其搜索效率极其低下，特别是当测量波束数较多、搜索空间较大时，其计算量是十分巨大的，难以保证地形匹配定位的实时性。因此，结合智能优化算法较好的全局搜索能力，尝试采用差分进化的算法来进行地形匹配定位的快速搜索，提高地形匹配定位的搜索速度，从而保证地形匹配定位实时性。

7.1.3　差分进化全局搜索

差分进化（differential evolution，DE）算法是 1995 年由美国学者 Storn 和 Price 针对切比雪夫（Chebyshev）多项式问题提出的一种随机全局最优化算法，通过模仿自然界生物种群进化过程来迭代求解目标函数在多维连续空间内的全局最优解。其基本原理是在连续实数空间域采用浮点矢量编码方式生成种群，通过差分变异、修补、概率交叉和贪婪选择等操作模拟种群个体之间的合作及竞争，从而指导种群进化并逐渐向最优解聚集靠拢。相比于其他进化优化类算法，其具有结构简单、控制参数少、计算复杂度低、易于实现、收敛速度快和可靠性高等优点，已被广泛地应用于模式识别、信号处理、生物信息、机械设计和机器人等领域[5, 6]。

与其他种群进化算法类似，差分进化算法主要包括初始化种群、变异操作、修补操作、交叉操作和选择操作等几个步骤。首先，在搜索空间内随机初始化生成种群，并计算种群中每个个体的函数值；其次，利用种群内各个体之间的差分向量对每个个体实施变异操作，生成变异向量；然后，对落在搜索空间外的变异向量进行修补操作，并利用修补后变异向量与基准向量进行交叉操作，得到试验向量；最后，基于贪婪的选择机制，从试验向量和基准向量中选择目标函数更优的向量个体保留到下一代种群，进行新一轮迭代。差分进化算法流程图如图 7-1 所示。

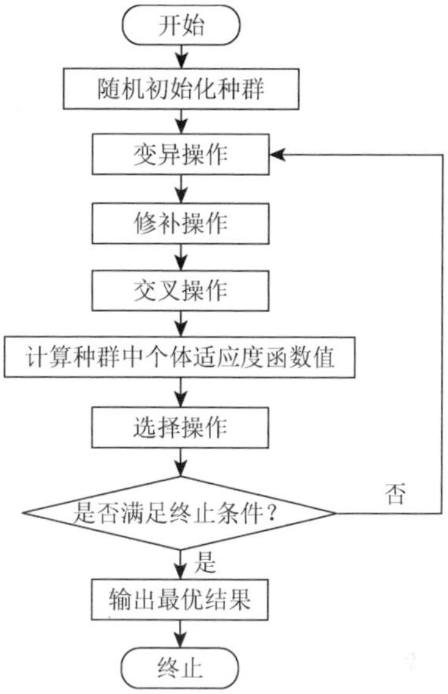

开始
随机初始化种群
变异操作
修补操作
交叉操作
计算种群中个体适应度函数值
选择操作
是否满足终止条件？
否
是
输出最优结果
终止

图 7-1　差分进化算法流程图

1. *初始化种群*

差分进化算法是以多个个体组成的种群为基础的进化算法，种群中的每个个体均可以视作最优化问题的一个可行解。假设种群中个体数为 N_p，则第 t 次迭代的种群可以表示为如下形式：

$$X^t = \{x_i^t \mid x_i^t = (x_{i,1}^t, x_{i,2}^t, \cdots, x_{i,D}^t)\}, \quad i = 1, 2, \cdots, N_p \tag{7-12}$$

式中，x_i^t 表示第 t 代种群中的第 i 个个体向量，也称为基准向量，上角标 t 表示种群代数，初始化时对应 $t = 0$，D 表示个体向量维数，对于地形匹配定位有 $D = 2$。

一般初始化时需要保证种群尽可能地分布于整个搜索空间才能方便有效地找到全局最优解，因此，常采用均匀分布随机采样生成初始种群，则第 i 个个体上第 j 维元素值可以表示如下：

$$x_{i,j}^0 = L_j + \text{rand}(0,1) \cdot (U_j - L_j) \tag{7-13}$$

式中，L_j 和 U_j 为搜索空间区域的第 j 维度上的下边界与上边界；rand(0, 1)表示在 0～1 符合均匀分布的随机数。

2. *变异操作*

从生物学角度来看，变异指的是生物染色体某位置上基因发生突变，而在进化计算领域中，变异则指加入随机扰动使种群中某个体向量元素值发生改变。在差分进化算法中，变异是为了使得种群保持整体多样性。变异操作的方式有很多种，如 DE/rand/1、DE/rand/2、DE/best/1 和 DE/best/2 等，其中，rand 和 best 表示基准向量的选择方式，1 和 2 表示使用差分向量的个数。本节选取最为常用且相对简单的一种变异操作方式 DE/rand/1，其可以描述如下：

$$v_i^t = x_{r1}^t + s \cdot (x_{r2}^t - x_{r3}^t) \tag{7-14}$$

式中，v_i^t为第 i 个个体向量对应的变异向量；x_{r1}^t、x_{r2}^t和x_{r3}^t为从第 t 代种群中随机挑选的三个互不相同的个体向量，下标 $r1$、$r2$ 和 $r3$ 分别为随机的三个种群个体序号，满足 $i \neq r1 \neq r2 \neq r3$。$x_{r2}^t$和$x_{r3}^t$值个体向量之差称为差分向量；$s$ 为缩放因子，用来控制差分向量对整体的扰动程度。

从式（7-14）可以看出，两个个体向量之间的差分向量乘以缩放因子，再与第三个个体向量相加得到变异向量。差分向量与缩放因子的乘积对应着扰动的大小，一般在算法初始迭代阶段，种群个体之间差异比较大，对应的扰动也较大，算法进行全局大范围搜索，随着迭代进行，个体逐渐向最优个体靠拢，个体差异减小，对应的扰动变小，算法进行局部小范围搜索。

3. 修补操作

修补操作主要是为了防止变异后的变异向量跑出所在的搜索空间，当实施变异操作后，变异向量可能落在搜索空间之外，这意味着其不属于问题可行解范围，需要对其进行修补操作。修补操作一般用于有约束的优化问题，而对于无约束的优化问题，这一步骤常常不需要。由于地形匹配定位存在地图约束，因此其为一个有约束优化问题，需要进行修补操作，约束条件为 7.1.2 节分析的矩形搜索空间。

常用的修补操作主要有边界吸收和随机生成两种方式，边界吸收指的是对落在搜索空间之外的变异向量赋以边界值，而随机生成意味着当变异向量跑出搜索空间时，将其用搜索空间内随机生成个体向量代替。考虑到地形匹配定位真实位置常常位于搜索空间之内，因此，本节选取随机生成的修补操作方式，描述如下：

$$v_{i,j}^t = \begin{cases} L_j + \text{rand}(0,1)\cdot(U_j - L_j), & v_{i,j}^t > U_j 或 v_{i,j}^t < L_j \\ v_{i,j}^t, & 其他 \end{cases} \tag{7-15}$$

4. 交叉操作

为了更好地提高种群的整体多样性，差分进化算法中引入交叉操作，促进种群之间的信息分享。与其他进化算法利用来自父代的子代（基准向量）交叉不同，差分进化算法利用基准向量和变异向量进行交叉操作，生成试验向量，其主要的交叉操作方式有二项式交叉和指数交叉方式。考虑到二项式交叉的简单高效性，采取二项式的交叉操作方式，其描述如下：

$$u_{i,j}^t = \begin{cases} v_{i,j}^t, & \text{rand}_j(0,1) > \text{CR} 或 j = j_{\text{rand}} \\ x_{i,j}^t, & 其他 \end{cases} \tag{7-16}$$

式中，$u_{i,j}^t$ 与 $v_{i,j}^t$ 在 j 维度上的集合分别构成 u_i^t 与 v_i^t，u_i^t 为试验向量；CR 为交叉概率，其值为 0～1，其值越大，表示发生交叉的概率越大，其值越小，说明交叉概率越小；j_{rand} 为 0～D 的随机整数，这样做的目的是确保 u_i^t 至少从 v_i^t 得到一个值，保证生成的试验向量和基准向量及变异向量均不同，从而避免种群之间的无效交叉。

5. 选择操作

为了保持迭代过程中种群个数不变，差分进化算法通过贪婪的选择操作，将交叉操作生成的试验向量 u_i^t 与基准向量 x_i^t 进行比较选择，保留较优化的个体向量作为种群下一代，其选择操作过程可以描述如下：

$$x_i^{t+1}=\begin{cases}u_i^t, & J(u_i^t)\leqslant J(x_i^t)\\ x_i^t, & 其他\end{cases} \tag{7-17}$$

式中，$J(\cdot)$为适应度函数，对应地形匹配地位中的最小化目标函数（代价函数）。式（7-17）中，采用 $J(u_i^t)\leqslant J(x_i^t)$而不是 $J(u_i^t)<J(x_i^t)$，是为了保证即使目标函数值未改变，试验向量也有可能取代基准向量，从而避免算法出现搜索停滞不前的现象。从式（7-17）中也可以看出，差分进化算法经过选择操作，将基准向量和试验向量中的最优者保持到下一代，使得新一代的种群个体总是优于上一代，从而引导种群逐渐向最优解的位置聚集靠拢。

7.1.4　基于差分进化全局搜索的广义极大似然估计稳健地形匹配定位算法

采用差分进化全局搜索方式，给出基于差分进化搜索的广义极大似然估计稳健地形匹配定位算法流程图如图 7-2 所示，具体实施步骤如下：

（1）根据参考导航系统误差特性确定外接矩形搜索空间，并对多 Ping 实测水深剖面进行预处理，构建组合实测面地形。

（2）在搜索空间内初始化种群，种群中每个个体对应着二维水平位置。

（3）对种群中每个个体，结合参考导航系统指示的多波束测深声呐检测结果、AUV 的位置与姿态信息、压力传感器测量 AUV 距海面潜深及先验地图，进行地形插值重构，获取每个个体位置处对应的待匹配地形。

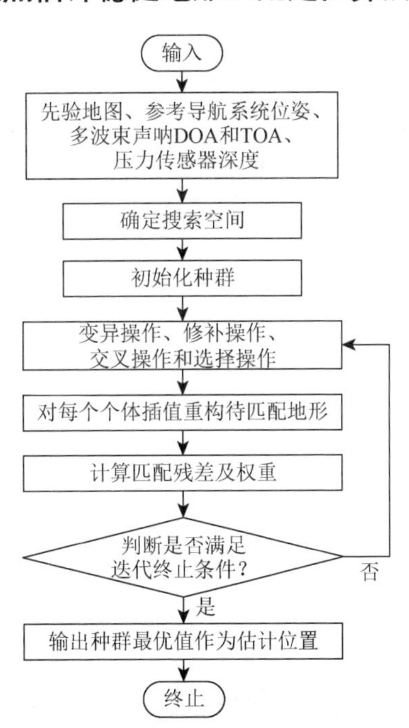

图 7-2　基于差分进化搜索的广义极大似然估计稳健地形匹配定位算法流程图

（4）计算实测地形与待匹配地形之间残差，根据 Huber 权函数计算实测面地形中每个检测点对应的权重，并依据权重计算种群中每个个体对应的代价函数值。

（5）判断是否满足终止条件，如果是，那么输出种群个体最优值；否则继续向下执行步骤（6）。

（6）对种群中个体执行变异、修补、交叉和选择操作，得到新的种群，继续转到步骤（3）。

由于算法中涉及差分进化算法的许多控制参数，以下对算法中的一些参数设置和迭代终止条件进行说明。

（1）差分进化算法所涉及的控制参数主要包括种群规模大小 N_p、缩放因子 s 和交叉概率 CR 三个控制参数。种群个数 N_p 一般影响着整体多样性，种群个数越多，多样性越丰富，越有利于找到全局最优解，但是带来计算量越大，导致算法收敛速度较慢。相反，种群个数越少，算法收敛速度越快，但是种群多样性越低，算法可能出现搜索停滞现象，导致最终陷入局部最优解。为了兼顾算法收敛速度和全局最优性，本章种群个数一般选择在 $5D$～$10D$ 内，这样可以保证算法较好的收敛稳定性。

（2）缩放因子 s 决定了变异操作中的扰动程度，缩放因子过大时，扰动幅度较大，算法在大范围内搜索，局部搜索能力较弱。相反，缩放因子过小，扰动较小，局部搜索能力较强，但算法又会容易出现过度早熟现象，陷入局部最优。因此，为了保证算法前期较好的全局搜索能力，算法后期较好的局部搜索能力，采用自适应算法调整缩放因子，迭代前期设置较大的缩放因子，而随着迭代次数增加，缩放因子逐渐减小，如下：

$$\begin{cases} s = s_0 \cdot 2^{\lambda} \\ \lambda = \exp\left(\dfrac{1-t}{1-t+T_{\max}}\right) \end{cases} \tag{7-18}$$

式中，s 为当前代数 t 对应的缩放因子；s_0 为设置的初始缩放因子，一般设为 0.6；$T_{\max}$ 为设置的最大迭代次数。

（3）交叉概率 CR 主要表征交叉过程中，变异向量和基准向量交换信息量的程度，CR 越大，交换信息程度越大，种群多样性越好，越有利于全局搜索。相反，CR 越小，种群越稳定，不利于全局搜索。文献指出，对于多模态和不可导目标函数，通常 CR 为[0.9, 1.0]，算法有利于全局搜索，而对于单模态和可导目标函数，则 CR 为[0.0, 0.2]。由于本章主要是针对地形匹配定位过程中目标函数可能出现多模态的情况的全局搜索，因此，选取 CR 为[0.9, 1.0]。

（4）迭代终止条件设置为连续多次迭代最优种群个体位移变化小于一个网格分辨率，且最优个体对应的代价函数值变化小于给定的门限。

7.1.5　船载测深数据离线回放定位试验

为了说明 7.1.4 节算法在真实水下环境下的有效性，利用船载多波束测深声呐在某湖上的实测数据进行离线回放定位试验。在所有实际测线中选取两条分别位于不同起伏地形区域的测线，如图 7-3 所示。同时，图 7-4 给出了两条测线下多波束测深声呐实测水深地形。由于测线位置由差分 GNSS 定位系统测量所得，测量精度达到厘米级，将其作为真实的参考位置，姿态由姿态测量仪测得，测量精度较高，所以在匹配定位时可以不考虑姿态误差的影响。

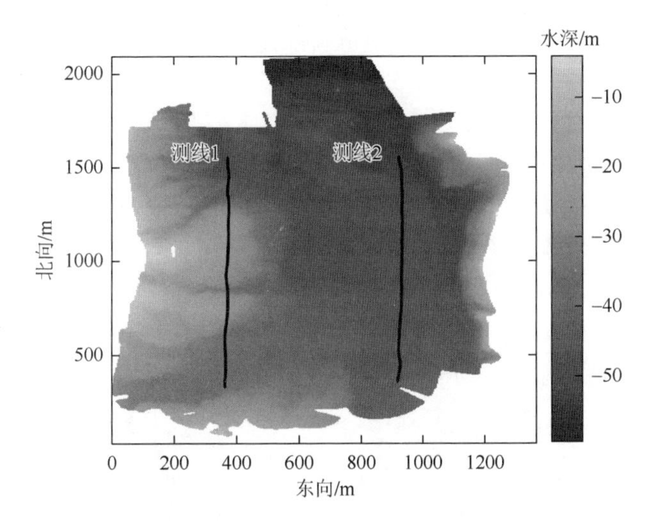

图 7-3　离线回放定位试验选取测线

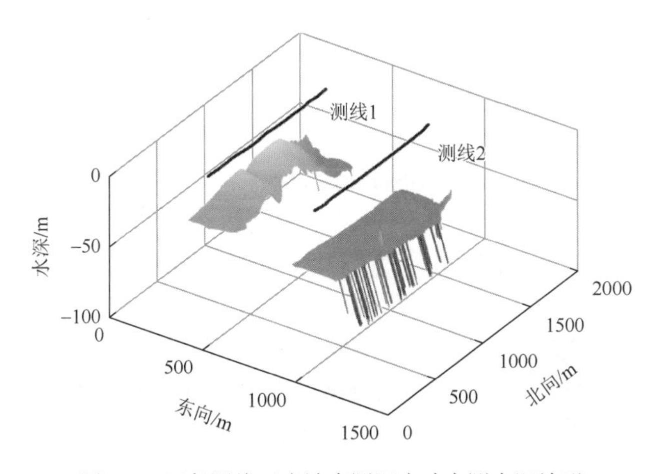

图 7-4　两条测线下多波束测深声呐实测水深地形

在回放定位试验中，由于没有真实的惯导设备测量航迹，这里在 GNSS 测量的航迹添加一定的漂移误差模拟仿真惯导航迹。将多波束测深声呐实测数据认为是第二次在该地图上航行时的实时测量地形，虽然这样会导致地图与实测数据同源，但相对于纯仿真环境更接近于真实的地形匹配定位环境。由于采用的 GNSS 定位更新率为 1Hz，多波束测深声呐测量更新 Ping 率为 1Hz，水面船航行速度为 2～3m/s，而构建的地图水平网格分辨率为 4m，为了防止相邻两次检测点落在同一网格中，对 GNSS 和 Ping 率及惯导仿真数据均进行降采样，更新频率均降至 0.5Hz。

对于两条测线，均选择从第 15Ping 开始，每隔 5Ping 进行一次地形匹配定位，分别选取广义极大似然函数和标准极大似然函数作为相似度准则，采用差分进化搜索方式，给出测线 1 和测线 2 的地形匹配定位的航迹结果如图 7-5 所示。从定位航迹结果上看，对于处于大起伏地形区的测线 1，广义极大似然估计（generalized maximum likelihood estimate，GMLE）和极大似然估计（maximum likelihood estimate，MLE）两种定位航迹相差不大，均较为接近真实航迹，一定程度上可以降低惯导的漂移位置误差。对于测线 2，相比于 MLE 定位航迹，GMLE 整体上更接近于真实航迹，在某几个定位点处，GMLE 定位误差明显更小。

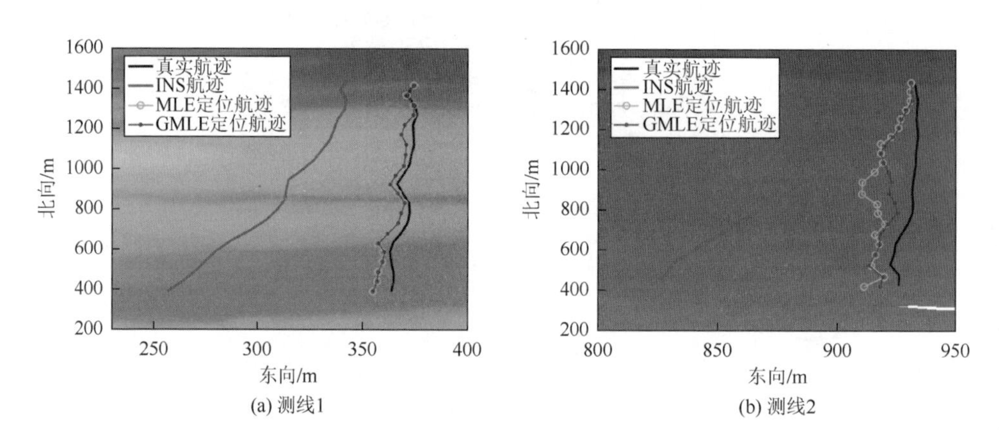

图 7-5　地形匹配定位的航迹结果（彩图附书后）

为了进一步地分析定位性能，给出 GMLE 和 MLE 两种算法地形匹配定位位置的定位误差，如图 7-6 所示。从图 7-6 中可以明显看出，对于测线 1，尽管 GMLE 和 MLE 定位误差结果较为接近，但相比于标准极大似然估计，广义极大似然估计误差更小。对于测线 2，在第 10～15 个定位点处，GMLE 定位误差明显小于 MLE。同时，对比测线 1 和测线 2 定位误差结果，也可以发现测线 2 平均定位误差明显大于测线 1。这主要是由于测线 1 对应的多波束测深数据质量较好，几乎不存在异常检测点的情况，而测线 2 对应的多波束测深数据质量较差，存在许多异常检测点，因此，对于测线 1，GMLE 和 MLE 匹配定位误差较为接近，而对于测线 2，异常检测点的出现易引起 MLE 定位不稳健。同时，由于测线 1 处于大起伏地形区域，地形变化明显，地形匹配定位误差更小。总的来说，上述定位结果可以充分地说明，相比于 MLE，GMLE 算法可以获得更小的定位误差，具有更稳健定位匹配定位性能。

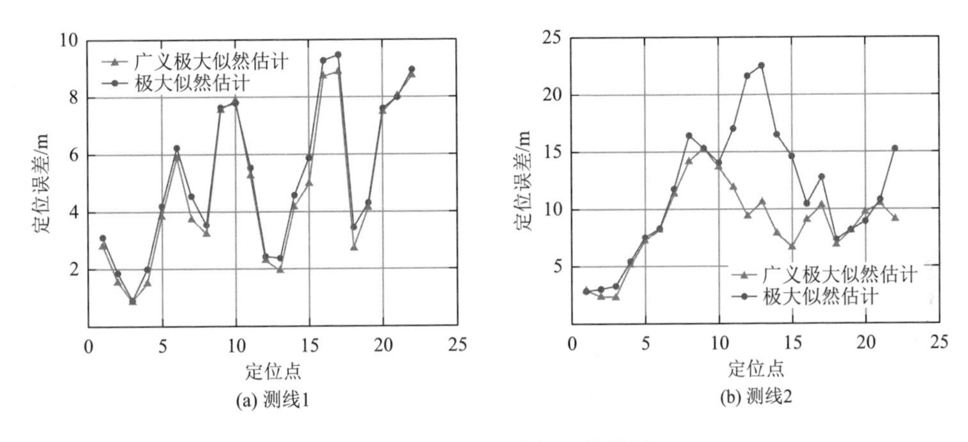

图 7-6　地形匹配定位误差结果

7.2　基于递推贝叶斯估计的稳健地形跟踪导航

7.1 节介绍的基于多波束测深面地形的匹配定位技术属于批量地形匹配定位技术，具有原理简单、对初始误差不敏感的优点。然而，其匹配定位一次需要收集一定数量的测量水深剖面序列，具有一定的滞后性，而且，在定位过程中也未能充分地利用相邻时刻航行器自主运动之间的约束性，导致其定位结果往往具有跳变性。作为一种间断式的定位方式，批量地形匹配定位技术往往适用于地形辅助导航的捕获阶段，为地形跟踪导航提供初始化位置信息，而不太适合水下航行器的连续跟踪导航。因此，为了满足连续导航要求，水下地形辅助导航常需采用跟踪模式进行地形跟踪导航。本节首先选取粒子滤波为研究对象，针对粒子滤波选取对于跟踪导航精度和实时性的影响，介绍一种基于 KL 散度（Kullback-Leibler divergence，KLD）的自适应采样粒子滤波的地形跟踪导航技术。其次，针对多波束测量可能存在粗差导致标准粒子滤波精度下降的问题，介绍一种基于 Huber 函数的稳健粒子滤波地形跟踪导航方法。

7.2.1　基于自适应采样粒子滤波的地形跟踪导航

粒子滤波背后的思想是用一定数量的粒子来近似表示状态后验概率分布，从而完成状态的递推估计。在滤波过程中，采样粒子数多少决定了粒子近似状态后验概率分布的精度，从而影响着跟踪导航精度。理论上，粒子数目越多，近似状态后验概率分布精度越高，跟踪导航精度越高。然而，粒子数目越多，所需的计算量也越大，越不利于跟踪导航实时性。因此，在粒子滤波地形跟踪导航中，如何选取粒子数以保证导航精度和实时性均处于较好的水平是一个值得关注的问题。

目前基于粒子滤波的地形跟踪导航在整个滤波过程中均使用固定数目的粒子，且为了保证较好的导航精度，粒子数目均选取较大。实际上，当状态后验分布不确定性较大时，使用较多的粒子数来近似无可厚非，而随着滤波迭代收敛，当状态后验分布不确定性较小时，如果仍使用较多粒子数来近似，则会造成粒子冗余，不仅对于导航精度提高微乎其微，而且会降低导航实时性。图 7-7 给出标准粒子滤波（standard particle filter，SPF）在地形区域 B 标准粒子滤波过程中粒子分布和不确定椭圆随时间变化关系，可以看出，在初始阶段，状态后验分布不确定性较大，需使用较多粒子，而随着滤波迭代收敛，状态后验分布不确定性逐渐变小，在后期使用较少粒子即可。因此，为了提高粒子滤波实时有效性，可以使用一种自适应调整粒子数的策略。

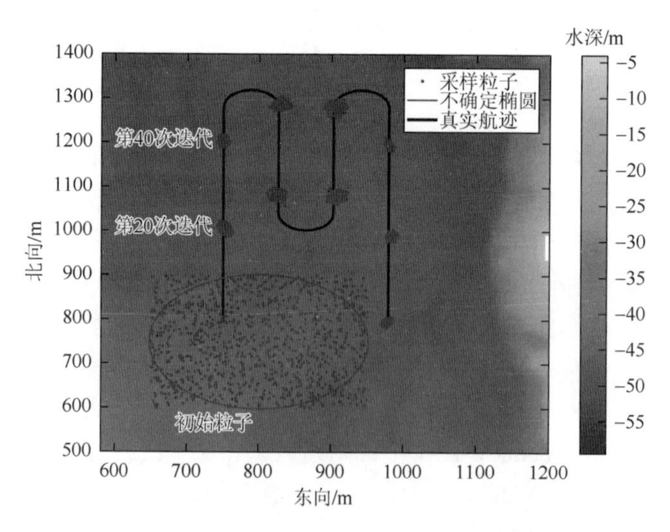

图 7-7　SPF 在地形区域 B 标准粒子滤波过程中粒子分布和不确定椭圆随时间变化关系
（彩图附书后）

本节针对粒子滤波中粒子数目选取问题，介绍一种基于 KLD 的自适应采样粒子滤波的水下地形跟踪导航技术。该技术在跟踪导航中根据预测状态后验分布不确定性大小，实时调整所需采样的粒子数目，不仅保证所采样粒子能够很好地近似状态后验分布，而且能防止采样过多冗余的粒子增加计算量，很好地提高了粒子滤波在地形跟踪导航中的有效性和实时性。

1. KLD 自适应采样原理

KLD 自适应采样背后的思想是依据基于粒子样本的估计状态概率分布与真实状态概率分布之间的误差小于某一给定门限误差来确定所需的采样粒子数目，两个概率分布之间的误差用 KLD 来表示[7-9]。假设两个概率分布分别为 $p(x)$和 $q(x)$，那么两者之间的 KLD 定义为

$$\mathrm{KLD}(p,q)=\sum_{x}p(x)\log\frac{p(x)}{q(x)} \tag{7-19}$$

式中，KLD 是一种距离度量，为非负值，当取零值时表示两个概率分布相同。

假设真实状态后验概率分布可以表示为离散分段分布形式，其所包含的空间区域可以划分为 K 个小网格区间，从中采样的粒子总数目为 N 个，设向量 $X=[X_1,X_2,\cdots,X_k]$表示从每个小区间采样的粒子数，则 X 服从多项式分布，即 $X\sim\mathrm{Multinomial}_K(N,p)$，其中，$p=p_1,p_2,\cdots,p_k$，表示采样粒子落入每个小区间的真实概率。基于 N 个粒子样本采用极大似然估计方法对真实概率 p 进行估计，则相应的极大似然估计概率可以表示为

$$\hat{p}=\frac{X}{N} \tag{7-20}$$

相应地，真实概率 p 的对数似然比检验统计量可以表示为

$$\log\varLambda=\sum_{j=1}^{K}X_j\log\left(\frac{\hat{p}_j}{p_j}\right)=N\sum_{j=1}^{K}\hat{p}_j\log\left(\frac{\hat{p}_j}{p_j}\right)=N\cdot\mathrm{KLD}(\hat{p},p) \tag{7-21}$$

在大样本情况下，对数似然比检验统计量依概率收敛于自由度为 $K-1$ 的卡方分布，即有

$$2\log\varLambda\to\chi_{K-1}^2 \tag{7-22}$$

因此，可知 $2N\cdot\mathrm{KLD}(\hat{p},p)$ 服从自由度为 $K-1$ 的卡方分布，由于 $\mathrm{KLD}(\hat{p},p)$ 表示估计概率分布和真实概率分布之间的误差，则估计概率分布与真实概率分布之间的误差小于某一给定误差门限 ε 的概率可以表示为

$$P(\mathrm{KLD}(\hat{p},p)\leqslant\varepsilon)=P(2N\cdot\mathrm{KLD}(\hat{p},p)\leqslant 2N\varepsilon)=P(\chi_{K-1}^2\leqslant 2N\varepsilon) \tag{7-23}$$

由于卡方分布的 $1-\alpha$ 分位数可以表示为

$$P(\chi_{K-1}^2\leqslant\chi_{K-1,1-\alpha}^2)=1-\alpha \tag{7-24}$$

如果选取粒子数 N 使得 $2N\varepsilon$ 等于 $\chi^2_{K-1,1-\alpha}$，那么由式（7-23）和式（7-24）可得粒子数计算公式如下：

$$N=\frac{1}{2\varepsilon}\chi^2_{K-1,1-\alpha} \tag{7-25}$$

上述式子的意义是选取粒子数目 N，可以保证估计概率分布和真实概率分布之间的误差以不低于 $1-\alpha$ 的概率小于给定的误差门限 ε。

由于式（7-25）需要计算自由度为 $K-1$ 的卡方分布 $1-\alpha$ 的分位点，实际计算比较复杂。为了简便，常采用 Wilson-Hilferty 变换[10]将卡方分布分位点转换为标准正态分布分位点求解，即式（7-25）可变换为

$$N=\frac{K-1}{2\varepsilon}\left(1-\frac{2}{9(K-1)}+\sqrt{\frac{2}{9(K-1)}}Z_{1-\alpha}\right)^3 \tag{7-26}$$

式中，$Z_{1-\alpha}$ 表示标准正态分布上 $1-\alpha$ 分位点。至此，得到采样粒子数目 N 与估计概率分布和真实概率分布近似误差量 ε 之间的关系。当给定误差门限 ε、置信概率 α 和划分网格区间个数 K，便可以求得最适合的粒子数目。

2. 基于 KLD 自适应采样粒子滤波算法流程

在介绍了 KLD 自适应采样原理后，本节将给出如何将 KLD 自适应采样应用到粒子滤波地形跟踪导航中。由于 KLD 自适应采样求解采样粒子数目 N 除了需要已知误差门限 ε 和置信概率 α，还需知道真实状态分布离散表示空间划分区间个数 K，而粒子滤波中真实状态后验概率分布往往未知，也就无法直接确定划分区间个数 K。不过幸运的是，可以采用一步预测状态转移概率分布近似处理，从而在预测步用迭代思想来求解 K 和 N。

算法 7-1 给出在粒子滤波中状态预测步中 KLD 自适应采样步骤伪代码。S_{k-1} 表示上一时刻粒子集，bin 表示划分区间，Δ 表示区间网格分辨率，$N_{\min}$ 和 $N_{\max}$ 分别表示采样粒子数最低下限与最高上限。prod 表示向量所有元素乘积算子，ceil 表示向上取整算子，do⋯while 表示循环迭代语句，if 表示如果语句。为了保证一定的实时性，在 KLD 自适应采样中设置一个采样粒子数最高上限 $N_{\max}$，采用变分辨率的网格区间。这样做的目的是让每一次迭代采样粒子数目不超过最高上限，从而能够保证粒子滤波较好的实时性，且不会损失太大的滤波精度。

算法 7-1　KLD 自适应采样算法

$[S_{k|k-1},N]=\text{KLDSampling}([S_{k-1},\varepsilon,\alpha,N_{\min},N_{\max}])$

1. 设预测粒子集为空，即 $S_{k|k-1}=\Theta$，且 $N=0$，$K=0$，$b=\text{empty}$
2. 计算划分区间网格分辨率：

3. $\Delta=\sqrt{\text{prod}(\text{ceil}(\max(S_{k-1})-\min(S_{k-1})))/2\varepsilon N_{\max}}$
4. do
5. 状态更新：$x_{k|k-1}^i=x_{k-1}^i+u_k+w_k^i$
6. 增加新粒子到集合：$S_{k|k-1}=S_{k|k-1}\cup(x_{k|k-1}^i)$
7. if（$x_{k|k-1}^i$ 落入某空网格区间 bin）
8. $K=K+1$
9. bin = non − empty
10. if $N>N_{\min}$
11. $N_\chi=\dfrac{K-1}{2\varepsilon}\left(1-\dfrac{2}{9(K-1)}+\sqrt{\dfrac{2}{9(K-1)}}Z_{1-\alpha}\right)^3$
12. end
13. end
14. $N=N+1$
15. while ($N<N_\chi$或$N<N_{\min}$)

根据状态模型和观测模型，结合算法 7-1 给出的 KLD 自适应采样技术，给出基于 KLD 自适应采样粒子滤波的地形跟踪导航算法的流程，如下所示。

（1）初始化：根据参考导航系统指示位置和误差特性，由初始状态分布 $p(x_0)$ 生成初始粒子集 $S_0=\{x_0^i\}$，$i=1,2,\cdots,N_0$，设置所有粒子权重 $\tilde{\omega}_0^i=1/N_0$，N_0 表示初始粒子数，并设置参数 ε 和 α、最小粒子数 $N_{\min}$ 和最大粒子数 $N_{\max}$。

（2）时间更新：根据粒子集 S_{k-1} 及参数集，进行粒子的一步预测更新，得到预测粒子集 $S_{k|k-1}=\{x_{k|k-1}^i\}_{i=1}^N$。

（3）量测更新：根据观测模型中地形函数计算每个粒子对应的预测观测量 $y_{k|k-1}^i$，再根据观测噪声概率分布计算每个粒子对应的似然函数值 $p(y_k\,|\,x_{k|k-1}^i)$，最后，对每个粒子进行权值 ω_k^i 更新，计算归一化权重 $\tilde{\omega}_k^i$，即

$$y_{k|k-1}^i=h(x_{k|k-1}^i+B\cdot C_b^n\cdot q_k) \tag{7-27}$$

$$p(y_k\,|\,x_{k|k-1}^i)=\frac{1}{\sqrt{(2\pi)^N\det(R_k)}}\exp\left[-\frac{1}{2}(y_k-y_{k|k-1}^i)^{\mathrm{T}}R_k^{-1}(y_k-y_{k|k-1}^i)\right] \tag{7-28}$$

$$\omega_k^i=\tilde{\omega}_{k-1}^i p(y_k\,|\,x_{k|k-1}^i) \tag{7-29}$$

$$\tilde{\omega}_k^i=\omega_k^i\Big/\sum_{j=1}^N\omega_k^j \tag{7-30}$$

（4）重采样：计算有效粒子数 N_{eff}，判断有效粒子数是否低于设置门限值 N_{th}。当 $N_{\text{eff}}<N_{\text{th}}$ 时，进行粒子重采样，得到新的粒子集和相应权重 $S_k=\{x_k^i,\tilde{\omega}_k^i\}_{i=1}^N$，否则，不进行粒子重采样，执行步骤（5）。其中，有效样本数计算如下：

$$N_{\text{eff}}=1\Big/\sum_{i=1}^N\tilde{\omega}_k^i \tag{7-31}$$

（5）根据最小均方误差估计准则计算估计状态概率分布均值和协方差，即

$$\hat{x}_k = \sum_{i=1}^{N} \tilde{\omega}_k^i x_k^i \tag{7-32}$$

$$\hat{P}_k = \sum_{i=1}^{N} \tilde{\omega}_k^i (x_k^i - \hat{x}_k)(x_k^i - \hat{x}_k)^{\mathrm{T}} \tag{7-33}$$

（6）返回步骤（2），重复进行，便可连续估计位置状态分布均值和协方差。

说明：相比于 SPF 算法，基于 KLD 自适应采样粒子滤波地形跟踪导航算法中每一时刻采样粒子数目 N 不是固定的，而是在整个滤波过程中随着状态分布不确定性大小实时变化，主要体现在时间更新步骤（2）中。

3. 仿真试验与分析

本节通过仿真试验比较 SPF 和自适应采样粒子滤波（adaptive sampling particle filter，ASPF）地形跟踪导航性能。假设状态过程噪声和观测噪声均为零均值的高斯噪声，两种滤波器初始协方差 P_0、过程噪声 Q_k 和观测噪声 R_k 及滤波更新频率设置相同。ASPF 中误差门限 $\varepsilon = 0.15$ 和置信概率 $\alpha = 0.01$，采样粒子最小粒子数和最大粒子数分别为 $N_{\min} = 100$ 和 $N_{\max} = 2000$。由于噪声和随机采样粒子的随机性，对两种滤波算法分别进行 100 次蒙特卡罗仿真试验。

首先，分析在初始粒子数较少情况下，两种滤波器地形导航性能。分别设置标准粒子滤波粒子数 N_s 和自适应采样粒子滤波初始粒子数 N_0 均为 100，给出地形区域 A 和区域 B 两种粒子滤波地形跟踪导航位置均方误差（root mean square error，RMSE），如图 7-8 所示。从图 7-8 中可以看出，不管在区域 A 还是区域 B，相比于 SPF，ASPF 位置均方误差均较小。这主要是由于初始粒子数较少，在初始阶段 SPF 采样粒子不能很好地近似初始状态概率分布，且整个滤波过程中保持粒子数

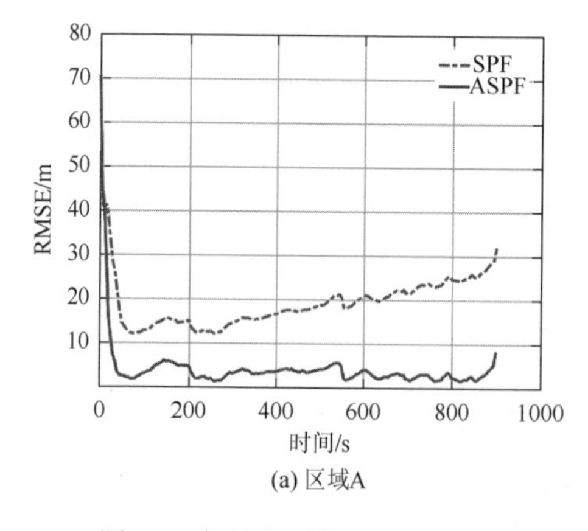

(a) 区域A

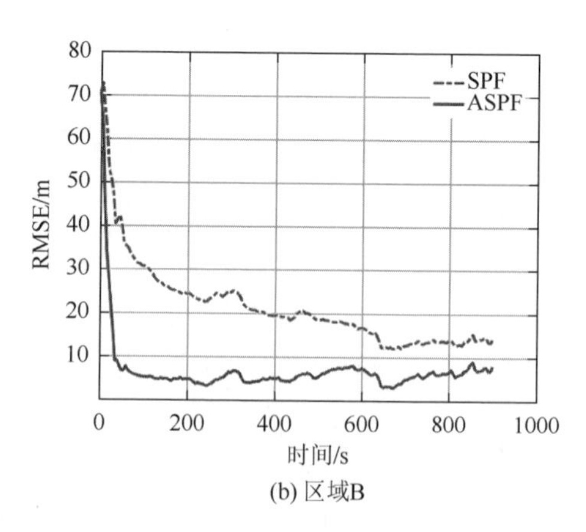

(b) 区域B

图 7-8　初始粒子数 $N_s = N_0 = 100$ 时在不同区域两种滤波算法导航位置均方误差

固定，导致滤波容易发散。而 ASPF 在初始阶段便可以根据初始状态分布调整粒子数，增加采样粒子，更好地近似初始状态分布，保证滤波不易发散。图 7-9 给出某一次仿真试验中整个滤波过程中两种滤波器粒子数分布及粒子数随着时间变化情况，从图中可明显看出，ASPF 初始阶段粒子数陡增到 1000～1200，随着滤波收敛，粒子数下降，并维持在 100～300。

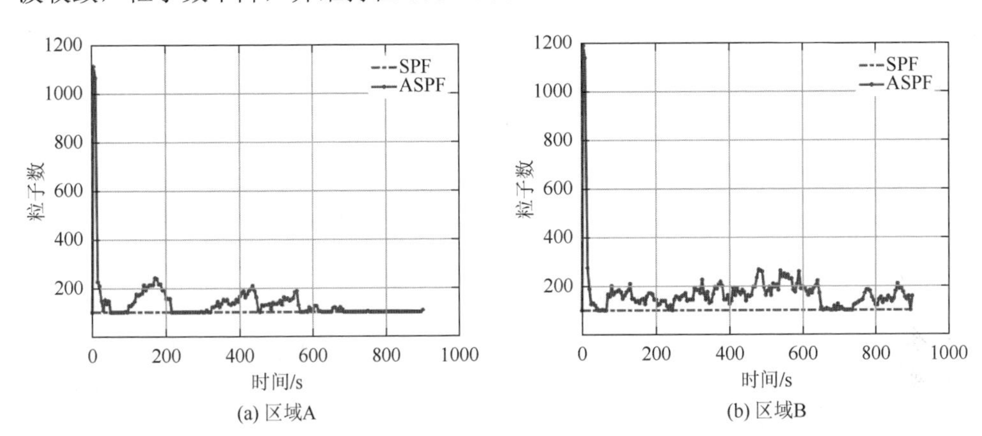

图 7-9　初始粒子数 $N_s = N_0 = 100$ 时在不同区域两种滤波算法粒子数随时间变化的关系

其次，分析在初始粒子数足够多的情况下，两种滤波器地形导航性能。分别设置标准粒子滤波粒子数 N_s 和自适应采样粒子滤波初始粒子数 N_0 均为 1000，给出地形区域 A 与区域 B 两种粒子滤波地形跟踪导航位置均方误差和粒子数随时间变化的关系，分别如图 7-10 和如图 7-11 所示。从图 7-10 和图 7-11 中可以看出，1000 个粒子数对于 SPF 和 ASPF 均足够使得滤波收敛，SPF 和 ASPF 均能保持稳定的跟踪导航精度，两者跟踪导航均方误差均较小，但是随着滤波的进行，ASPF 采样粒子数能动态地调整，在滤波收敛时所需的粒子数相对较少，几乎未损失任何的导航精度。

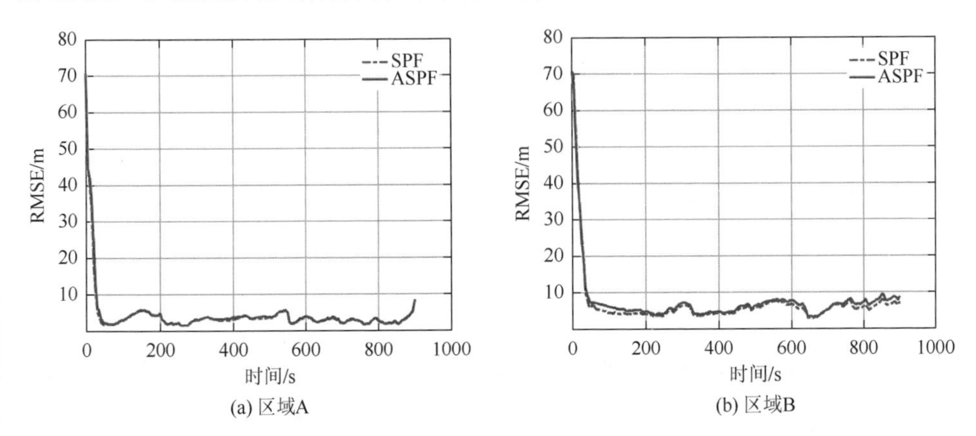

图 7-10　初始粒子数 $N_s = N_0 = 1000$ 时在不同区域两种滤波算法导航位置均方误差

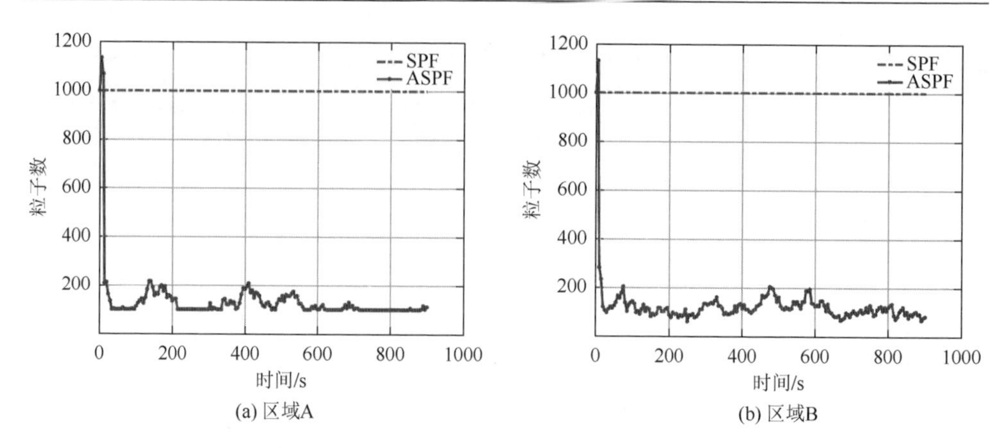

图 7-11　初始粒子数 $N_s = N_0 = 1000$ 时在不同区域两种滤波算法粒子数随时间变化的关系

然后，分析粒子数目变化对于滤波跟踪导航性能的影响。给出随着初始粒子数目增加，SPF 和 ASPF 两种算法在两块区域 100 次蒙特卡罗仿真下所有时刻平均位置误差的变化，如图 7-12 所示。从图 7-12 中可以看出，在区域 A 和区域 B，随着粒子数增加，SPF 位置误差逐渐降低，当粒子数达到 500 时，位置误差维持稳定，这说明对于标准粒子滤波，500 个粒子才能使 SPF 保持较稳定的收敛性能。而 ASPF 无论初始粒子数目为多少，位置误差始终维持在较低水平，这说明 ASPF 在滤波过程中动态调整粒子数目，能够使得采样粒子很好地近似状态概率分布，从而可以保持较高的跟踪导航精度。

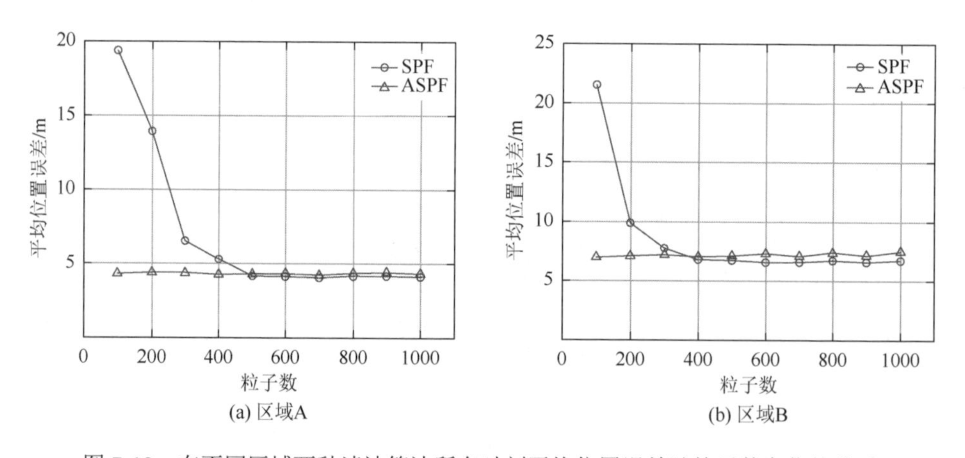

图 7-12　在不同区域两种滤波算法所有时刻平均位置误差随粒子数变化的关系

最后，分析两种算法跟踪导航计算实时性，给出随着初始粒子数增加，SPF 和 ASPF 两种算法在两块区域 100 次蒙特卡罗仿真平均运行时间变化，如图 7-13 所示。从图 7-13 中可以看出，SPF 随着粒子数增加平均运行时间呈线性关系增加，这是不难理解的，因为粒子滤波中，需要对每一个粒子进行时间更新和量测更新，所以当粒子数成倍增加时，计算量成倍增加，所需运行时间也会增加。而 ASPF 运行时间随粒子数变化，始终维持较稳定的状态，这是因为 ASPF 在滤波过程中采用自适应采样技术，保持粒子数稳定在较少水平。总而言之，上述结果充分地说明，相比于 SPF，ASPF 在滤波过程中采用自适应采样技术能够适时地调整粒子数，在保证跟踪导航精度的同时，有效地提高了跟踪导航的实时性。

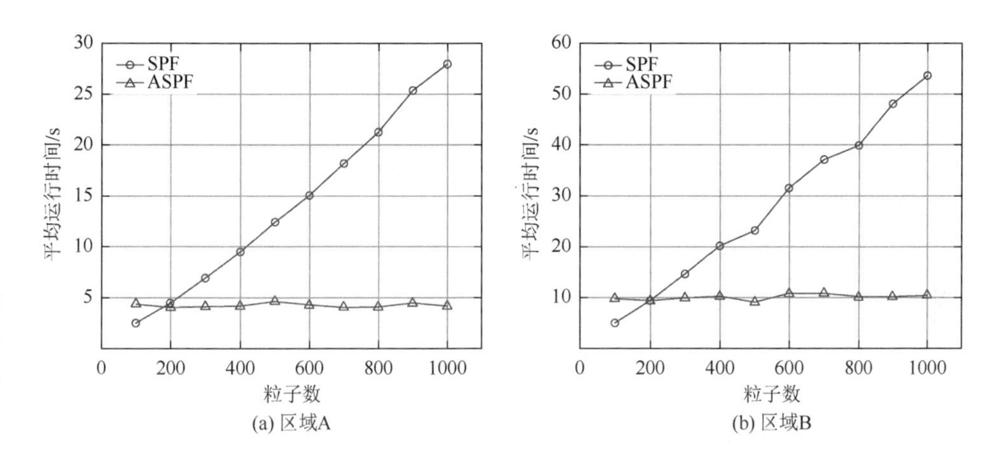

图 7-13 在不同区域两种滤波算法平均运行时间差随粒子数变化的关系

7.2.2 基于稳健粒子滤波的地形跟踪导航

在地形跟踪导航中，由于真实观测噪声分布特性未知，目前大多数粒子滤波算法都采用高斯噪声的假设进行实际的匹配跟踪导航，似然函数均为 l_2 范数的高斯函数形式。由于地形跟踪导航中，多波束实时测量水深数据中常常伴随着异常值，这容易导致使用高斯似然函数的标准粒子滤波器性能下降甚至发散。为了提高粒子滤波器对于异常测量值的稳健性，本节借鉴广义极大似然估计的思想，采用 Huber 函数改进粒子滤波中的似然函数形式，介绍一种基于 Huber 函数稳健粒子滤波（robust particle filter，RPF）的地形跟踪导航技术。

1. 稳健粒子滤波原理

在 7.1 节中，已经应用广义极大似然估计来提高地形匹配定位对于多波束测深异常值的稳健性，但仅采用了观测模型，未能考虑状态模型的影响。在本节粒子滤波中，尽管也可以仅考虑观测模型，采用广义极大似然估计的方式，求解出每个测量值的权重，提升滤波对于观测异常值的稳健性，但为了不失一般性，这里考虑状态模型的影响，将状态模型和观测模型写作一种批处理的模式，再应用广义极大似然估计，从而迭代求解状态模型和观测模型对应的权重矩阵[11-13]。下面推导由状态模型和观测模型得到稳健粒子滤波中的似然函数计算形式。

在粒子滤波中，根据状态模型进行一步状态预测后，可以得到一步预测状态分布均值 $\hat{x}_{k|k-1}$ 和协方差矩阵 $P_{k|k-1}$：

$$\hat{x}_{k|k-1}=\sum_{i=1}^{N_s}\omega_{k-1}^{i}x_{k|k-1}^{i} \tag{7-34}$$

$$P_{k|k-1}=\sum_{i=1}^{N_s}\omega_{k-1}^{i}(x_{k|k-1}^{i}-\hat{x}_{k|k-1})(x_{k|k-1}^{i}-\hat{x}_{k|k-1})^{\mathrm{T}} \tag{7-35}$$

假设真实状态为 x_k，将一步预测状态分布均值看作真实状态的一个观测量，一步预测状态分布协方差矩阵视作观测的不确定性（噪声协方差），即

$$\hat{x}_{k|k-1}=x_k+\xi_k \tag{7-36}$$

式中，ξ_k 表示观测误差（噪声），均值为零，协方差为 $P_{k|k-1}$。

将式（7-36）和观测模型组合，写成矩阵形式，则有

$$\begin{bmatrix}\hat{x}_{k|k-1}\\ y_k\end{bmatrix}=\begin{bmatrix}x_k\\ h(x_k+B\cdot C_b^n\cdot q_k)\end{bmatrix}+\begin{bmatrix}\xi_k\\ v_k\end{bmatrix} \tag{7-37}$$

很容易看出式（7-37）为一个非线性模型，如果似然函数采用高斯函数形式，那么本质上为非线性最小二乘估计问题，对观测异常值缺乏稳健性。因此，本节采用具有稳健性的基于 Huber 函数的广义极大似然估计算法进行迭代求解。

如果直接采用基于梯度的方式进行求解，需要计算地形梯度，由于地图为离散网格形式，计算较为不便，而且地形梯度计算误差可能较大。尽管这里可以采用差分进化的方式进行搜索求解，但由于在跟踪导航过程中，往往估计状态位于真实状态附近，而且在粒子滤波中，状态以粒子的形式表示，因此，本节采用另一种无须计算地形梯度且计算开销更小的方式。

为了将非线性观测模型转换为线性观测模型，定义预测观测量 y_k、互协方差 P_{xy_k} 和矩阵 H_k 如下：

$$\hat{y}_k=\sum_{i=1}^{N_s}\omega_{k-1}^{i}h(x_k^{i}+B\cdot C_b^n\cdot q_k) \tag{7-38}$$

$$P_{xy_k}=\sum_{i=1}^{N_s}\omega_{k-1}^{i}(x_{k|k-1}^{i}-\hat{x}_{k|k-1})(h(x_k^{i}+B\cdot C_b^n\cdot q_k)-\hat{y}_k)^{\mathrm{T}} \tag{7-39}$$

$$H_k=P_{xy_k}^{\mathrm{T}}\cdot P_{k|k-1}^{-1} \tag{7-40}$$

则观测模型线性化后可以表示如下：

$$y_k=h(\hat{x}_{k|k-1}+B\cdot C_b^n\cdot q_k)+H_k\cdot(x_k-\hat{x}_{k|k-1}) \tag{7-41}$$

因此，式（7-41）可以表示为如下线性模型：

$$\begin{bmatrix} \hat{x}_{k|k-1} \\ y_k - h(\hat{x}_{k|k-1} + B \cdot C_b^n \cdot q_k) + H_k \cdot \hat{x}_{k|k-1} \end{bmatrix} = \begin{bmatrix} x_k \\ H_k \cdot x_k \end{bmatrix} + \begin{bmatrix} \xi_k \\ v_k \end{bmatrix} \tag{7-42}$$

定义如下变量：

$$S_k = \begin{bmatrix} P_{k|k-1} & 0 \\ 0 & R_k \end{bmatrix} \tag{7-43}$$

$$z_k = S_k^{-1/2} \cdot \begin{bmatrix} \hat{x}_{k|k-1} \\ y_k - h(\hat{x}_{k|k-1} + B \cdot C_b^n \cdot q_k) + H_k \cdot \hat{x}_{k|k-1} \end{bmatrix} \tag{7-44}$$

$$M_k = S_k^{-1/2} \cdot \begin{bmatrix} I \\ H_k \end{bmatrix} \tag{7-45}$$

$$e_k = S_k^{-1/2} \cdot \begin{bmatrix} \xi_k \\ v_k \end{bmatrix} \tag{7-46}$$

可将式（7-44）写成紧致的形式，如下：

$$z_k = M_k \cdot x_k + e_k \tag{7-47}$$

至此，非线性模型（7-37）转换为线性模型（7-47），而无须计算地形梯度。可以直接利用广义极大似然估计对线性模型（7-47）迭代求解，则求解目标函数可以表示为

$$J(x_k) = \sum_{i=1}^{N+2} \rho(e_{k,i}) \tag{7-48}$$

式中，$e_{k,i}$ 表示正则化的残差向量 e_k 的第 i 个分量，残差可以表示为 $e_k = z_k - M_k x_k$；N 表示观测波束数。ρ 函数选取 Huber 函数，如下所示：

$$\rho_k(e_{k,i}) = \begin{cases} 0.5e_{k,i}^2, & |e_{k,i}| < \tau \\ \tau |e_{k,i}| - 0.5\tau^2, & |e_{k,i}| \geqslant \tau \end{cases} \tag{7-49}$$

式中，τ 表示可调参数。

通过对代价函数 $J(x_k)$ 关于 x_k 求导，并令其为零矩阵，可以得到如下隐等式：

$$\frac{\partial J(x_k)}{\partial x_k} = \sum_{i=1}^{N+2} \frac{\partial \rho(e_{k,i})}{\partial e_{k,i}} \cdot \frac{\partial e_{k,i}}{\partial x_k} = 0 \tag{7-50}$$

定义影响函数 $\varphi(e_{k,i}) = \partial\rho(e_{k,i}) / \partial e_{k,i}$ 和权函数 $\psi(e_{k,i}) = \varphi(e_{k,i}) / e_{k,i}$，权函数可以表示为

$$\psi(e_{k,i}) = \begin{cases} 1, & |e_{k,i}| < \tau \\ \operatorname{sgn}(e_{k,i}) \cdot \tau / e_{k,i}, & |e_{k,i}| \geqslant \tau \end{cases} \tag{7-51}$$

式中，$\operatorname{sgn}(\cdot)$表示符号函数。将权函数（7-51）代入式（7-50），则隐等式可写成紧致的矩阵形式，如下：

$$M_k^{\mathrm{T}} \psi(M_k x_k - z_k) = 0 \tag{7-52}$$

注意到式（7-52）中的权函数 ψ 为残差 e_k 的函数，也与 x_k 有关，因此，采用迭代重新加权最小二乘估计对其进行迭代求解，其迭代求解表达式如下：

$$x_k^{(j+1)} = (M_k^{\mathrm{T}}\psi^{(j)}M_k)^{-1}M_k^{\mathrm{T}}\psi^{(j)}z_k \tag{7-53}$$

式中，j 表示第 j 次迭代，迭代终止条件可以设置为相邻两次估计位置差小于给定阈值。

当迭代终止后，相应地得到 x_k，则相应的权函数矩阵 ψ 也能根据 x_k 来计算，然后，权函数矩阵能够被分解为两个权函数矩阵 ψ_x 和 ψ_y，分别对应一步预测残差和观测残差权重，如下所示：

$$\psi = \begin{bmatrix} \psi_x & 0 \\ 0 & \psi_y \end{bmatrix} \tag{7-54}$$

至此，可以得到稳健粒子滤波中改进的稳健性似然函数为

$$p(y_k \mid x_k)_{\mathrm{robust}} = \eta \exp\left(-\frac{1}{2}(y_k - h(x_k + B\cdot C_b^n \cdot q_k))^{\mathrm{T}} R_k^{-1/2}\psi_y R_k^{-1/2}(y_k - h(x_k + B\cdot C_b^n \cdot q_k))\right) \tag{7-55}$$

式中，η 为归一化常数。

从上述计算式可以看出，改进的稳健性似然函数与标准的高斯似然函数相比，对得到的残差进行加权，可以理解为对于较大的残差予以较小的权重，而对于较小的残差予以较大的权重，从而起到降低异常值对最终估计结果的影响，保证滤波器的稳健性。

2. 基于稳健粒子滤波算法流程

根据上述稳健粒子滤波推导过程，给出基于 Huber 函数稳健粒子滤波（robust particle filter，RPF）的地形跟踪导航算法流程[14]，如下所示。

（1）初始化：根据参考导航系统指示位置和误差特性，由初始状态概率分布 $p(x_0)$ 生成初始粒子集 $\{x_0^i\}\sim p(x_0)$，$i=1,2,\cdots,N_s$，并设置所有粒子权重相同，为 $\tilde{\omega}_0^i = 1/N_s$，其中，$N_s$ 表示粒子数目。

（2）时间更新：根据状态过程噪声生成噪声采样粒子 $\{w_k^i\}_{i=1}^{N_s}\sim p(w_k)$，并加入状态控制量，进行粒子一步更新，即

$$x_{k|k-1}^i = x_{k-1}^i + u_k + w_k^i \tag{7-56}$$

（3）权函数矩阵 ψ 计算：首先，计算状态一步预测均值 $\hat{x}_{k|k-1}$ 和协方差 $P_{k|k-1}$，然后，构造定义变量 z_k、M_k 和 e_k，最后，迭代求解最优估计量 x_k，并计算相应的权重 ψ，得到权重矩阵 ψ_y。

$$\hat{x}_{k|k-1} = \sum_{i=1}^{N_s}\omega_{k-1}^i x_{k|k-1}^i \tag{7-57}$$

$$P_{k|k-1}=\sum_{i=1}^{N_s}\omega_{k-1}^i(x_{k|k-1}^i-\hat{x}_{k|k-1})(x_{k|k-1}^i-\hat{x}_{k|k-1})^{\mathrm{T}} \tag{7-58}$$

$$z_k=S_k^{-1/2}\cdot\begin{bmatrix}\hat{x}_{k|k-1}\\ y_k-h(\hat{x}_{k|k-1}+B\cdot C_b^n\cdot q_k)+H_k\cdot\hat{x}_{k|k-1}\end{bmatrix} \tag{7-59}$$

$$M_k=S_k^{-1/2}\cdot\begin{bmatrix}I\\ H_k\end{bmatrix} \tag{7-60}$$

$$e_k=S_k^{-1/2}\cdot\begin{bmatrix}\xi_k\\ v_k\end{bmatrix} \tag{7-61}$$

$$x_k^{(j+1)}=(M_k^{\mathrm{T}}\psi^{(j)}M_k)^{-1}M_k^{\mathrm{T}}\psi^{(j)}z_k \tag{7-62}$$

$$\psi=\begin{bmatrix}\psi_x & 0\\ 0 & \psi_y\end{bmatrix} \tag{7-63}$$

（4）量测更新：根据观测模型中地形函数计算每个粒子对应的预测观测量 $y_{k|k-1}^i$，再根据观测噪声概率分布计算每个粒子对应的似然函数值 $p(y_k\mid x_{k|k-1}^i)$，最后，对每个粒子进行权值更新 ω_k^i，计算归一化权重 $\tilde{\omega}_k^i$，即

$$y_{k|k-1}^i=h(x_{k|k-1}^i+B\cdot C_b^n\cdot q_k) \tag{7-64}$$

$$p(y_k\mid x_{k|k-1}^i)=\eta\exp\left(-\frac{1}{2}(y_k-y_{k|k-1}^i)^{\mathrm{T}}R_k^{-1/2}\psi R_k^{-1/2}(y_k-y_{k|k-1}^i)\right) \tag{7-65}$$

$$\omega_k^i=\tilde{\omega}_{k-1}^i p(y_k\mid x_{k|k-1}^i) \tag{7-66}$$

$$\tilde{\omega}_k^i=\omega_k^i\Big/\sum_{j=1}^{N_s}\omega_k^j \tag{7-67}$$

（5）重采样：计算有效粒子数 N_{eff}，判断有效粒子数是否低于设置阈值 N_{th}。当 $N_{\mathrm{eff}}<N_{\mathrm{th}}$ 时，进行粒子重采样，得到新的粒子集和相应权重 $\{X_k^i,\tilde{\omega}_k^i\}_{i=1}^{N_s}$，否则，不进行粒子重采样，执行步骤（6）。其中，有效样本数计算如下：

$$N_{\mathrm{eff}}=1\Big/\sum_{i=1}^{N_s}\tilde{\omega}_k^i \tag{7-68}$$

（6）根据最小均方误差估计（minimum mean squared error，MMSE）准则，计算估计状态概率分布均值和协方差，即有

$$\hat{x}_k=\sum_{i=1}^{N_s}\tilde{\omega}_k^i x_k^i \tag{7-69}$$

$$\hat{P}_k=\sum_{i=1}^{N_s}\tilde{\omega}_k^i(x_k^i-\hat{x}_k)(x_k^i-\hat{x}_k)^{\mathrm{T}} \tag{7-70}$$

（7）返回步骤（2），重复进行，便可连续估计位置状态分布均值和协方差。

说明：在对 RPF 改进似然函数的推导中，用到了状态模型，在权函数矩阵 ψ 导出过程中考虑了状态模型和观测模型均出现异常的情况。其中，ψ_x 是状态模型对应的部分权函数矩阵，能够降低状态模型出现异常情况对滤波性能的影响，ψ_y 是观测模型对应的部分权函数矩阵，能够降低观测模型出现异常情况对于滤波估计性能的影响。但因为本节主要针对观测模型多波束测深异常值，因此，只利用观测模型对应的部分权函数矩阵 ψ_y 来改进粒子滤波中的似然函数，降低多波束测深异常值对于滤波性能的影响。

3. 仿真试验与分析

本节通过仿真试验比较分析 RPF 和 SPF 的地形跟踪导航性能，验证所提稳健性粒子滤波对于多波束测深中异常值的稳健性能。仿真试验所用水下参考地图、选取地形区域、真实航迹、惯性导航和多波束测深声呐传感器仿真参数均与 7.2.1 节相同。滤波器仍假设状态过程噪声和观测噪声仍然均为零均值的高斯噪声，RPF 和 SPF 算法的滤波器初始协方差 P_0、过程噪声 Q_k 和观测噪声 R_k 及滤波更新频率设置相同，两种滤波方式粒子数均设置为 1000。为了说明所提算法的稳健性，真实观测噪声分别建模为两种情况（情况 I 和情况 II），并根据多波束实际测深特性，设置假设分布均值 $u_1 = 0$，标准差 $\sigma_1 = 0.5\text{m}$，污染分布均值 $u_2 = 0$，标准差 $\sigma_2 = 3\text{m}$。由于噪声和随机采样粒子的随机性，对两种滤波算法分别进行 100 次蒙特卡罗仿真试验。

情况 I：假设真实观测噪声为高斯分布，且每个波束观测量独立同分布，其概率密度函数表示如下：

$$p(v_{k,i}) = \frac{1}{\sqrt{2\pi}\sigma_1}\exp\left(-\frac{(v_{k,i}-u_1)^2}{2\sigma_1^2}\right) \tag{7-71}$$

式中，$v_{k,i}$ 表示第 i 个波束对应观测误差；u_1 为均值；σ_1 为标准差。

情况 II：真实观测噪声为混合高斯分布，且每个波束观测量独立同分布，其概率密度函数表示如下：

$$p(v_k) = \frac{1-\varepsilon}{\sqrt{2\pi}\sigma_1}\exp\left(-\frac{(v_k-u_1)^2}{2\sigma_1^2}\right) + \frac{\varepsilon}{\sqrt{2\pi}\sigma_2}\exp\left(-\frac{(v_k-u_2)^2}{2\sigma_2^2}\right) \tag{7-72}$$

式中，u_1 和 u_2 为均值；σ_1 和 σ_2 为标准差；ε 为污染率，若 $\varepsilon = 0$，则表示高斯噪声。

首先，假设观测噪声严格服从高斯分布，如情况 I 所示，即情况 II 中设置污染率 ε 为 0，分别采用 SPF 和 RPF 进行地形跟踪导航，给出 SPF 和 RPF 在与 7.2.1 节相同地形区域 A 与 B 的位置均方误差结果，如图 7-14 所示。从图 7-14 中可以看出，无论在大起伏地形区域 A 还是小起伏地形区域 B，SPF 和 RPF 均能很好地收敛，每个时刻的 SPF 和 RPF 位置均方误差很接近。这充分地说明，当多波束测深数据不存在异常值时，RPF 两者均可以正常工作，导航精度基本一致。

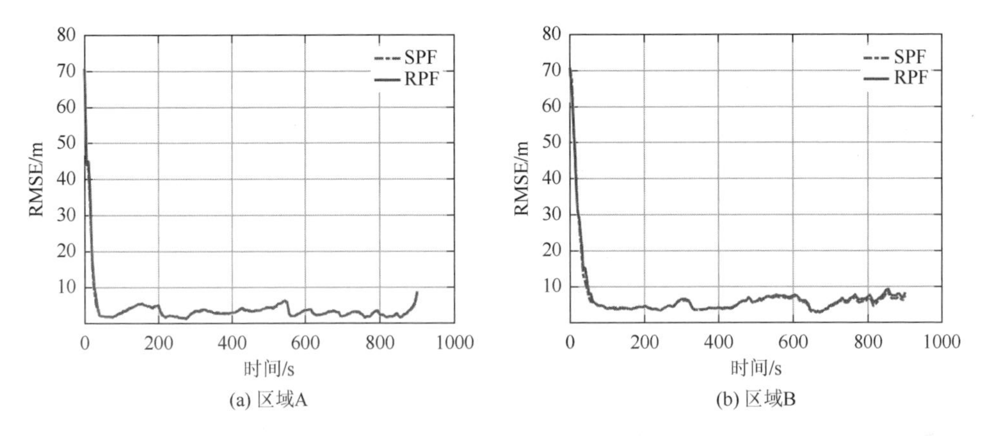

图 7-14　高斯观测噪声下（$\varepsilon = 0$）两种滤波算法位置均方误差结果

然后，为了分析多波束测量过程中存在少量异常测深值时，即观测噪声不服从高斯分布情况下，所提算法的稳健性，设置污染率 $\varepsilon = 0.1$，给出 SPF 和 RPF 在地形区域 A 与 B 上的地形跟踪导航的位置均方误差结果，如图 7-15 所示。从图 7-15 中可以看出，无论在大起伏地形区域 A 还是小起伏地形区域 B，相比于 SPF，RPF 位置均方误差更小，这是因为在 100 次蒙特卡罗仿真试验中，SPF 均出现了多次滤波发散，而 RPF 滤波均能维持收敛。这也充分地说明，当存在异常值时，影响了观测噪声的分布特性，SPF 由于采用高斯似然函数，容易出现滤波发散，而 RPF 采用广义极大似然估计改进的似然函数，对异常值进行降权处理，能够抑制异常值对于滤波性能的影响，具有更稳健的导航性能。

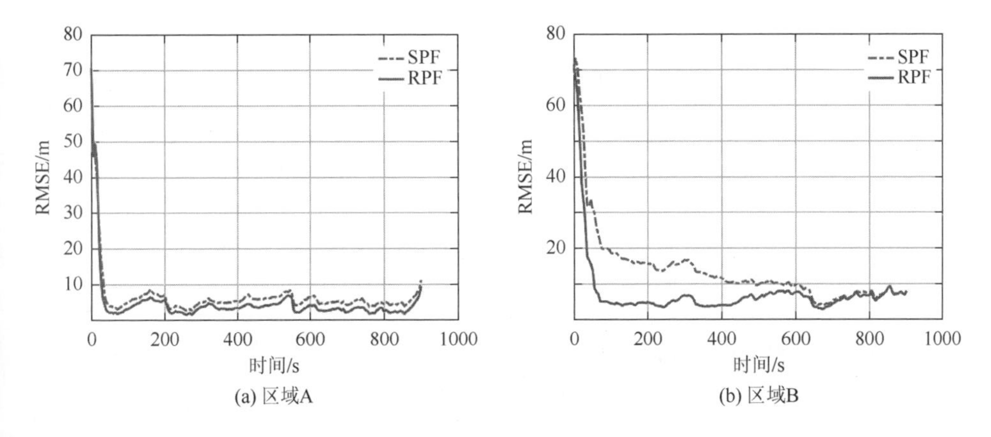

图 7-15　非高斯观测噪声下（$\varepsilon = 0.1$）两种滤波算法位置均方误差结果

最后，为了进一步分析不同污染率噪声分布对于所提算法导航性能的影响，给出不同污染率情况下，SPF 和 RPF 在地形区域 A 与 B 的地形跟踪导航 100 次蒙特卡罗仿真试验的位置均方误差结果，如图 7-16 和图 7-17 所示。从图 7-16 和图 7-17 中可以看出，无论在大起伏地形区域 A，还是小起伏地形区域 B，随着污染率增加，SPF 位置均方误差均随着污染率增大而呈现较大幅度的增加，RPF 位置均方误差随着污染率呈现轻微幅度的增加，但整个滤波过程导航均方误差均维持在较低的水平。这也表明，相比于 SPF，本节所提出的 RPF 具有更好的抗异常值稳健性。

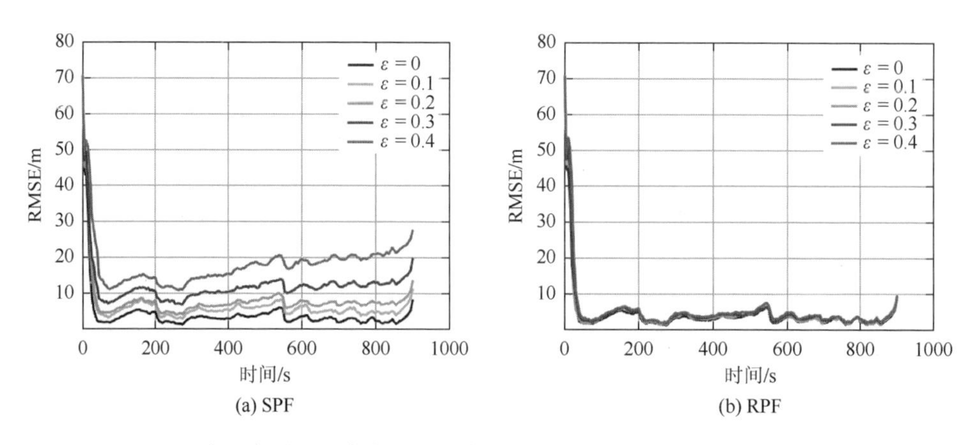

(a) SPF (b) RPF

图 7-16 区域 A 在不同污染率下两种滤波算法位置均方误差变化（彩图附书后）

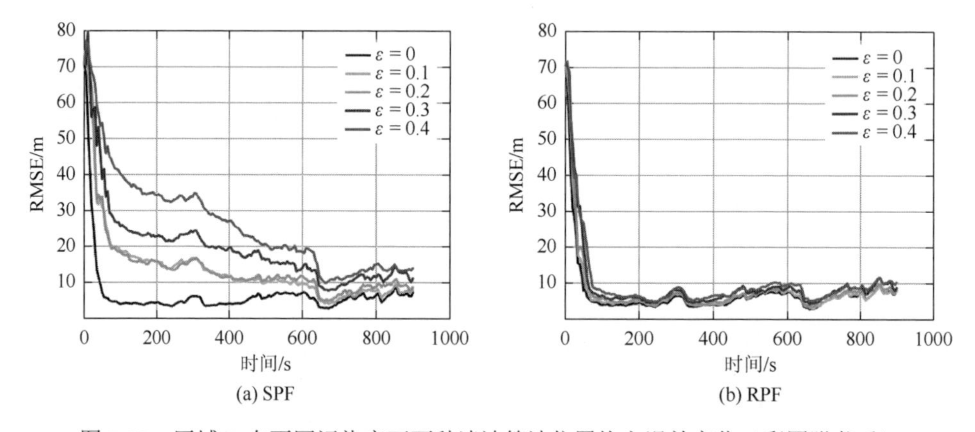

(a) SPF (b) RPF

图 7-17 区域 B 在不同污染率下两种滤波算法位置均方误差变化（彩图附书后）

4. 船载测深数据离线回放试验

为了说明所提方法在真实水下环境下的有效性，利用实测数据进行离线回放试验。与 7.1.5 节一样，在所有实际测线中选取两条分别位于不同起伏地形区域的测线，如图 7-3 所示。测线 1 测深数据质量较好，几乎不存在测深异常值，测线 2 测深数据质量较差，存在较多异常值。GNSS 定位系统测量位置作为真实的参考位置，将 GNSS 测量的航迹添加一定的漂移误差模拟仿真惯导航迹。

图 7-18 给出对两条测线采用 SPF 和 RPF 进行地形跟踪导航的航迹估计结果。同时，也给出两条测线 SPF 和 RPF 导航的位置均方误差结果，如图 7-19 所示。从图 7-19 中可以看出，对于测线 1，尽管 SPF 和 RPF 位置均方误差结果较为接近，但相比于 SPF，RPF 位置均方误差大部分时间里相对更小。对于测线 2，在 215～235s，由于地形较为平坦，SPF 和 RPF 位置均方误差均较大，但相对于 SPF，RPF 位置均方误差较小。

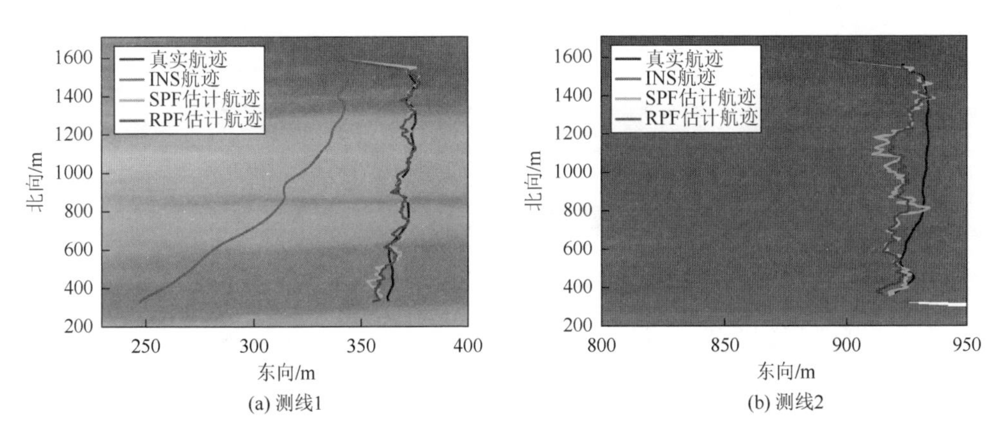

图 7-18　两种算法地形跟踪导航航迹结果（彩图附书后）

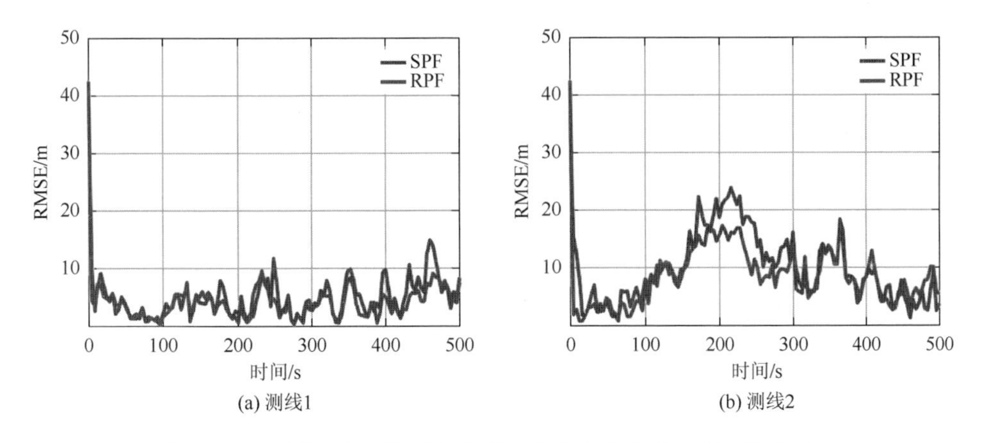

图 7-19　两种算法地形跟踪导航位置均方误差结果（彩图附书后）

同时，对比测线 1 和测线 2 位置均方误差结果，也可发现测线 2 平均误差明显大于测线 1。这主要是由于测线 1 对应的多波束测深数据质量较好，几乎不存在异常检测点的情况，而测线 2 对应的多波束测深数据质量较差，存在许多异常检测点，因此，对于测线 1，SPF 和 RPF 位置均方误差较为接近，而对于测线 2，异常检测点的出现易引起 SPF 滤波发散，出现了均方误差较大的时刻。另外，相比于测线 2，测线 1 处于大起伏地形区域，地形变化明显，因此，地形跟踪导航误差也更小。总的来说，上述结果可以充分地说明，相比于 SPF，RPF 具有对多波束测深异常值更稳健的地形跟踪导航性能。

参 考 文 献

[1] 李晔. 智能水下机器人海底地形匹配导航技术[M]. 北京：科学出版社，2018.

[2] 彭东东. 基于多波束测深声呐的海底地形辅助导航方法研究[D]. 哈尔滨：哈尔滨工程大学，2022.

[3] 彭东东，周天，徐超，等. 基于非线性滤波的水下地形辅助导航方法[J]. 海洋测绘，2019，39（4）：22-26.

[4] Huber P J. Robust Statistics[M]. New York：John Wiley and Sons，2004.

[5] 张庆科. 粒子群优化算法及差分进化算法研究[D]. 济南：山东大学，2017.

[6] Das S，Suganthan P N. Differential evolution：A survey of the state-of-the-art[J]. IEEE Transactions on Evolutionary Computation，2011，15（1）：4-31.

[7] Fox D. KLD-sampling：Adaptive particle filters and mobile robot localization[J]. Advances in Neural Information Processing Systems，2001，14（1）：26-32.

[8] Kwok C，Fox D，Meila M. Adaptive real-time particle filters for robot localization[C]. IEEE International Conference on Robotics and Automation，Taibei，2003：2836-2841.

[9] Zhou T，Peng D，Xu C，et al. Adaptive particle filter based on Kullback-Leibler distance for underwater terrain aided navigation with multi-beam sonar[J]. IET Radar，Sonar and Navigation，2018，12（4）：433-441.

[10] Johnson N L，Kotz S，Balakrishnan N. Continuous Univariate Distributions[M]. Hoboken：John Wiley and Sons，1994.

[11] Gandhi M A，Mili L. Robust Kalman filter based on a generalized maximum-likelihood-type estimator[J]. IEEE Transactions on Signal Processing，2009，58（5）：2509-2520.

[12] Karlgaard C D. Robust adaptive estimation for autonomous rendezvous in elliptical orbit[D]. Virginia：Virginia Tech，2010.

[13] Li K，Chang L. Robust Gaussian particle filter based on modified likelihood function[J]. IET Science，Measurement and Technology，2018，12（1）：132-137.

[14] Peng D，Zhou T，Folkesson J，et al. Robust particle filter based on Huber function for underwater terrain-aided navigation[J]. IET Radar，Sonar and Navigation，2019，13（11）：1867-1875.

第 8 章　水中气泡群探测

海洋中有各种各样以气体形式存在的目标，如舰船尾流、海底泄漏/渗漏的天然气、海洋生物产生的气泡等。多波束测深声呐以其搭载平台多样化、低可视环境下适应性强等优势，已成为水下气泡群探测的重要探测手段之一。本章以舰船尾流和海底泄漏/渗漏气体这两种典型的气泡群目标为例介绍利用多波束测深声呐探测的技术及利用该声呐所能获取的气泡群几何与声学特征情况。

8.1　舰船尾流探测

舰船航行时会在行进轨迹上形成距离较长、持续时间较长且主要由气泡群组成的尾流或尾迹。该现象通常可以作为探测舰船有无、类型等应用需求的主要观测对象。本节从理论建模与试验分析的角度介绍舰船尾流探测的主要特征及其一般规律。

8.1.1　舰船尾流的几何分布与声学建模

本节首先从仿真建模的角度出发分析声学方法探测舰船尾流几何尺度及其空间变化的一般规律，为后续湖上试验结果提供理论支撑。

1. 舰船尾流的几何尺度

舰船尾流在水下空间具有较为复杂的分布特征，一般可以用尾流的长度 L、宽度 W 和厚度 H 对其进行描述，如图 8-1 所示[1]。当舰船沿直线方向航行时，在船的后方将产生一条直线形状的尾流，若舰船转弯或不沿直线航行，尾流形状会发生相应的弯曲和变化。以直线形状的尾流为例，图 8-1（a）为尾流的俯视图，舰船尾流具有一定的长度和宽度，一般尾流宽度为船宽的 2～2.5 倍，并且随时间线性增加。图 8-1（b）为尾流的侧视图，尾流具有随时间变化的厚度，尾流起始厚度一般和舰船的吃水深度有关，由于螺旋桨的搅动，刚产生的气泡具有向下运动的速度。因此，在近程的初始扩散区，尾流的深度会迅速变大，当深度达到最大后，气泡不再受螺旋桨搅动、舰船驶过所形成的空穴吸引力等因素的影响。由于自身浮力使气泡上升，尾流气泡群的厚度会随时间的增长逐渐减小，直到尾流消失。图 8-1（c）为尾流的正视图，也是在垂直航迹向的尾流截面图，在沿尾流宽度的方向上，尾流厚度并不相同，一般呈正态分布。

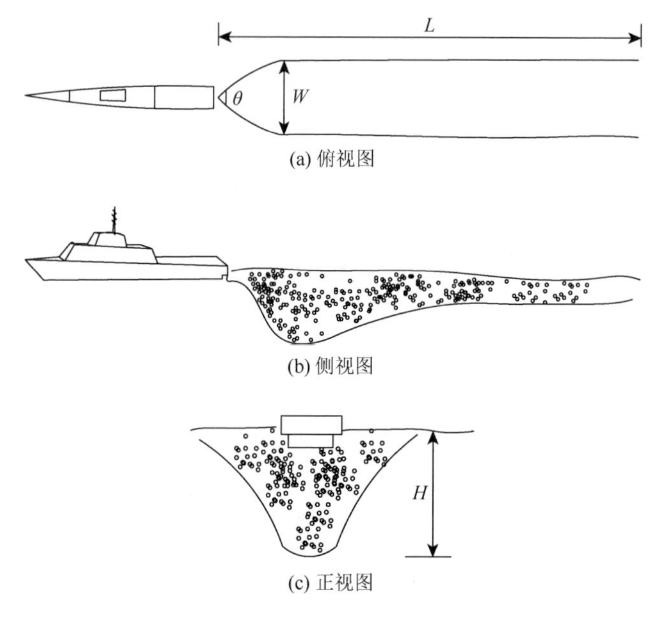

(a) 俯视图

(b) 侧视图

(c) 正视图

图 8-1　尾流的尺度特征[1]

2. 舰船尾流分布的声学建模

结合上面介绍的尾流气泡群在产生与消亡过程中的几何尺度变化，可以研究气泡群的声学特性[2-15]。对于多波束测深声呐而言，可以通过水体图像获取尾流气泡群的几何分布与散射强度的空间分布特征。本节从仿真建模的角度介绍一种模拟尾流空间分布的多波束测深声呐尾流回波模型。以垂直航迹向的典型尾流截面为例，在图 8-2 的空间坐标系中，xOy 平面为水面，多波束测深声呐位在 z 轴上，多波束测深声呐测量扇面在 yOz 平面内。

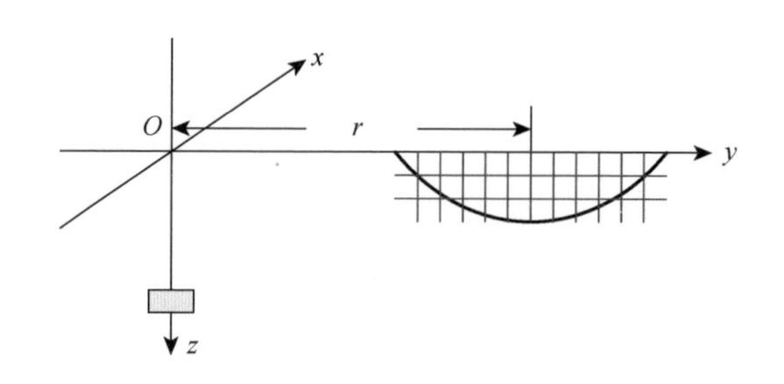

图 8-2　尾流形状示意图

定义尾流气泡密度函数 $D(x,y,z,a_n)$，表示在确定位置 (x,y,z) 处，单位体积（$1\mathrm{m}^3$）内含有半径为 a_n 的气泡的数量，表示如下：

$$D(x,y,z,a_n)=D_0(x,y,z)\mathrm{e}^{-a_n/\alpha} \tag{8-1}$$

式中，$\mathrm{e}^{-a_n/\alpha}$ 表示气泡密度随气泡尺寸变化的关系，系数 α 表示气泡密度随半径增大的衰减速度；$D_0(x,y,z)$ 用来描述尾流的形状。尾流气泡密度函数的自变量中含有半径 a_n，说明该函数包含不同尺寸气泡的分布特征。

如图 8-3 所示，舰船尾流多波束测深声呐回波建模的步骤如下[1]：首先，根据多波束发射信号参数，计算发射信号的频谱；然后，根据尾流气泡密度分布函数、单个气泡的转移函数、与信道有关的转移函数，建立尾流的转移函数；最后，根据发射信号频谱与尾流的转移函数，计算接收回波信号的频谱，并通过傅里叶逆变换计算各阵元的时域回波信号。

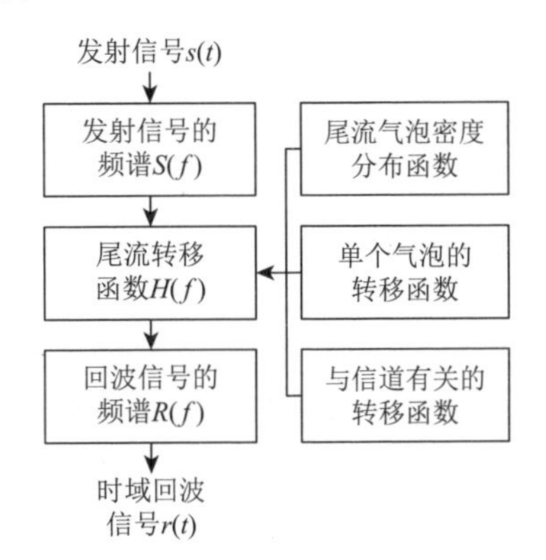

图 8-3　舰船尾流的多波束测深声呐回波建模流程

以下采用不同的尾流气泡密度分布函数对尾流的空间分布进行仿真，分别如图 8-4（a）、图 8-4（c）、图 8-4（e）所示，对仿真信号进行处理得到空间坐标系下的回声强度，结果如图 8-4（b）、图 8-4（d）、图 8-4（f）所示。由仿真结果可见多波束形成后获得的水体图像中尾流回波强度的空间分布情况。

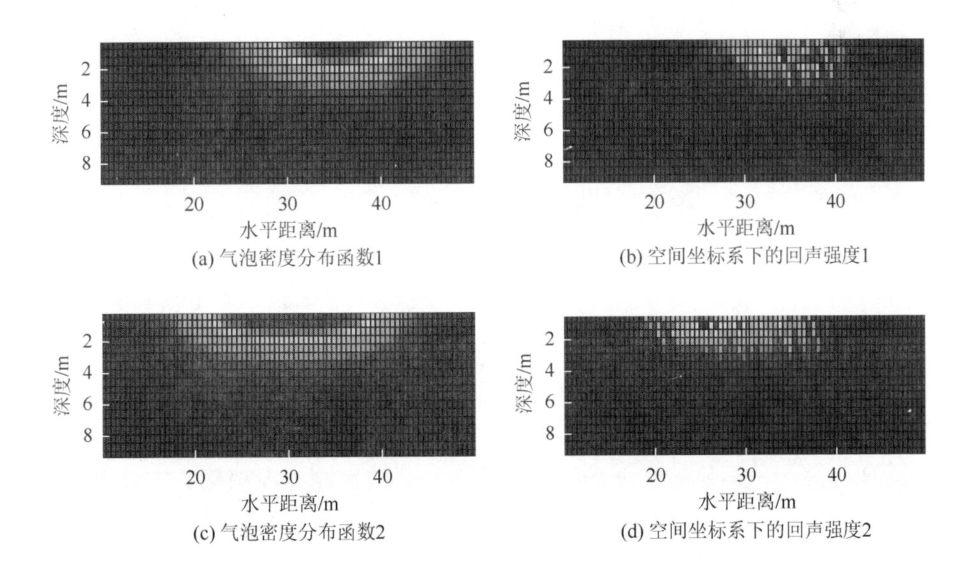

(a) 气泡密度分布函数1　(b) 空间坐标系下的回声强度1

(c) 气泡密度分布函数2　(d) 空间坐标系下的回声强度2

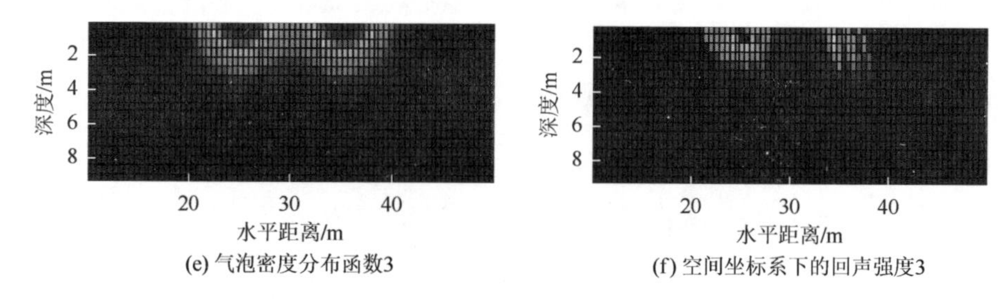

(e) 气泡密度分布函数3　(f) 空间坐标系下的回声强度3

图 8-4　不同尾流气泡密度分布函数的仿真结果

8.1.2　舰船尾流的测量方法

利用多波束测深声呐探测尾流的方法较为特殊，其特殊性在于探测全程多波束测深声呐通常需要固定测量，获取舰船尾流的时空分布特征。尾流是水下空间三维分布的目标，并且随着时间变化具有时变性，多波束测深声呐每次能够测量尾流的一个截面，若要获得尾流的空间分布特征，需要合理地设计测量方案，既要适应多波束测深声呐的测量要求，又要选择最利于全面获取尾流特性的观测角度进行测量。本书中介绍两种尾流测量的试验方法。

1. 上视测量

如图 8-5 所示，可以采用水下沉底定点上视多波束测深声呐基阵布放形式对尾流进行探测。多波束测深声呐探头布放在水底固定位置，测量扇面朝向正上方水面。试验中，如果需要进行声呐姿态调整，可以在此方案中再将声呐搭载于云台上使用。

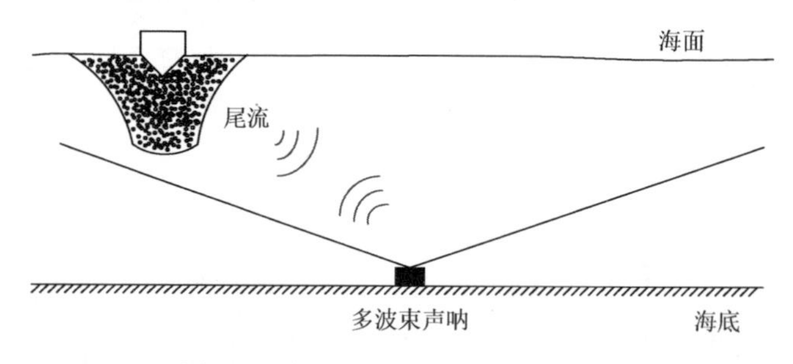

图 8-5　水下沉底定点上视测量方案

图 8-6 为一种简易的水下基阵布放平台。多波束测深声呐探头安装在该平台的顶面上，使声呐基阵朝向正上方水面。在平台上还装有水下摄像机，用来监控设备在水下的状态，并可通过数据线实时上传。该方法可以远距离较为完整地探

测垂直于航迹向尾流截面的全貌，缺点是垂直方向海面回波的干扰较强，在尾流区域内或外都会影响尾流的成像效果。

图 8-6　水下基阵布放平台

2. 侧视测量

在某些海洋环境条件下可能有不适合上视测量的情况，如测量系统释放与回收困难，选择实时观测方式时需要铺设较长电缆，自容式观测时无法对测量现场的异常情况做出及时判断等。为此，还可以采用船载悬挂水平侧视布放测量方法。图 8-7 为多波束测深声呐水平安装方案示意图。采用专门设计的基阵架将多波束测深声呐探头悬挂安装在监测船舷侧，多波束测深声呐测量扇面垂直于水面，接收阵法线垂直于基阵架，测量产生在多波束测深声呐测量扇面覆盖区域的实船尾流。

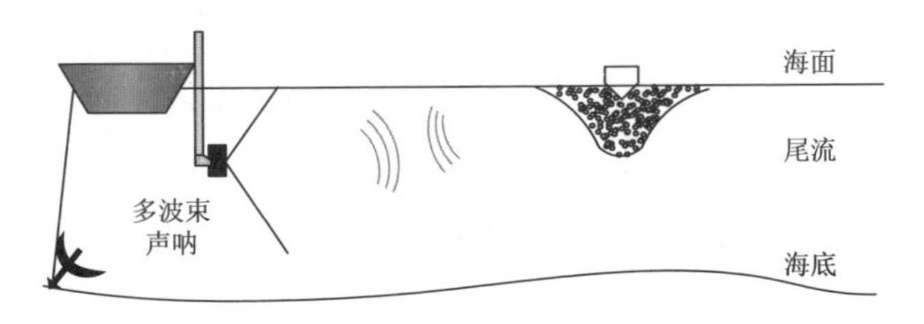

图 8-7　多波束测深声呐水平安装方案示意图

图 8-8 为利用该方案进行尾流探测的现场照片，包括多波束测深声呐探头和安装声呐探头的基阵架。该方案也存在一定的条件与局限：①声呐布放深度需超过尾流底部；②垂直于航迹向的尾流截面图像中，可能出现不完整的情况，即背向声呐方向的一侧可能由于声波无法穿透或返回而影响尾流形态图像的完整性。

(a) 多波束测深声呐探头

(b) 安装声呐探头的基阵架

图 8-8　侧视方法中的试验设备及安装图例

3. 舰船尾流的时空分布分析

为了更好地理解上述两种方案测量尾流的方法与效果，书中以两次试验数据进行说明。

1）数据一：上视测量

图 8-9 为某被测船尾流生成后 100s 的水体图像。图 8-9 中坐标原点为多波束测深声呐基阵所在位置，横坐标和纵坐标分别代表成像点相对多波束测深声呐基阵的水平距离与垂直距离，像素值反映了该点声散射强度的大小。尾流出现在水平距离−10～−5m，垂直距离 15～16m 附近，从图 8-9 中可以看到，多波束测深声呐正上方水面产生了很强的镜像反射回波。

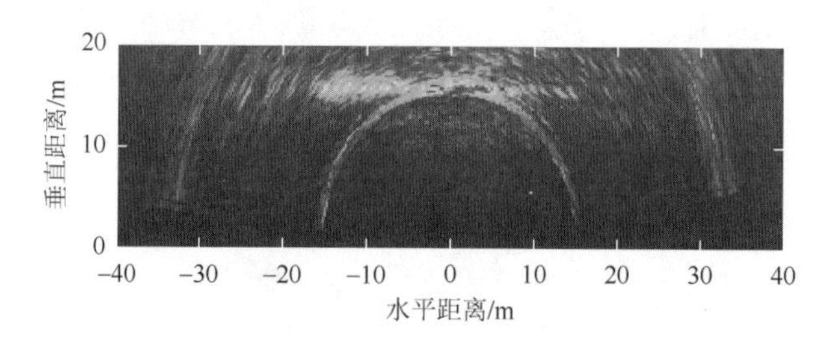

图 8-9　测量船尾流图像

为了观察尾流宽度随时间的变化情况，图 8-10 给出水面深度处尾流宽度随时间的变化，其中，横坐标代表测量时间，纵坐标代表水平距离。图 8-10 中共显示 1280 帧测量结果，多波束测深声呐测量 Ping 率为 4，持续时间长达 320s。

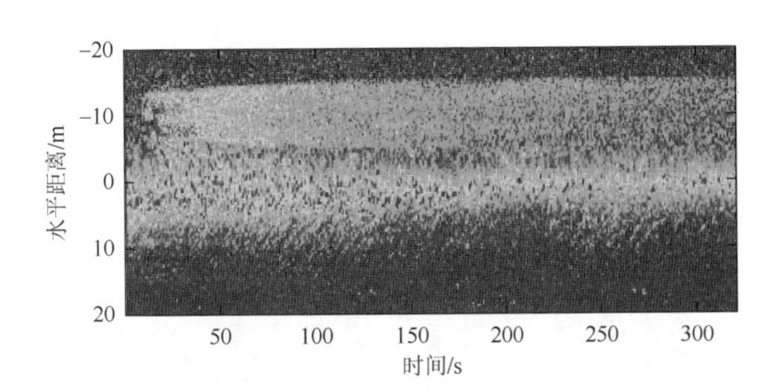

图 8-10　水面深度处尾流宽度随时间的变化

由图 8-10 可见：①在尾流产生后尾流宽度随时间增加而增大；②尾流的宽度在水面最宽，随着水中深度的增加，尾流宽度减小；③舰船航迹与多波束测量扇面基本垂直，尾流中线位于多波束测深声呐基阵左侧水平距离 10m 左右；④图中一条明显的亮线是由水面镜像回波产生的。

为了观察尾流深度随时间的变化，图 8-11 给出水平距离为–10m 处的垂直尾流截面图像，图像反映了尾流声散射强度随深度和时间的变化。由图 8-11 可见，尾流产生后，深度先变深后逐渐变浅，尾流在其宽度方向上的不同位置处具有不同的深度。

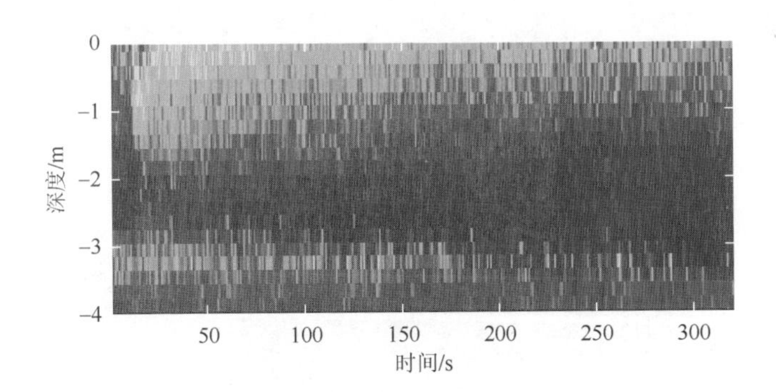

图 8-11　垂直尾流截面图像

根据图 8-9～图 8-11 可以得出以下结论：①多波束测深声呐具备获取尾流三维分布特征的能力，其成像结果能够直观地反映尾流的空间分布；②采用水下沉底定点上视测量的多波束测深声呐布放形式，声呐基阵正上方水面产生的镜像反射回波十分强烈，镜面反射对尾流成像产生一定程度的干扰；③在远离基阵上方的其他方向，无尾流时，由于水面非常平静，水面产生的回波非常微弱。

2）数据二：侧视测量

图 8-12～图 8-14 为某被测船的尾流图像，可以清晰地看出尾流随时空变化的规律。图 8-15 为尾流的三维形态检测结果。其中，从图 8-15 可以看出，在测量船生成尾流初始阶段，部分尾流图像没有显示出来，这是由于此时段首先被船身遮挡，随后生成的气泡群范围较大且密度较高，使得声波难以穿透并返回。

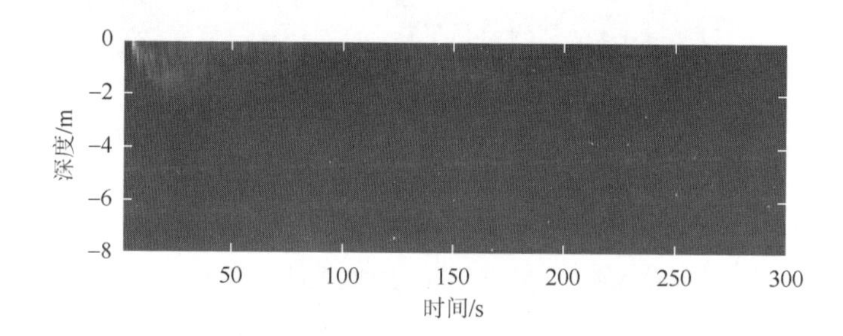

图 8-12　尾流深度-时间变化成像示例

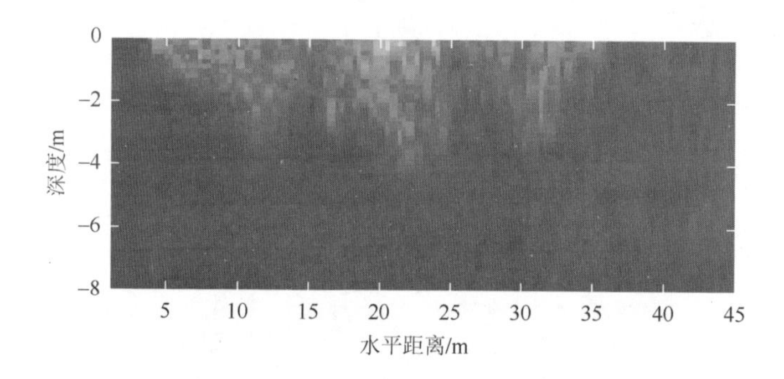

图 8-13　尾流深度-水平距离成像示例

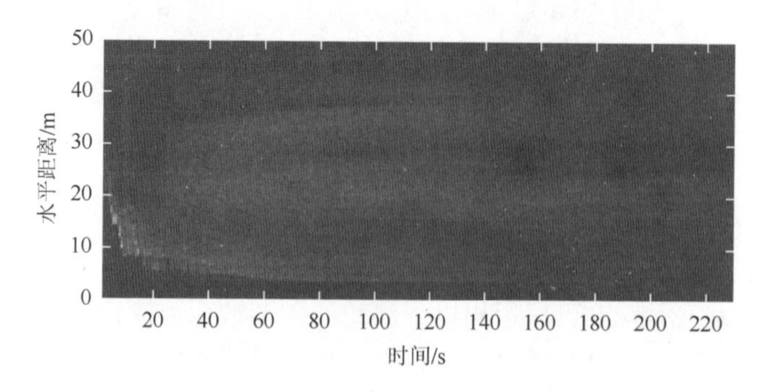

图 8-14　尾流水平距离-时间方位成像示例

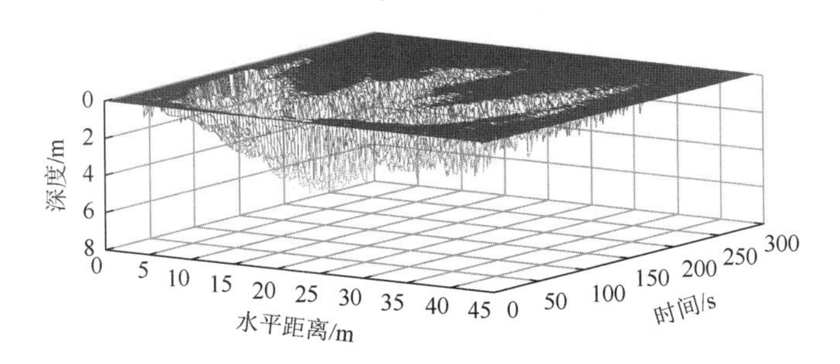

图 8-15　尾流的三维形态检测结果

8.1.3　基于相干反向散射增强的舰船尾流探测方法

上节介绍两种尾流几何尺度测量的试验方法，在此基础上，结合实测数据，本节介绍一种基于相干反向散射增强（coherent backscattering enhancement，CBE）的尾流探测方法[16]，用于检测尾流有无。

1. 相干反向散射增强原理

在非前向散射方向，声场的能量逐渐由气泡群的散射波决定。这里首先聚焦于气泡群的散射路径及其对应的物理现象。对如图 8-16（a）中实线箭头所示的散射路径而言，其互易路径如图 8-16（a）中虚线箭头所示，这里以 A、B、C、D 四个气泡为例，其互易路径中，声波从声源点出发经历气泡的顺序为 DCBA，最终到达观测点。注意到，除了仅含有单个气泡的一次散射路径，对任意散射路径 ABCD，其互易路径 DCBA 是始终存在的。基于这一考虑，对平均声强场求解并表示为[11]

$$\langle |G(x_s,x_h,\omega)|^2\rangle = \left\langle \left(\sum_{i=1}^{N}\Psi_i^s + \sum_{i_{\text{path}}}(\Psi_{i_{\text{path}}}^m + \Psi_{i_{\text{path}}}^r)\right)\left[\sum_{i=1}^{N}\Psi_i^s + \sum_{i_{\text{path}}}(\Psi_{i_{\text{path}}}^m + \Psi_{i_{\text{path}}}^r)\right]^* \right\rangle \tag{8-2}$$

式中，$\Psi_i^s = G(x_s,x_i,\omega)f_s(R_{i,\text{eq}},\omega)G(x_i,x_h,\omega)$ 表示一次散射路径。Ψ_i^s 可以被视作右侧乘积的结果，即一个由气泡 i 决定的在不同实现中具有随机幅度及相位的复数。基于同样考虑，$\Psi_{i_{\text{path}}}^m$ 表示多重散射路径，$\Psi_{i_{\text{path}}}^r$ 则是多重散射路径的互易路径，这些复数在不同的实现中都具有随机幅度及相位。

对任意两个不同的散射路径，$\Psi_{i_{\text{path}}}$ 与 $\Psi_{j_{\text{path}}}$ 的集平均应该收敛到 0，因此对式（8-2）求解可得

$$\langle |G(x_s,x_h,\omega)|^2\rangle = \left\langle \sum_{i=1}^{N}|\Psi_i^s|^2 \right\rangle + \left\langle \sum_{i_{\text{path}}}(|\Psi_{i_{\text{path}}}^m|^2 + |\Psi_{i_{\text{path}}}^r|^2) \right\rangle + \left\langle \sum_{i_{\text{path}}}(\Psi_{i_{\text{path}}}^m(\Psi_{i_{\text{path}}}^r)^* + \Psi_{i_{\text{path}}}^r(\Psi_{i_{\text{path}}}^m)^*) \right\rangle \tag{8-3}$$

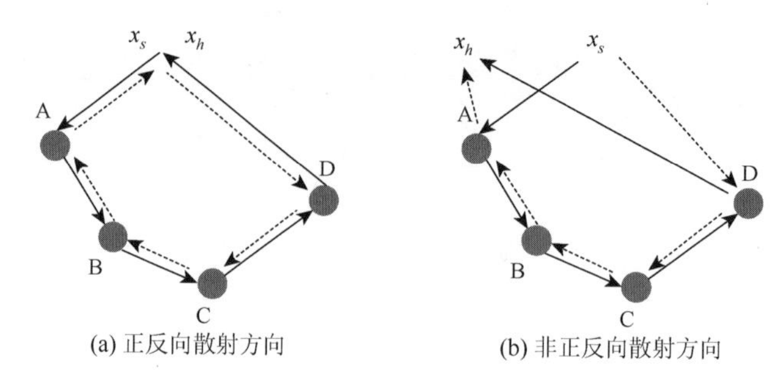

(a) 正反向散射方向　　(b) 非正反向散射方向

图 8-16　多重散射路径及其互易路径

如图 8-16 所示，对正反向散射而言，任意多重散射路径的值与其互易路径的值是完全一致的，有 $\left\langle \sum_{i_{\text{path}}} (|\Psi^m_{i_{\text{path}}}|^2 + |\Psi^r_{i_{\text{path}}}|^2) \right\rangle = \left\langle \sum_{i_{\text{path}}} (\Psi^m_{i_{\text{path}}} (\Psi^r_{i_{\text{path}}})^* + \Psi^r_{i_{\text{path}}} (\Psi^m_{i_{\text{path}}})^*) \right\rangle$；对非正反向散射而言，气泡 A、气泡 B 与声源点及观测点的随机性将导致散射路径与其互易路径的集平均收敛到 0，$\left\langle \sum_{i_{\text{path}}} (\Psi^m_{i_{\text{path}}} (\Psi^r_{i_{\text{path}}})^* + \Psi^r_{i_{\text{path}}} (\Psi^m_{i_{\text{path}}})^*) \right\rangle \to 0$。当整个气泡群的声散射由多重散射路径主导时，$\left\langle \sum_{i=1}^{N} |\Psi^s_i|^2 \right\rangle$ 可被忽略，此时，正反向散射方向上的平均强度应该是其余方向的 2 倍，该现象即为 CBE。声波在含气泡介质中互易的传播方式即声波的微弱局域化，而其相对应的物理现象——正反向散射方向的强度会高于其他方向，也可称作 CBE。就频域而言，单次散射路径与多重散射路径叠加在一起，因此只有当多重散射强度占据主导地位时，CBE 才会被明显观测到。

2. 基于相干反向散射增强的阵列处理方法

CBE 依托于舰船尾流内部气泡的随机性，主要利用单次散射、多重散射回波时延上的区别（单次散射回波的能量随时间呈指数衰减，而多重散射回波的能量呈代数衰减），通过阵列处理将两者进行拆分。例如，当气泡群内气泡间存在多重散射时，随阵列接收信号的时间推移，多重声散射的能量占比会逐步增加。

海面混响是声的强散射体，但是其自身的多重散射较弱，表现出弱耦合散射特性，而气泡群则是声的强散射体和强耦合散射体。因此，基于 CBE 的舰船尾流多波束测深声呐探测可以有效地区分海面混响和舰船尾流回波，并通过在强耦合散射场图像观测 CBE 现象来探测舰船尾流。考虑到 CBE 对应的强度信息忽略了信号自身存在的相位延迟，必须先对各个阵元接收到的信号做时域动态补偿处理，具体的处理流程如下：

（1）首先检测各个阵元开始接收信号的时刻，然后将其余各个阵元接收的信号参照最先接收到信号的阵元做时间补偿。

（2）在此基础上求取信号的强度$\int p_{\mathrm{sca,ith}}(t)^2\mathrm{d}t$。

（3）对舰船尾流的多次探测结果重复上述步骤，并对阵列接收到的多次探测结果做集平均处理。

（4）最后，对相同时刻的强度信息，将不同阵元所获取的强度以其中的最大值做归一化处理，形成散射场图像。

3. *舰船尾流探测试验*

舰船尾流内部气泡半径主要集中分布在30～200μm，为了保证舰船尾流回波由气泡间的多重散射主导，需保证$k_{\mathrm{exc}}\sigma_{\mathrm{sca}}^{1/2}\geqslant 0.35$。$k_{\mathrm{exc}}\sigma_{\mathrm{sca}}^{1/2}=0.35$时，试验采用的声呐中心频率应在区间100～700kHz，而随$k_{\mathrm{exc}}\sigma_{\mathrm{sca}}^{1/2}$增加，试验应采用的中心频率区间也会随之相应增加，因此基于 CBE 的舰船尾流多波束测深声呐探测所选择的中心频率应不低于100kHz[16]。试验数据同 8.1.2 节，采用的多波束测深声呐发射信号频率为 300kHz，发射脉冲宽度为 0.1ms，接收阵为 64 阵元直线阵。

首先对各个阵元接收到的信号在时域上做时域动态补偿，检测各个阵元开始接收信号的时刻，将其余各个阵元接收的信号参照先接收到信号的阵元做时间补偿，在此基础上求取信号的强度。对试验数据同样取 6 个信号周期作为积分区间。最后，将相同时刻不同阵元所获取的强度以其中的最大值做归一化，处理结果如图 8-17 所示，图中给出的散射场图像处理结果是该 Ping 与该 Ping 后 20Ping 回波数据的集平均值。图 8-17 中可见，0～0.05s 为弱耦合散射场图像，由单次散射主导，各个阵元的回波强度表现为无规则的波动；0.05～0.1s 为强耦合散射场图像，

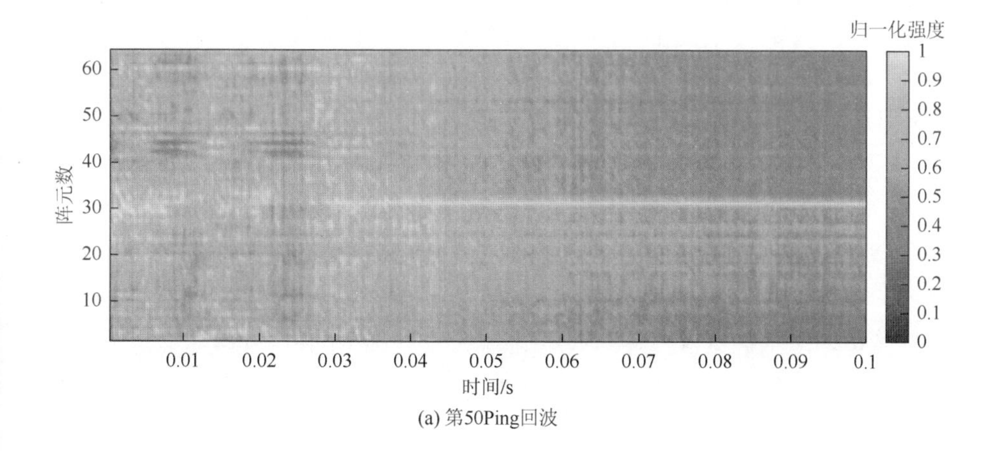

(a) 第50Ping回波

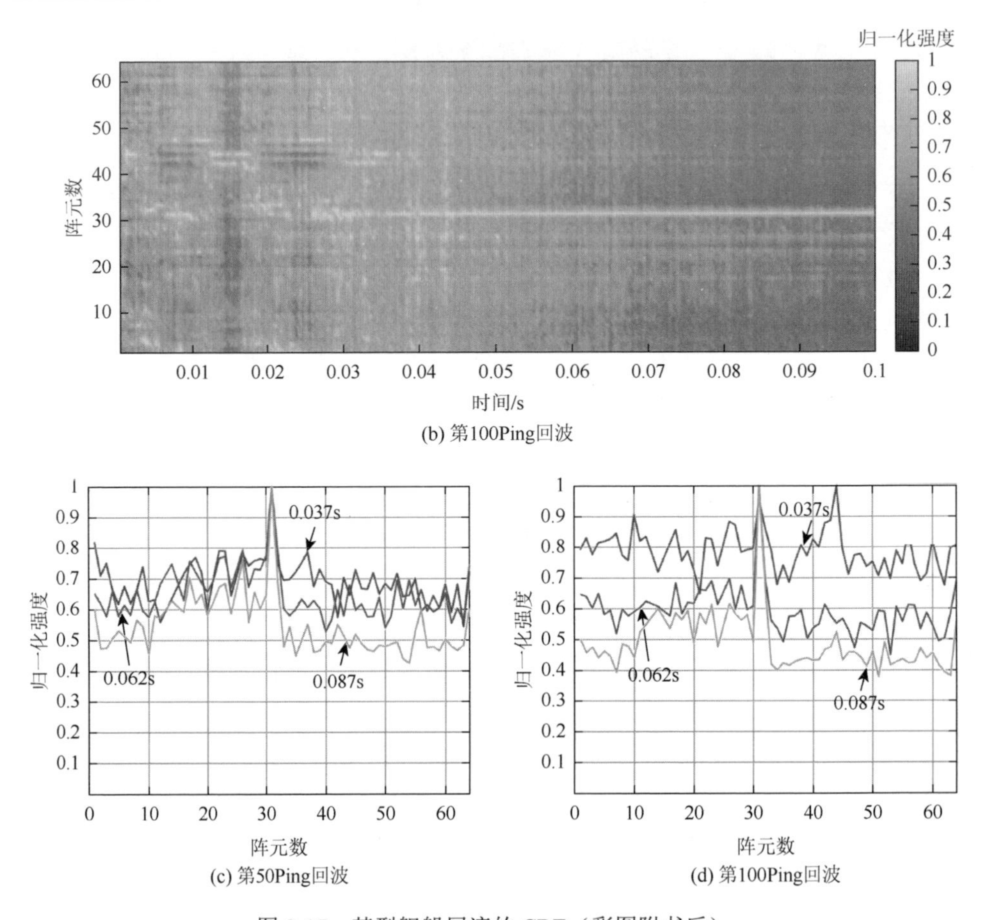

图 8-17　某型舰船尾流的 CBE（彩图附书后）

舰船尾流的 CBE 明显地在该时间区间上出现。由图 8-17（c）与（d）可知，中心阵元接收到的回波强度接近其余两侧阵元的 2 倍。此外，前 31 个阵元的回波强度略高于后 31 个阵元，这是因为试验中舰船尾流比多波束测深声呐更为贴近水面，两者并不在同一水平面上。

8.2　海底泄漏/渗漏气体的探测

8.2.1　基于光流原理的海底泄漏/渗漏气体的运动特征获取

海底泄漏的气体以气泡群或羽状流的形式存在于水体中，泄漏后扩散并上升到水面，此过程会导致多帧水体图像中回波强度分布的变化[17, 18]。这里介绍一种利用光流原理估计气体泄漏运动信息的技术[19]。光流计算使用两个连续图像帧中像素值的变化和相关性来确定每个像素位置的运动。作为应用光流法的基本条件，假设两幅图像中的像素值满足 $\mathrm{d}F(x,y,t)/\mathrm{d}t=0$，即

$$F(x,y,t)=F(x+\Delta x,y+\Delta y,t+\Delta t) \tag{8-4}$$

泄漏气体的产生和消亡、气体分布及气体上升时的大小变化都会引起图像的快速变化，而这在固定形状物体的声呐图像中是不会发生的。因此，为了满足上述假设，帧之间的时间间隔不能太长。这里以经典的图像密集光流估计算法 Farneback 光流法为例阐述其基本原理和实现过程。该算法的主要思想是将图像的每个像素附近的邻域近似为二次多项式，并利用多项式展开来估计两帧的位移场。具体地说，在不同时间的两个图像的每个像素的邻域可以近似如下：

$$\begin{cases} F_1(z)=z^{\mathrm{T}}A_1z+b_1^{\mathrm{T}}z+c_1 \\ F_2(z)=z^{\mathrm{T}}A_2z+b_2^{\mathrm{T}}z+c_2 \end{cases} \tag{8-5}$$

假设在整体位移为 d 的情况下，F_2 与 F_1 相等，也就是说

$$F_2(z)=F_1(z-d) \tag{8-6}$$

直观上看，水平向和垂直向以距离表示的声呐图像更有利于直接显示目标的形状。这也是通常在声呐系统的显示和控制软件中显示 D-T 水体图像而不是 T-A 图像的原因。当从两幅声呐图像中估计出位移并除以两帧之间的时间间隔时，可以得到每个像素的速度。对于图 8-18 的方案 A，得到多通道回波数据后进行波束形成处理，在坐标转换的基础上得到声呐图像，最后估计速度场并检测气体目标的存在。利用 Farneback 光流对声呐图像进行处理，得到速度矢量场。方案 A 是一个串行结构，对声呐硬件平台的实时处理能力常常有严格的要求。因此这里又介绍另一种方案 B，即利用 T-A 图像直接估计得到泄漏气体的运动信息，从而减少了从 T-A 图像到 D-T 水体图像的步骤。此外，不同于方案 A 的串行处理方式，速度场估计可以与声呐图像和水深估计算法并行处理。在方案 B 中，使用 Farneback 光流算法处理波束两帧图像相对位移 (t_0,θ_0)，位移除以时间间隔获得时间/距离坐标系中的速度矢量 (u_t,v_θ)。

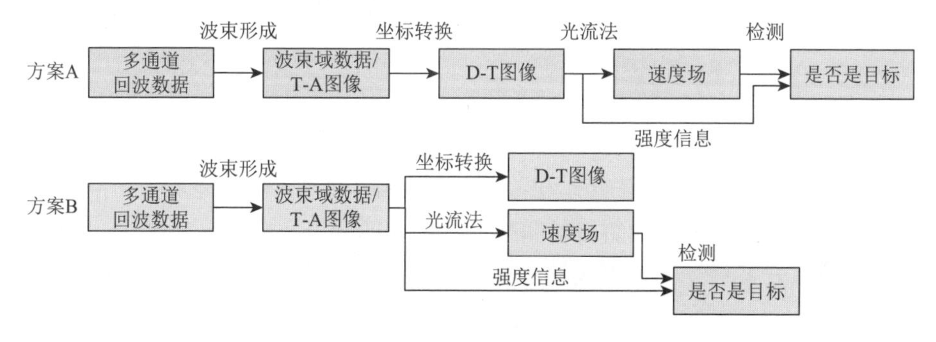

图 8-18　两种水体中泄漏气体目标检测方案

利用波束图像估计出的速度矢量(u_t, v_θ)并不是以 m/s 为单位的物理量，需要进一步转换。在这种情况下，需要将单位时间内速度矢量(u_t, v_θ)转换为水平和垂直位移坐标系下的速度矢量(u_x, v_y)。在以时间/波束角坐标系的波束图像下，(t_0, θ_0)的坐标转换可以线性表示如下：

$$\begin{pmatrix} t' \\ \theta' \end{pmatrix} = \begin{pmatrix} t \\ \theta \end{pmatrix} + \begin{pmatrix} t_0 \\ \theta_0 \end{pmatrix} \tag{8-7}$$

笛卡儿坐标系中点(x_0, y_0)的位移可以表示为

$$\begin{pmatrix} x_0 \\ y_0 \end{pmatrix} = \begin{pmatrix} \dfrac{c(t+t_0)\sin(\theta+\theta_0) - ct\sin\theta}{2} \\ \dfrac{c(t+t_0)\cos(\theta+\theta_0) - ct\cos\theta}{2} \end{pmatrix} \tag{8-8}$$

式中，c为某像素深度处的声速；(u_x, v_y)可以通过(x_0, y_0)与时间间隔相除得到。

为了检验上述算法的可行性，利用 HT-300PA 型多波束测深声呐在水池与湖上开展了水下泄漏气体的试验。声呐工作频率为 300kHz，发射信号为脉冲宽度为 0.1ms 的 CW，使用探测帧率分别为 20Hz 与 16Hz。泄漏气体水池试验示意图如图 8-19 所示。泄漏的气体由空气压缩机产生，并通过一根长橡胶管从池底（5m 深）连接到喷嘴释放，图 8-20 是试验期间气体泄漏时的水下视频截图。

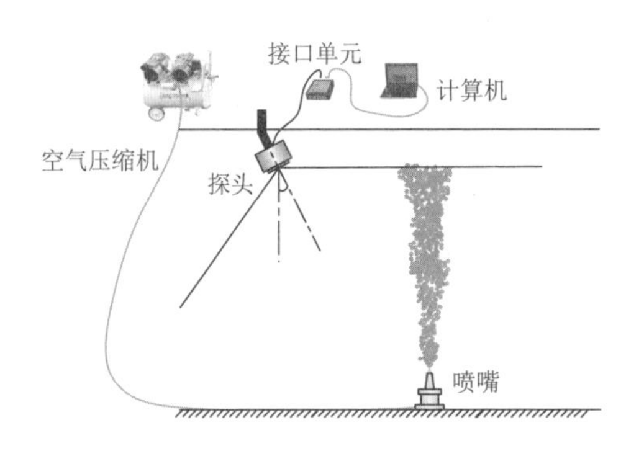

图 8-19　泄漏气体水池试验示意图

图 8-20　试验期间气体泄漏时的水下视频截图

图 8-21 是试验获得的 D-T 水体图像。固定喷嘴直径为$\phi = 0.6\text{mm}$，空压机输出强度为 0.1MPa，输出流量为 6.3L/min，声呐探头固定。图 8-22（a）和（b）分别对应 A、B 两种方案估计的声呐图像和速度场的联合显示。从图 8-22 中可以看出，两种处理方案估计的速度场趋势相似，但计算出的速度场矩阵在 D-T 图像中的分布不同。由方案 A 计算的速度场数据和声呐图像的单个像素与它们的空间位置一一对应。然而，由于以波束角和时间为坐标轴的坐标系下，采用方案 B 计算

的速度场矩阵是等间距的，因此声呐头部附近的速度场数据密集，但随着距离的增加逐渐稀疏。此外，含气区域的速度场与其他区域的速度场在视觉上是不同的。含气区域的速度方向主要是准垂直方向。由于声呐头部是静止的，所以池底的区域的速度没有改变。在这种情况下，不同帧图像中对应于底部区域的各个像素的能量变化很小，因此该区域的估计速度很小，可以通过速度的大小来排除其他目标，以实现泄漏气体检测。

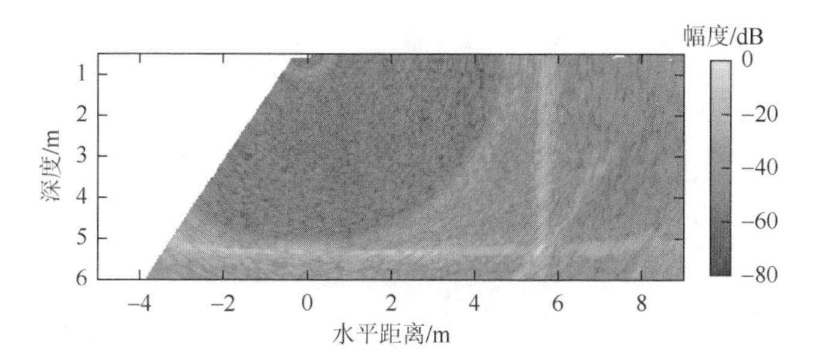

图 8-21　试验获得的 D-T 水体图像

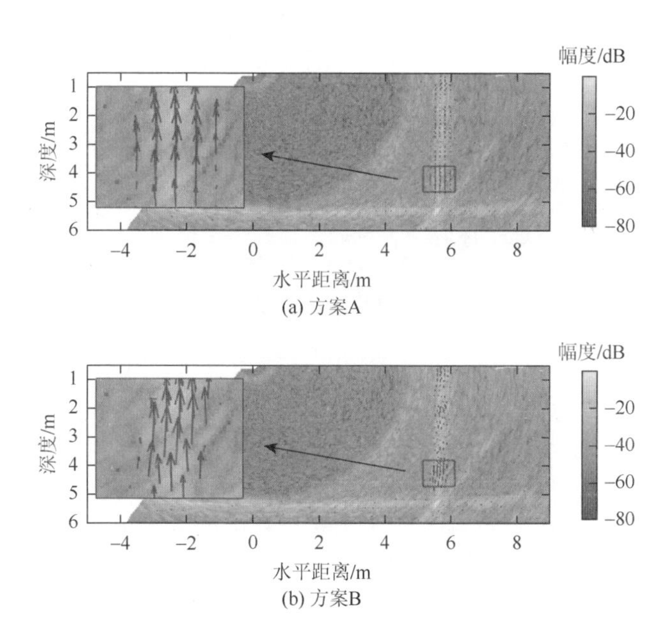

图 8-22　两种方案估计的声呐图像和速度场的联合显示（水池试验）

图 8-23 为湖上模拟试验的部分结果，水体图像是测量船在泄漏气体上方行驶时获得的，图 8-23（a）和（b）的速度场分布分别使用方案 A 和方案 B 获得。在试验过程中，连接喷嘴的橡胶管一端固定在一个三角形支架上，支架位于水深约

13m 的平坦底部，另一端从底部延伸到湖岸的泊船上，并与空气压缩机相连。从两幅图的局部放大来看，含气区域对应的速度场主要呈上升趋势，而湖底区域内也估计出了较高的速度值，且湖底区域的速度场方向与湖底地形趋势基本相似。当然，适合浓悬目标图像运动估计的技术一般都可以用来尝试多波束气体图像的运动特征估计，如文献[20]采用 SIFT 特征流算法估计气体运动特征。

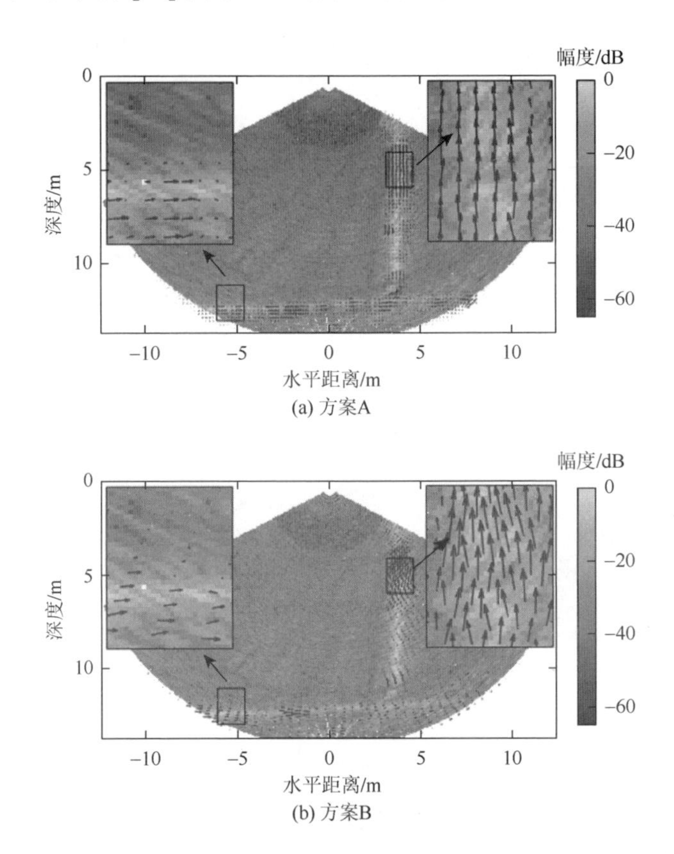

图 8-23 两种方案估计的声呐图像和速度场的联合显示（湖上试验）

在外场试验中，改变气体的泄漏压力和喷嘴孔径来探究泄漏压力与喷嘴孔径对泄漏气体上升速度的影响。选取直径为 0.50mm 的喷嘴，泄漏压力分别采用 0.15MPa、0.30MPa、0.50MPa 和 0.70MPa 四个挡位。图 8-24 给出了不同泄漏压力下泄漏气体上升速度 v 的盒形图。从统计分析结果可得知，在喷嘴孔径不变条件下，泄漏气体的上升速度随着泄漏压力的增加而增大。在 0.30MPa 泄漏压力条件下，喷嘴孔径分别采用 0.50mm、1.00mm 和 2.00mm 进行 3 组试验，统计分析结果如图 8-25 所示。压力恒定时，泄漏气体上升速度随着喷嘴孔径的增大而增大。

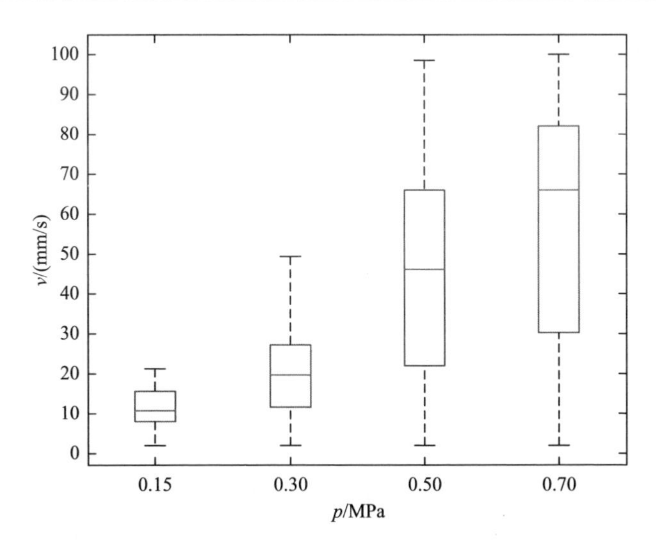

图 8-24　不同泄漏压力 p 下泄漏气体上升速度 v 的盒形图

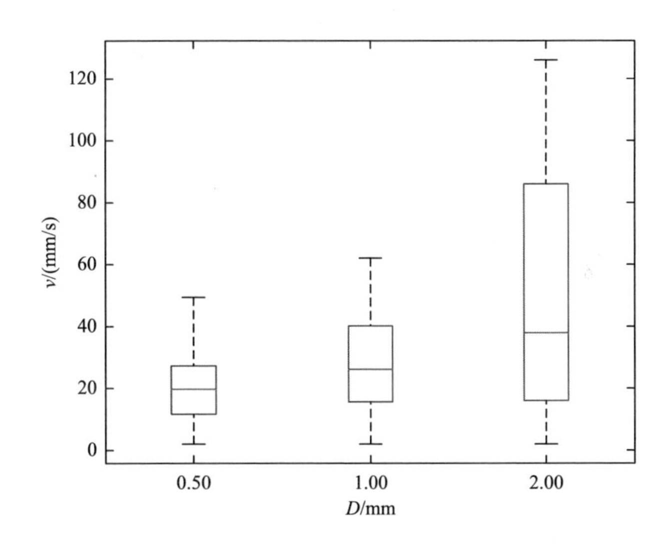

图 8-25　不同喷嘴孔径 D 的泄漏气体上升速度 v

8.2.2　海底泄漏/渗漏气体的多阈值检测

在获得海底泄漏/渗漏气体水下运动信息的基础上，针对水体中油气目标检测存在的水下环境复杂、探测目标多等问题，本书介绍一种基于多波束测深声呐的水中气体泄漏综合检测算法，针对水中气体目标的动态特征，综合利用波束图像、声呐图像信息，设计 8.2.1 节介绍的基于 Farneback 光流原理的运动速度估计的两种数据处理方案。此外，通过将估计的运动速度与图像像素强度相结合，使用多个判决阈值来消除如海底、水体中的其他目标产生的后向散射等干扰。

当通过多波束测深声呐检测气体泄漏时，可能的干扰源包括旁瓣效应、水中非气体目标的后向散射贡献（如体积混响、海底混响）、背景环境噪声等。强度阈值可以用来抑制低能量贡献的体积混响的干扰，可以设置为随帧变化的动态值，也可以设置为固定值。预置约束方式如下：

$$|P(i,j)-P_{\mathrm{ref}}|>k\sigma \tag{8-9}$$

式中，$P(i,j)$ 为图像中每个像素的值；k 为可调整的权重因子；P_{ref} 和 σ 分别为图像的所有像素值的中值和标准偏差。如果帧中的像素满足式（8-9），则判断其属于泄漏气体，否则将消除该像素值。

对于强反向散射和相对静止的目标，可以使用与式（8-9）中相同的判定标准，但计算中涉及的数据被估计速度的大小所代替，即 $v=\sqrt{u_x^2+v_y^2}$ 。此外，对于相对平坦的海底地形，当测量船航行时，相邻帧的海底在图像上将表现为水平方向能量分布的局部变化，这主要是由于微地形起伏引起了海底回波能量波动，这会造成海底部分存在较明显的速度场，且大部分速度方向与海底地形相似。考虑到上述情况，进一步设置方向阈值，以在估计的速度场中排除水平方向或接近水平方向的目标图像。具体来说，在试验数据处理过程中，速度方向相对于水平方向的阈值设置为 40°，而实际上升的气体可能会被洋流偏转，因此速度方向阈值的范围应根据实际洋流方向进行调整。此外，鱼群也是常见的水下运动目标，通过这个方向阈值，可以消除一些在水平方向游动的鱼群图像。

根据水池试验中获得的图像和速度场分布，设置图像强度和速度值的阈值，以检测泄漏气体。强度阈值的权重系数为 1，速度阈值的权重系数为 1。通过进一步消除图 8-22 中低于阈值的数据，可以得到图 8-26 所示结果。图 8-26（a）中的速度场数据是通过方案 A 得到的，而图 8-26（b）中的速度场数据是通过方案 B 得到的。从图 8-26 中可以看出，图像强度和速度阈值可以用来排除速度小且存在反向散射强的图像。

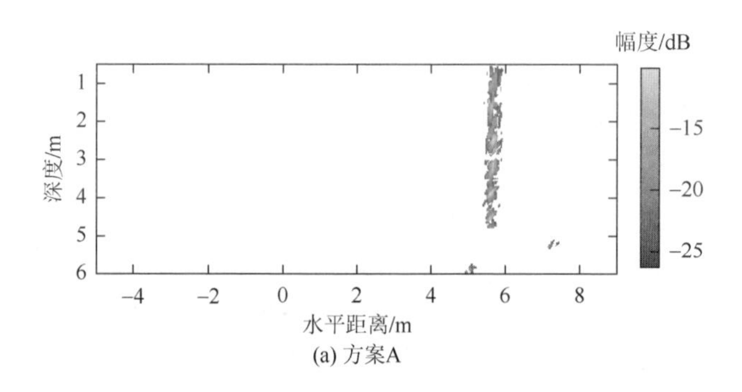

(a) 方案A

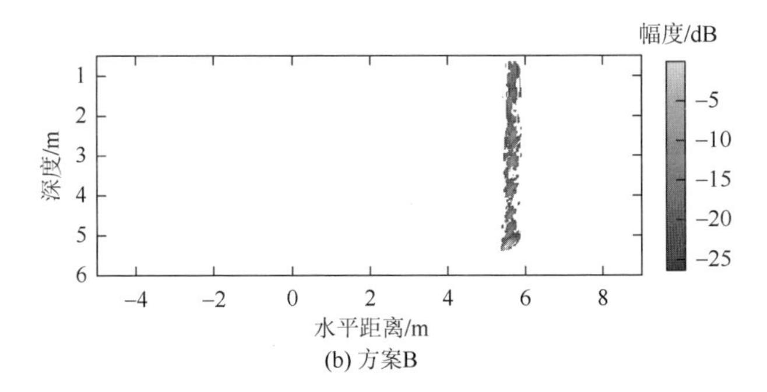

(b) 方案B

图 8-26　水体中泄漏气体检测结果

如图 8-27 所示，利用湖试数据进一步分析气体检测的效果，此时固定喷嘴孔径 $\phi = 1\text{mm}$，压力输出强度 $P_{\text{out}} = 0.68\text{MPa}$，多波束测深声呐工作 Ping 率为 16Hz。

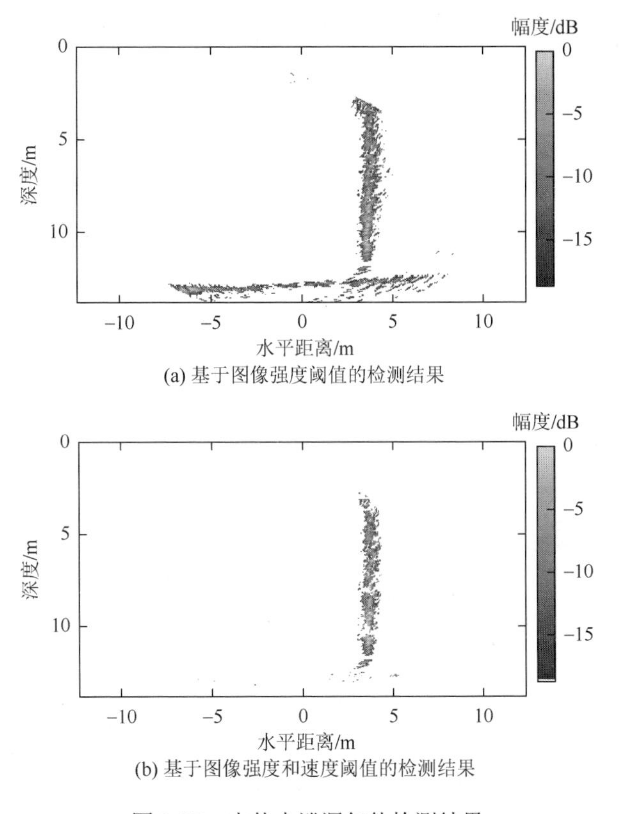

(a) 基于图像强度阈值的检测结果

(b) 基于图像强度和速度阈值的检测结果

图 8-27　水体中泄漏气体检测结果

如果仅使用图像中每个像素的强度信息来检测泄漏气体，则结果可能检测到包括海底和水体中的其他强干扰目标。如图 8-28 所示，仅使用强度阈值来检测在湖上某短测线测得的图像数据。从图 8-28 中可以看出，仅使用强度阈值就可以检测到其他虚假目标，从而影响对泄漏气体的自主检测和高精度识别。因此，估计的运动矢量信息被进一步用于消除相对低速目标或其后向散射较高但水平移动的目标（如平坦的海底或鱼群的一部分）。如图 8-29 所示，经过多阈值检测得到背景相对清洁的泄漏气体的三维形貌，实现了泄漏气体的自动检测。

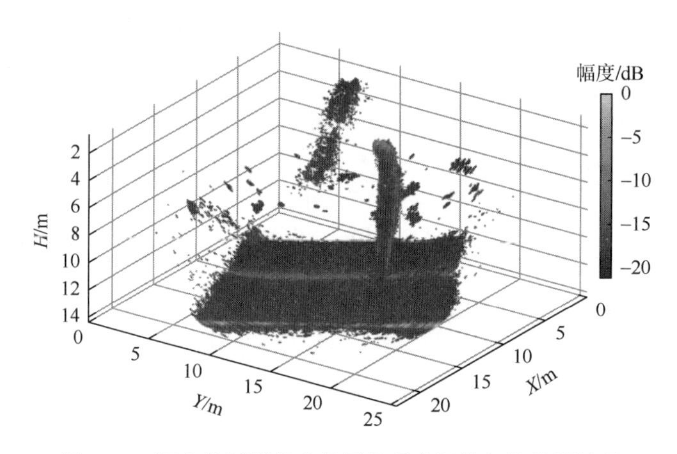

图 8-28　湖上某短测线水体图像强度阈值气体检测结果

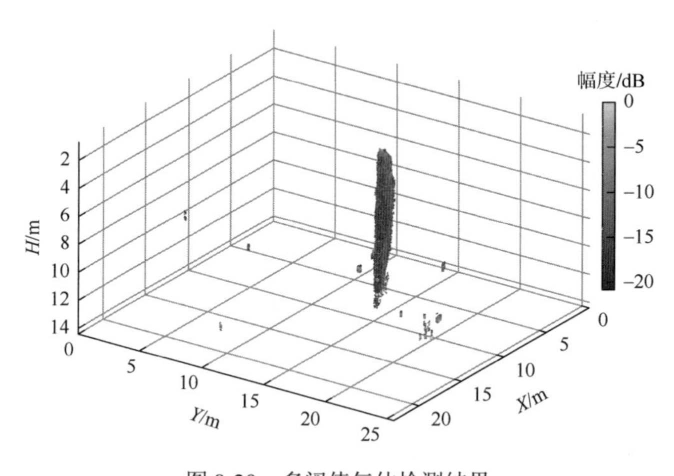

图 8-29　多阈值气体检测结果

8.2.3　基于多波束测深声呐的水下泄漏气体实时探测工程实例

上述介绍的水下泄漏气体多波束测深声呐探测技术的目的之一是在工程实践中得到应用。这里介绍 2019 年由哈尔滨工程大学与天津大学共同开展的一次合作试验。此次试验中，天津大学研制的 AUV 搭载哈尔滨工程大学研制的多波束测深声呐对水下管道气体泄漏进行在线探测，实现了从水下常规巡检到泄漏气体目标自动检测与上报的全链路验证，为水下泄漏气体在线检测提出了一套具有较好可行性的工程方案。图8-30为声呐与AUV集成时的现场照片，而AUV搭载声呐接近水下气体泄漏现场情况如图8-31所示。图8-32为一组有无气体泄漏水中声呐图像对比结果，可以看出，图8-32（b）中对有气体泄漏时的泄漏点进行了标记。

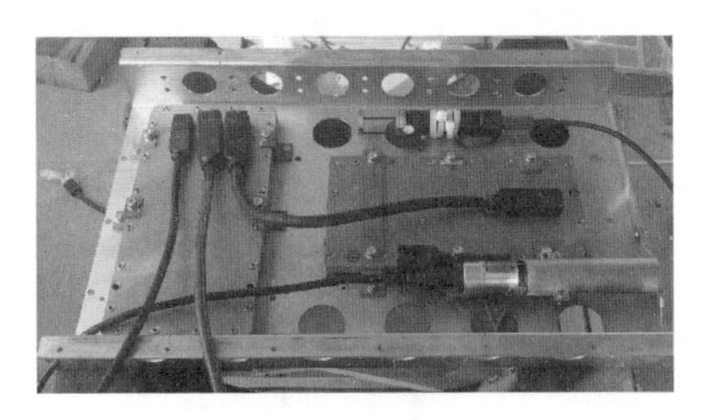

图8-30　声呐与AUV集成时的现场照片

图8-31　AUV搭载声呐接近水下气体泄漏现场情况

(a) 无气体泄漏数据不标记结果

(b) 有气体泄漏数据标记结果

图8-32　有无气体泄漏水中声呐图像对比结果

参考文献

[1] 李珊. 舰船尾流多波束声呐成像技术研究[D]. 哈尔滨：哈尔滨工程大学，2014.

[2] 范雨喆，李海森，徐超，等. 基于声散射的水下气泡群空间关联性研究[J]. 物理学报，2017，66（1）：168-177.

[3] 范雨喆，陈宝伟，李海森，等. 从聚的含气泡水对线性声传播的影响[J]. 物理学报，2018，67（17）：152-159.

[4] Fan Y Z，Li H S，Xu C，et al. Influence of bubble distributions on the propagation of linear waves in polydisperse bubbly liquids[J]. The Journal of the Acoustical Society of America，2019，145（1）：16-25.

[5] 范雨喆，李海森，徐超，等. 气泡线性振动时近海面气泡群的声散射[J]. 声学学报，2019，44（3）：312-320.

[6] Fan Y Z，Li H S，Zhu J J，et al. A simple model of bubble cluster dynamics in an acoustic field[J]. Ultrasonics Sonochemistry，2020，64：1-9.

[7] Fan Y Z，Li H S，Fuster D. Optimal subharmonic emission of stable bubble oscillations in a tube[J]. Physical Review E，2020，102（1）：1-9.

[8] Fan Y Z，Li H S，Xu C，et al. Effect of clustered bubbly liquids on linear-wave propagation[J]. The Journal of the Acoustical Society of America，2018，143（3）：1845.

[9] Fan Y Z，Li H S，Xu C. Effect of the wind-generated bubble layer on forward scattering from the ocean surface[J]. The Journal of the Acoustical Society of America，2018，144（3）：1923.

[10] Fan Y Z，Li H S，Fuster D. Direct numerical simulation of weakly nonlinear bubble oscillations[C]. APS Division of Fluid Dynamics Meeting Abstracts，Seattle，2019：25.

[11] Castro A M，Carrica P M. Bubble size distribution prediction for large-scale ship flows：Model evaluation and numerical issues[J]. International Journal of Multiphase Flow，2013，57：131-150.

[12] Lombard O，Viard N，Leroy V，et al. Multiple scattering of an ultrasonic shock wave in bubbly media[J]. European Physical Journal E，2018，41（18）：1-7.

[13] 钱祖文. 颗粒介质中的声传播及其应用[M]. 北京：科学出版社，2012.

[14] Mistry N. A study of ship wakes and the enhancement of sonar within them[D]. Southampton：University of Southampton，2019.

[15] 杜敬林，马忠成，陈建辉，等. 舰船尾流声散射和几何特征试验[J]. 哈尔滨工程大学学报，2010，31（7）：909-914.

[16] 范雨喆. 舰船气泡尾流的相干声场特性及其多波束声呐探测研究[D]. 哈尔滨：哈尔滨工程大学，2022.

[17] Weber T C，Mayer L，Beaudoin J，et al. Mapping gas seeps with the deepwater multibeam echosounder on Okeanos Explorer[J]. Oceanography，2012，25（1）：54-55.

[18] Weber T C，Mayer L，Jerram K，et al. Acoustic estimates of methane gas flux from the seabed in a 6000km^2 region in the Northern Gulf of Mexico[J]. Geochemistry Geophysics Geosystems，2014，15（5）：1911-1925.

[19] Xu C，Wu M X，Zhou T，et al. Optical flow-based detection of gas leaks from pipelines using multibeam water column images[J]. Remote Sensing，2020，12（1）：1-20.

[20] 张万远，王雪斌，周天，等. 基于多波束测深声呐的水中气体目标检测方法[J]. 哈尔滨工程大学学报，2020，41（8）：1143-1149.

索　引

H

J

K

L

M

P

Q

S

T

V

彩　图

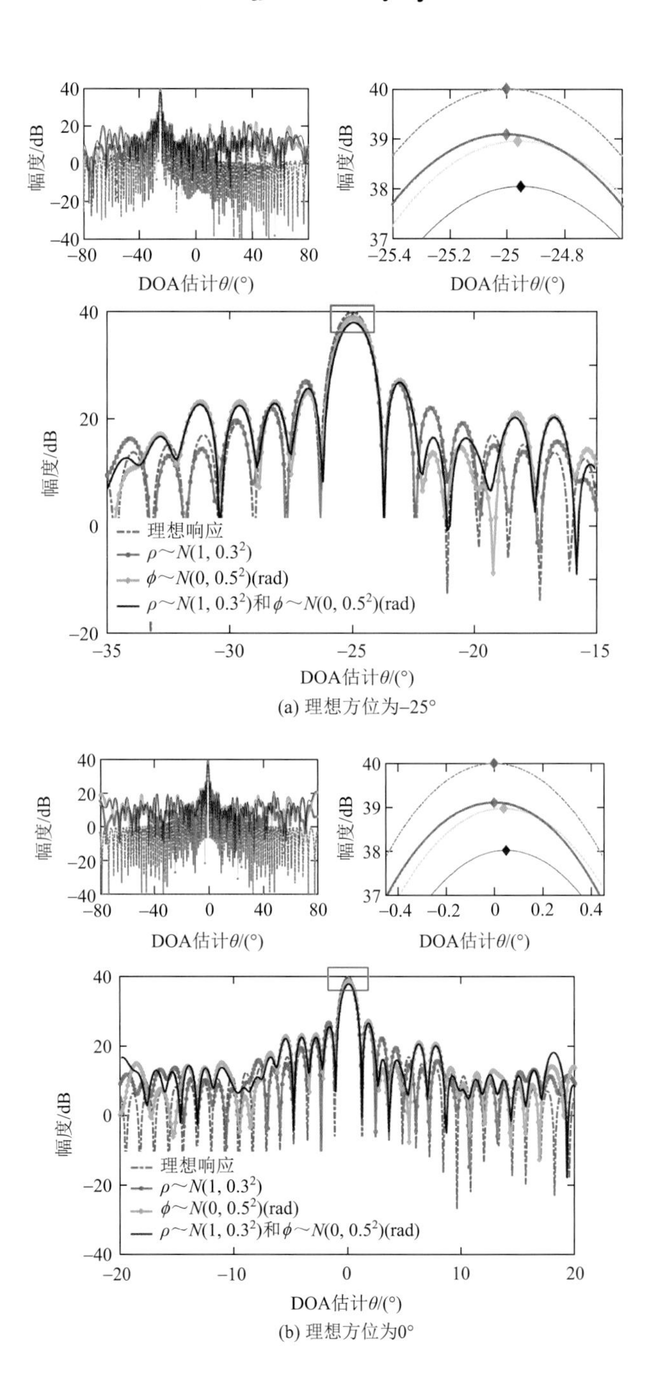

(a) 理想方位为−25°

(b) 理想方位为0°

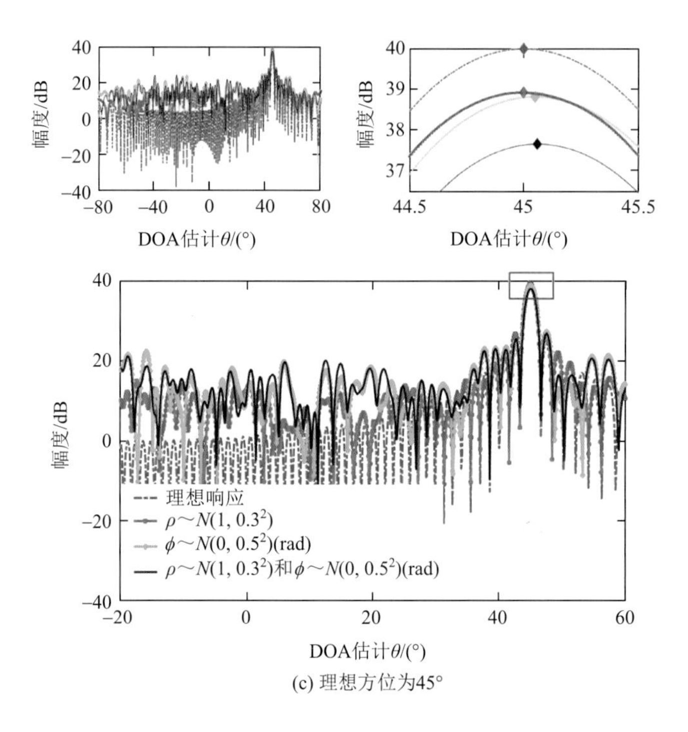

(c) 理想方位为45°

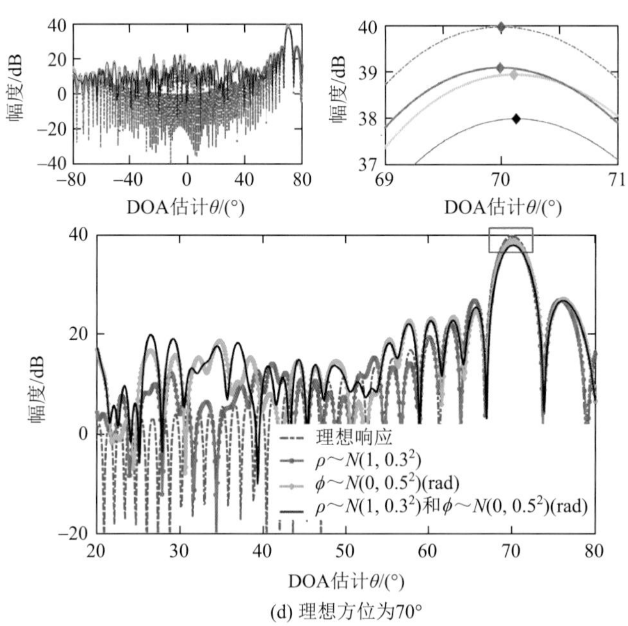

(d) 理想方位为70°

图 2-2　一组基于近场球面波理论的波束形成输出结果

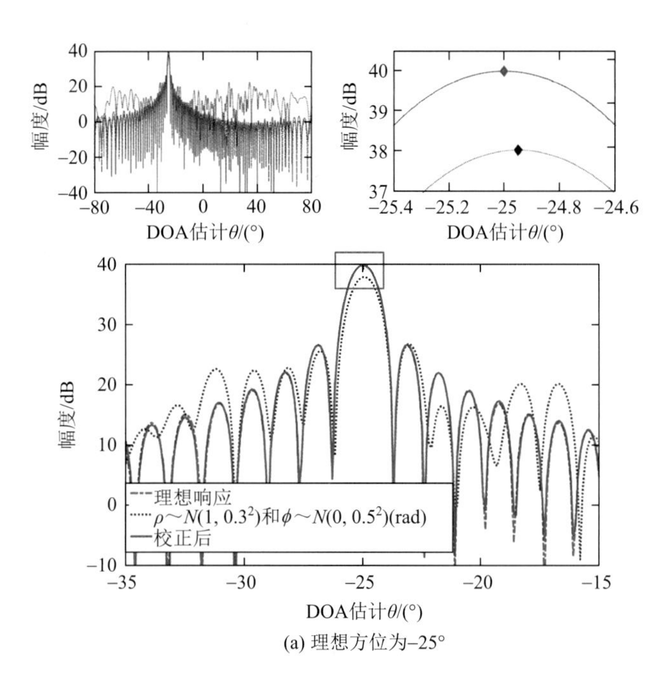

(a) 理想方位为–25°

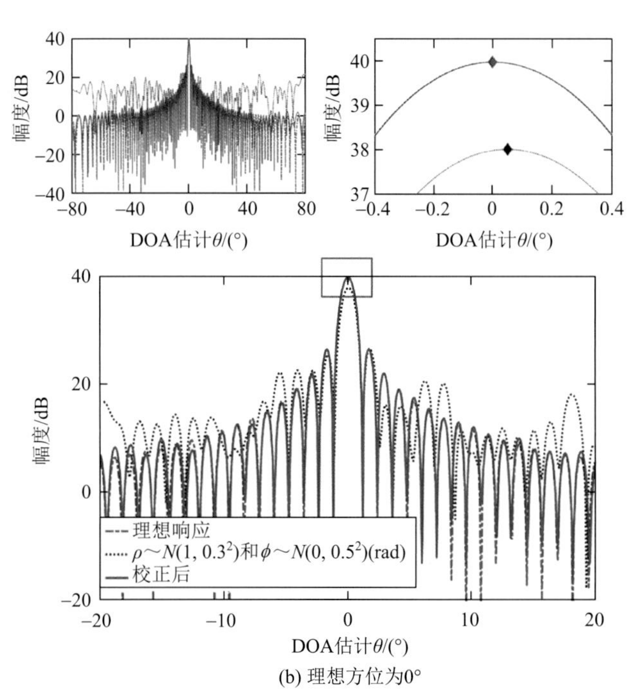

(b) 理想方位为0°

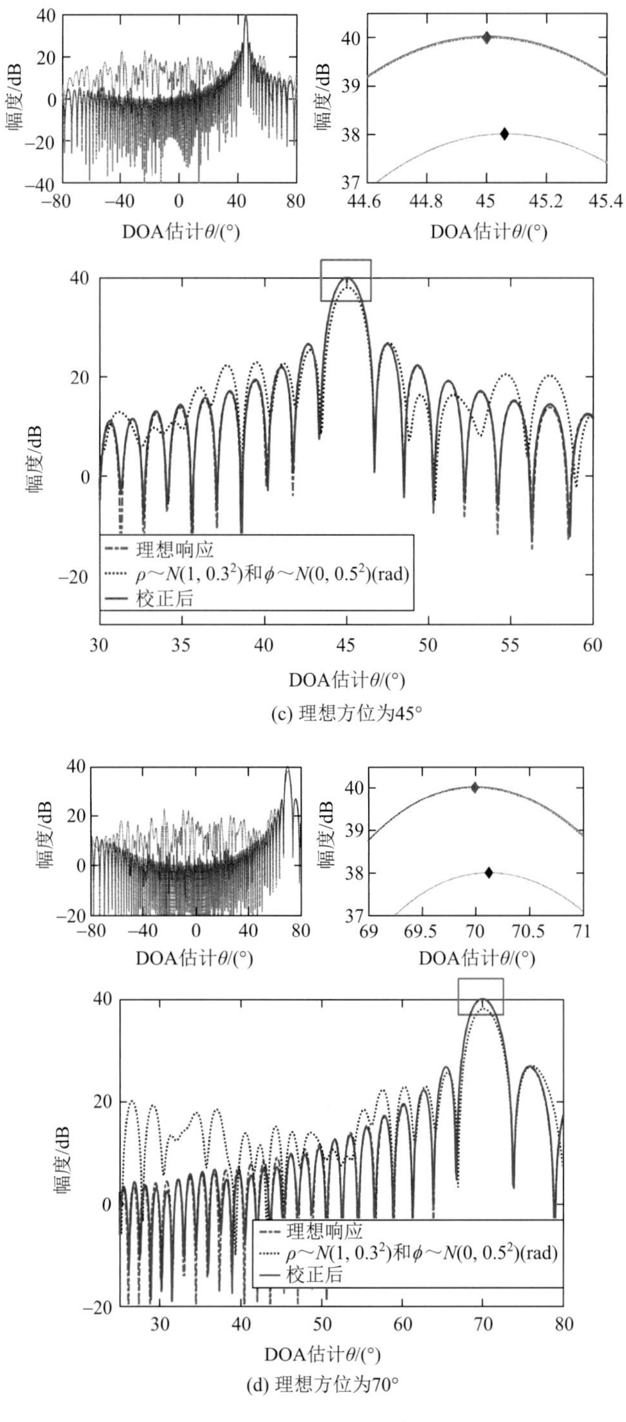

图 2-4　校正前后仿真结果

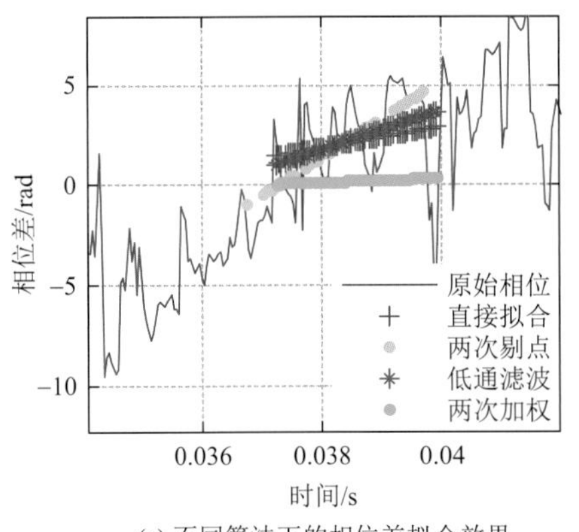

(a) 不同算法下的相位差拟合效果

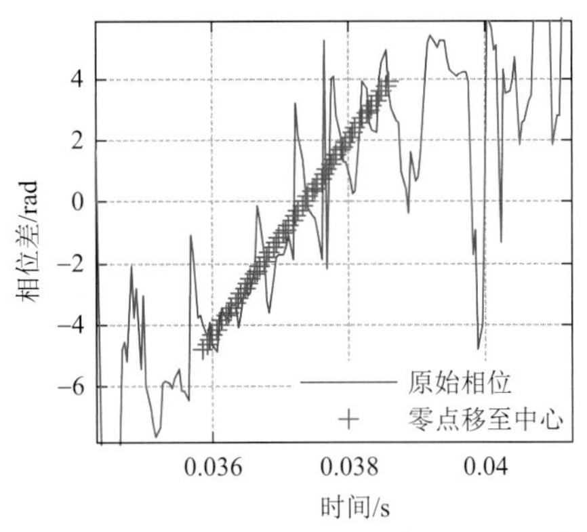

(b) 以第一次估计的TOA作为时间窗口中心的拟合效果

图 2-18　相位检测法在质量评估前后两次处理的效果

(a)　　(b)

图 2-39　两种算法计算得到的四条测线整个区域的水深伪彩图

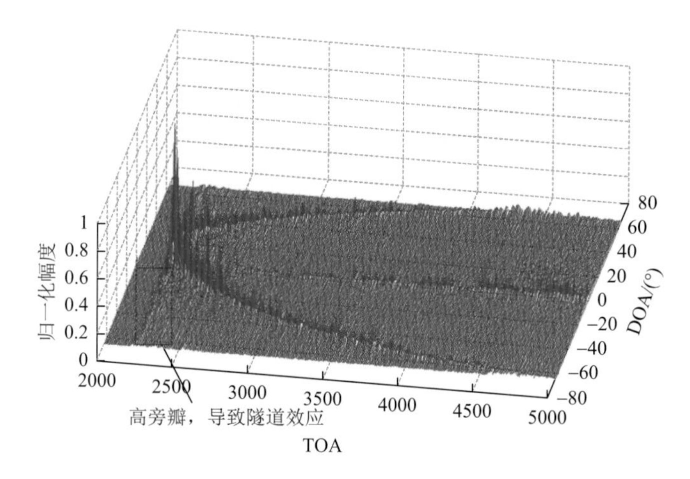

图 3-2　海底回波常规波束形成器波束输出

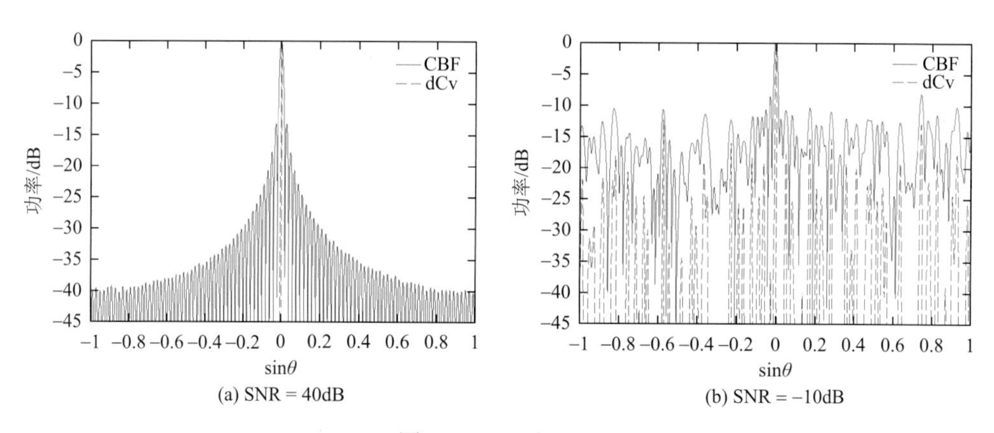

图 3-3　CBF 与 dCv

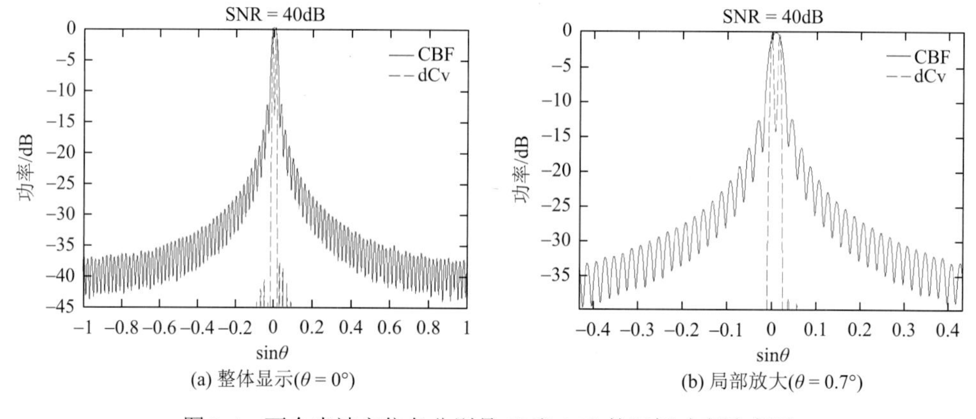

图 3-4　两个来波方位角分别是 0° 和 0.7° 的目标功率波束图

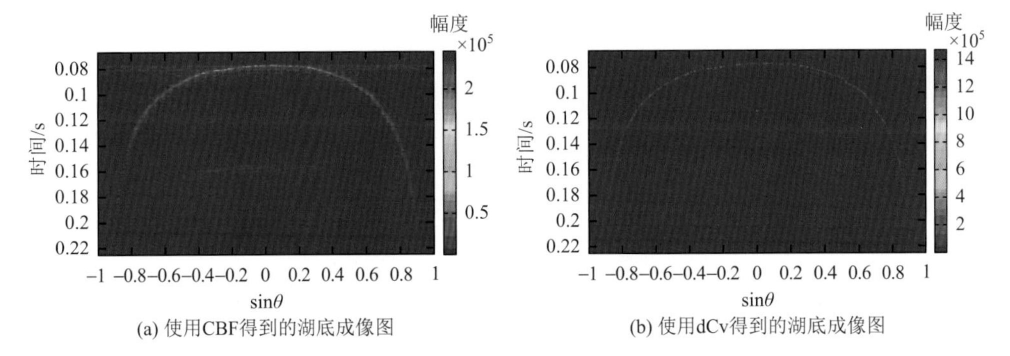

图 3-7　M3 多波束声呐对湖底两个靠近小球的二维成像结果

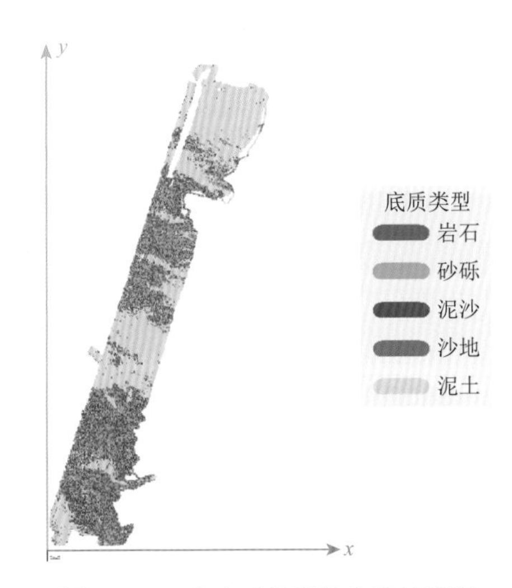

图 6-14　5 种底质类型的分类效果图

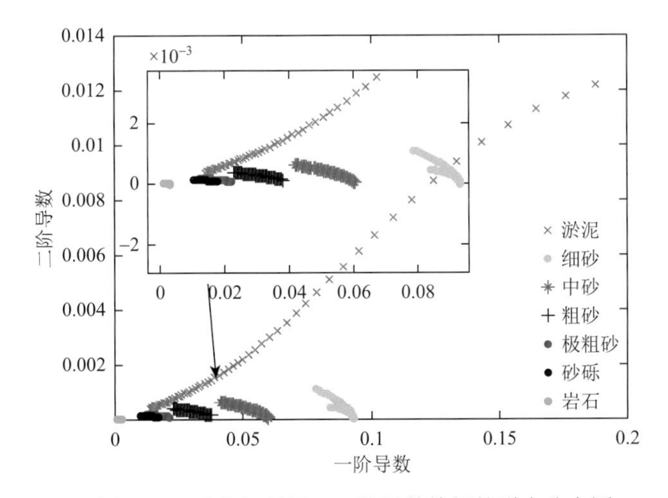

图 6-15　垂直入射区一二阶导数特征的联合分布图

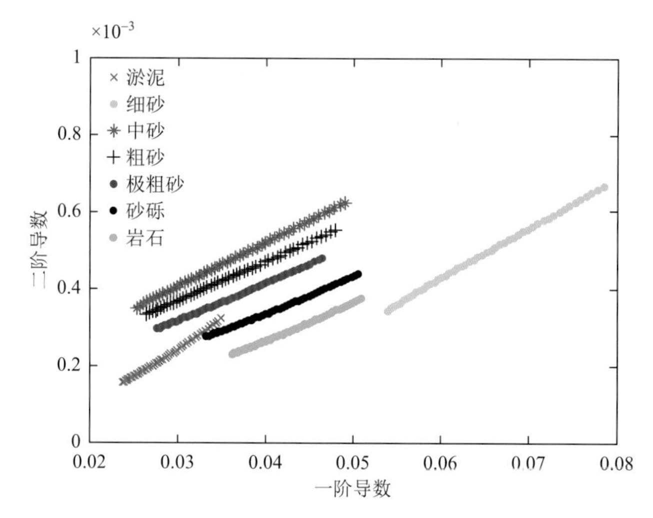

图 6-16　外侧波束区一二阶导数特征的联合分布图

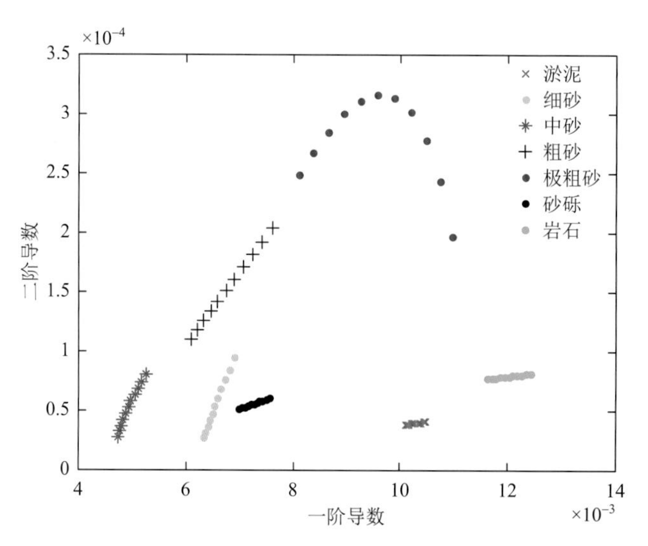

图 6-17　中等角度区域一二阶导数特征的联合分布图

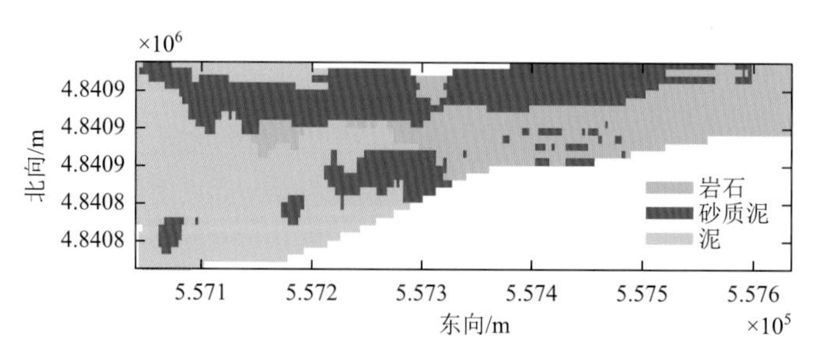

图 6-20　湖底分类结果（$M=8$）

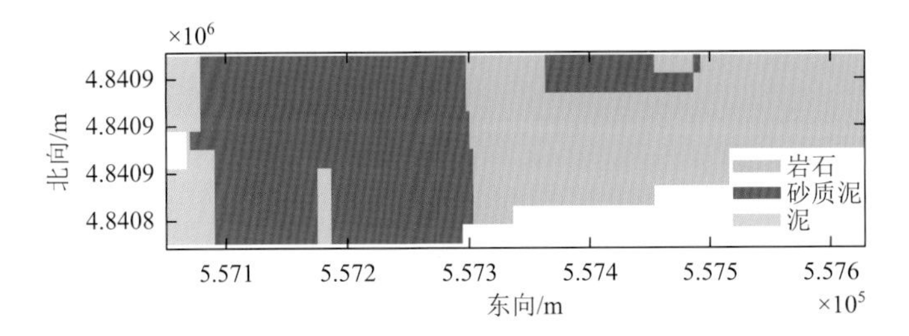

图 6-21　湖底分类结果（$M=1$）

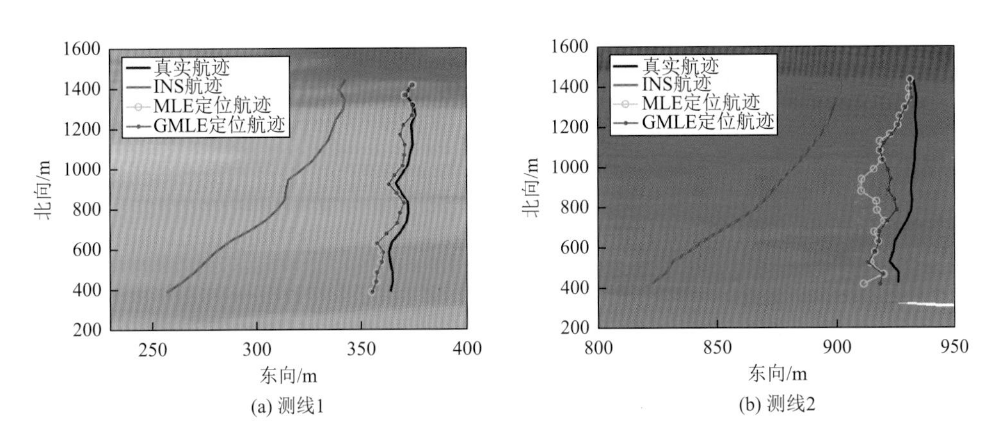

图 7-5　地形匹配定位的航迹结果

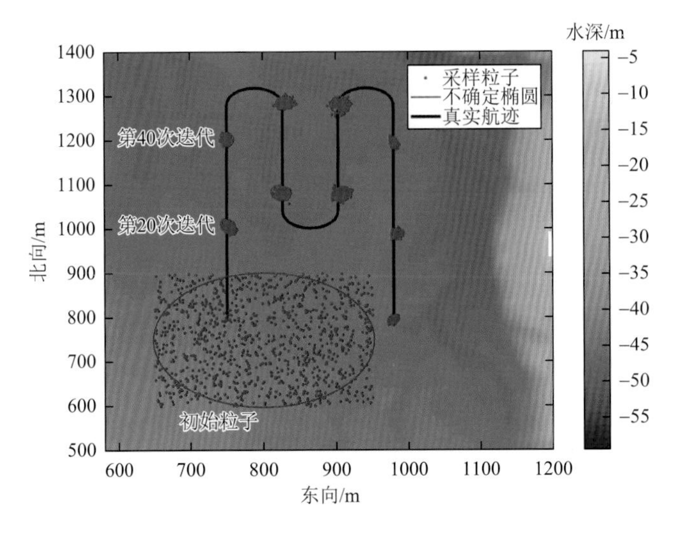

图 7-7　SPF 在地形区域 B 标准粒子滤波过程中粒子分布和不确定椭圆随时间变化关系

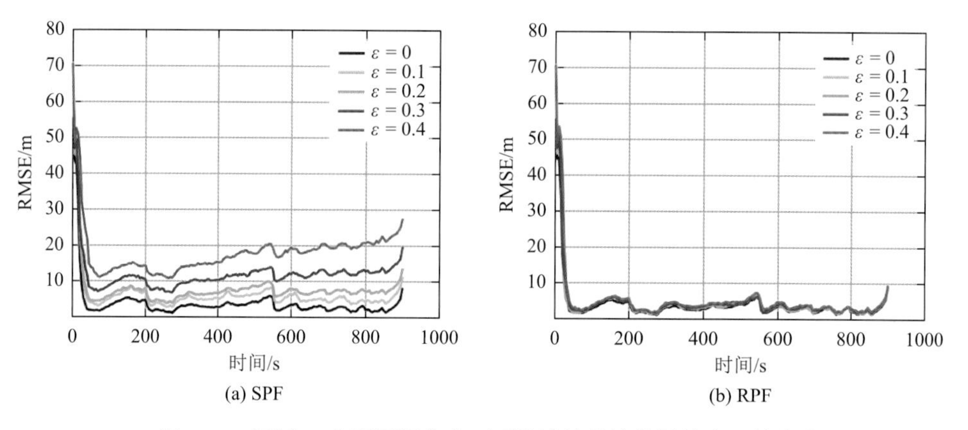

图 7-16　区域 A 在不同污染率下两种滤波算法位置均方误差变化

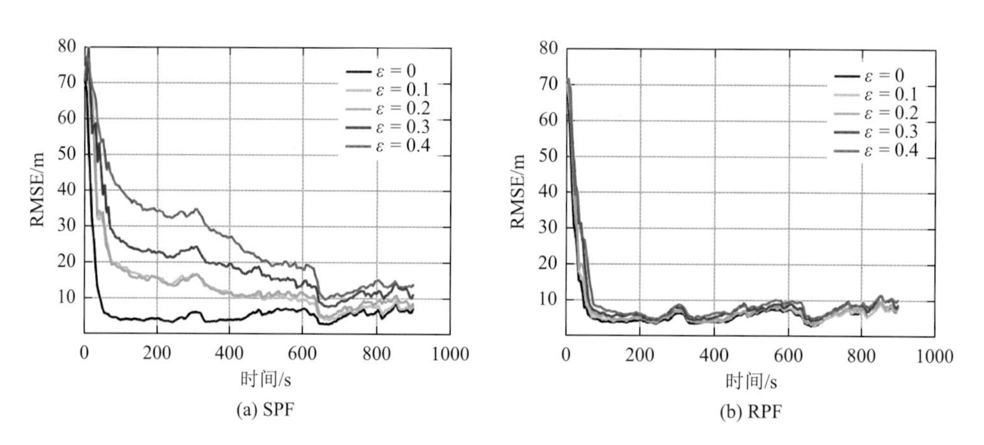

图 7-17　区域 B 在不同污染率下两种滤波算法位置均方误差变化

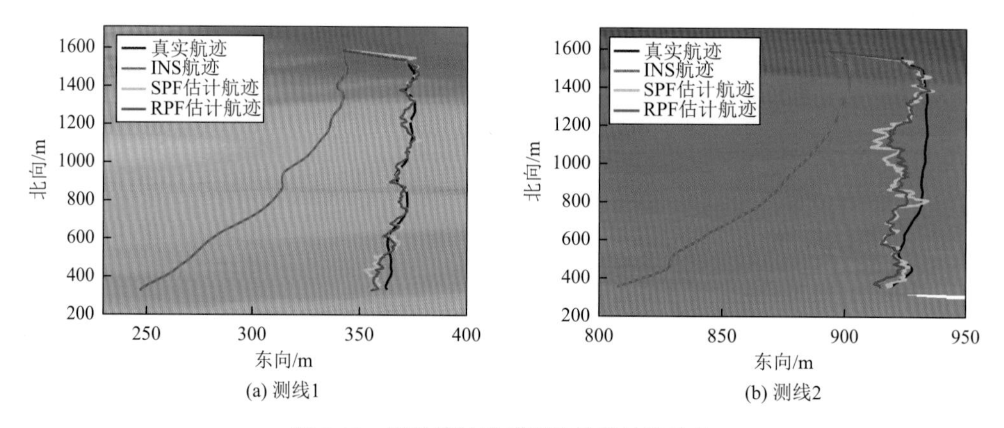

图 7-18　两种算法地形跟踪导航航迹结果

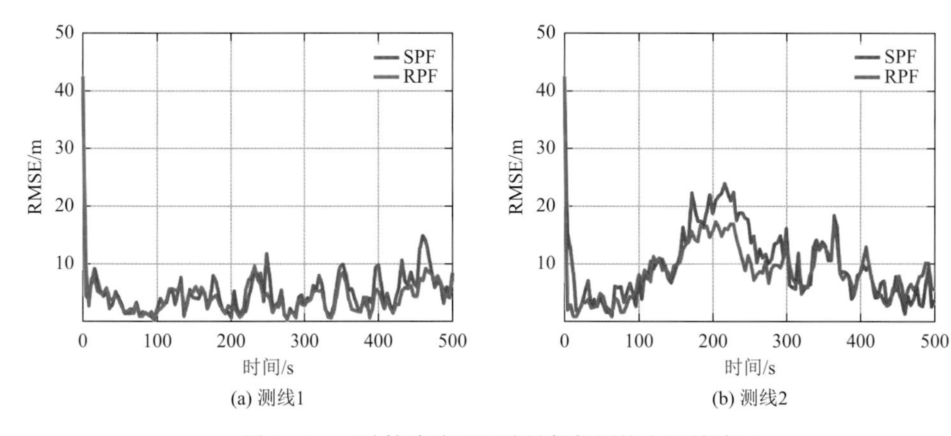

(a) 测线1　　(b) 测线2

图 7-19　两种算法地形跟踪导航位置均方误差结果

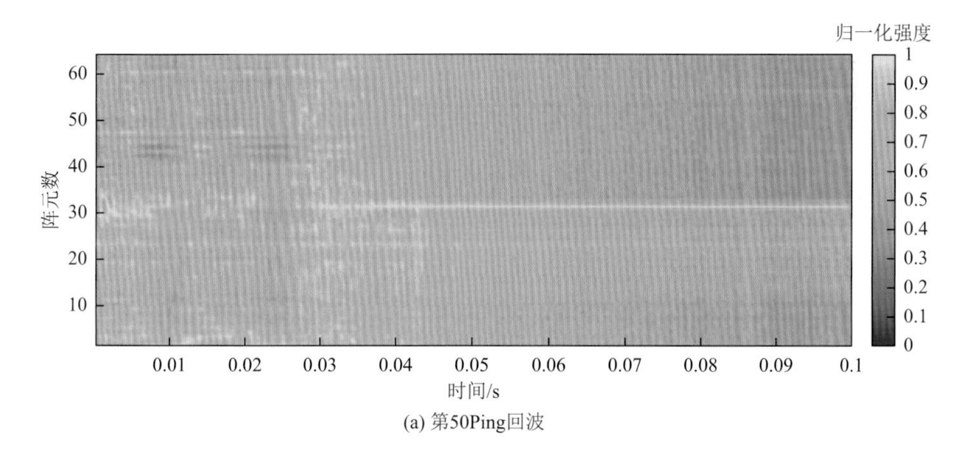

(a) 第50Ping回波

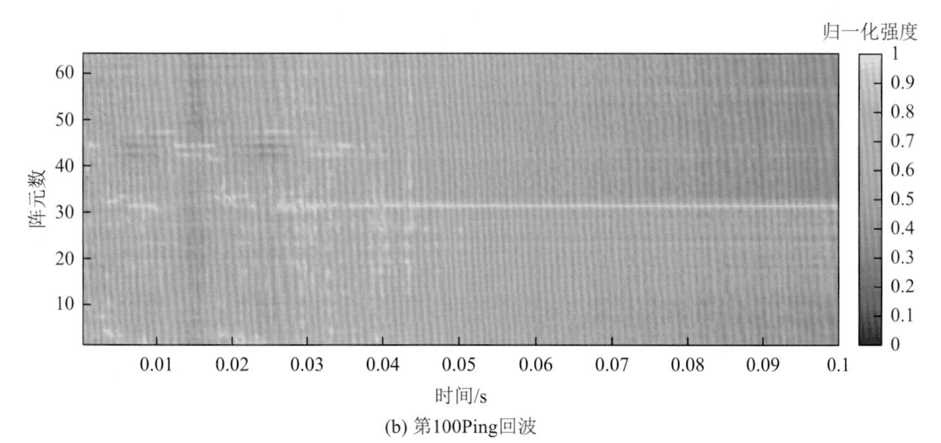

(b) 第100Ping回波

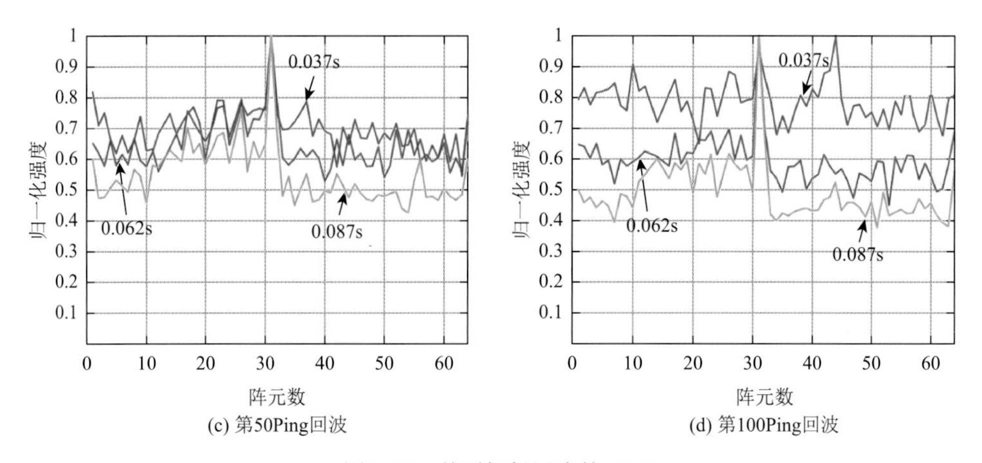

图 8-17　某型舰船尾流的 CBE